思考不一定致富
要有行動才會成功

有能力、有資本、有謀略，為什麼賺不了錢？
快找出生意場上的那隻「鼴鼠」！

U0078486

徐書俊，吳利平，王衛峰　著

三十六計洞察商機，精確瞄準客戶內心！
商場上危機四伏，如何帶領公司渡過重重難關？

合縱連橫：互惠互利，才能走得更長久？談商場上的合作
出奇制勝：善於運用「緩衝策略」，巧妙化解尷尬的談判局面
步步為營：專門剽竊商業機密的SPY，其實就潛藏在你我身旁？

目錄

目錄

前言

經商是當今社會歷久不衰的潮流，「無商不富」已成為人們的共識。財富和成功永遠是人們心中的渴望與夢想，然而面對茫茫商海，許多人卻是經商有心，致富乏術。

經商需要有資本、經驗和運氣，更需要有計謀。無謀者必將在嚴酷的市場競爭中敗下陣來，即使能僥倖於一時，也不能長久立足於生意場中。作為一名商人，只有精通謀略機變，並且在經商中成功靈活運用，才能在生意場上無往不利、富貴加身。

商海風險莫測，成敗難料，置身其中一舉一動都要三思而後行，謀定而後動。本書涵蓋了經商的各個面向，全面詳細分析了經商者從創業、興業到守業的商路歷程，設身處地考慮了經商者可能會面臨的種種困局與難題，精心編選了極具實用性的 36 則計謀，集失敗者的教訓與成功者的經驗於一身，融經商謀略戰術與商場角逐實例於一體，是經商者的寶典，是言商者的智鑑。

無論你是商海中的老手，還是立志從商的新兵；無論你是生意場中的事業有成者，還是正苦思致富之術的求索者；無論你是經商大潮的參與者，還是置身局外的旁觀者，翻開本書，都將使你獲益匪淺，感悟良多。從而避開人生事業的陷阱與危局，在競爭日趨激烈的現代社會中立於不敗之地。

一

經商素養篇

第一計 / 誠信立足

借款要保證信譽

商業經營中，貸款往往出於投資的需要，但借貸投資是用人家的錢做自己的事，因而有許多人不懂得合理運用，他們甚至盲目舉債，在企業經營不善的基礎上又加重了企業的經營負擔。因此，商業借貸必須是當投資人對一項投資計畫充滿信心之後，才將借貸投資提到議事日程中來，絕不能盲目貸款。除此之外，借貸投資時還應主動做到如下幾點：

1. 主動讓對方、銀行了解自身經營狀況。
2. 掌握銀行的信貸政策和投向。
3. 努力提高資金使用效率，贏得對方或銀行的讚賞。
4. 保證借款信譽，「有借有還，再借不難。」
5. 在每次借款申請的來往中，講求實際效果。

千金易得，信譽難求

在商業活動中，軍心與商品的信譽度是成正比的。1950 年代末，香港人心惶惶，一度開始繁榮起來的市場，突然冷清起來，香港經濟蕭條了，對報紙出版商胡仙的打擊也是沉重的。海外的代理商紛紛要求盡快中止合約，擔心香港氣數完了再採取行動來不及了。每天送出一些，又要拉回一些前一天沒賣出的報紙。公司虧損，面對著嚴重危機，胡仙不愧為胡仙。她沒有驚惶失措。她到街上做調查，奔赴中國「探行情」。回香港後給報社職員們一顆定心丸：「中共不會對香港採取任何行動。」她馬不停蹄的飛往臺灣、美國、巴黎、坎培拉，向代理商、經銷商打包票，又對報紙的版面也做了改革，和社會生活貼得更近了，對穩定投資者，恢復和發展香港的繁榮，發揮了很大作用。「穩住軍心」這一招，終於使報紙不但起死回生，而且名聲大振。

穩定軍心是商業經營處於危機時期的重要措施，這不僅需要有周密的計畫，

而且也需要有孤注一擲的勇氣。例如，1965 年，香港發生了銀行的擠兌風潮，波及到每一家銀行。明德銀號的廣東信託銀行先後倒閉。一向聲譽不錯、業務興旺的恆生銀行，也被迫把股份的一半讓給了英資銀行。遠東銀行在風潮的影響下，日子也很難過。銀行家邱德根覺得，遠東銀行的聲譽和他本人的聲譽是連在一起的。如果他撒手不管，不但遠東銀行可能垮臺，他本人的聲譽也會受到影響。於是他把自己控制的大部分資產投入了銀行，使遠東銀行終於度過了難關。遠東銀行的聲譽和邱德根本人的聲譽都進一步提高了。

有一家叫「旭日快遞」的公司。一天，他們突然接到一趟火燒眉毛的差事，為一家外商公司火速送文件到另一家外商公司。其間行程近 20 公里，而時間僅限定一小時，其時又逢車流尖峰，快遞人員立即驅車上路，然而他們又遇前方車禍，寸步難行。他們當機立斷，決定一人留守車內，另一人懷抱文件棄車而去，步行數百公尺攔下一輛計程車，終於按時將文件送至客戶手中。當然此趟業務定屬賠本生意，但信譽是花多少錢能買得到的呢？

商務應酬應該以誠待人

商業來往的目的是為了結識合作夥伴，所以，以誠待人即可節省時間，又可讓人留下強烈印象，下列方法將對你有所益處：

1. **初次與人交往時，多要幾張名片**。如果你總是向別人要兩張或三張的名片……而不是一張，你的生意夥伴會覺得受寵若驚，對你留下深刻的印象，並經常好奇的問：「你要兩三張名片做什麼？」

此時你簡單而又誠實的答道：「我想留一張自己用，但是我認識的其他人可能會願意跟你聯絡 —— 我公司的同事、我們共同的朋友、還有生意上的夥伴，他們可能不認識你。我以前曾經遺憾自己只要了一張名片，以後絕不會這樣了。如果你給我兩張名片，我們的會面就會事半功倍。」

2. **盡量使你的名片「長壽」**。在散發你的名片之前，在背後寫點什麼。可能是你們會面的日期、討論的內容，或是以後你能提供的資訊或服務。注意措辭要懇切，表示願意幫忙，而不是請求幫助！

大多數遞出去的名片都會很快被丟棄。如果你的名片包含了「給予」的資訊，就會倖存下來，成為孕育日後成功的種子。

3. 與人來往應全神貫注 —— **在任何新的生意場合，要始終把注意力集中在對方身上。**記下他所說的話，問他問題，了解他為人處事的原則。這樣就等於告訴他你很重視他。

4. 與人來往時要做到有來有往。在接到每封信、每個電話或者在每筆私人業務及工作接觸之後的 24 小時之內，要給當事人一個準確的回答。

5. 與人來往時，順水人情要做足。

河野一郎是日本的一位企業家，最會利用人們想念離別親人的心理。

1959 年他在歐美旅行，在紐約遇到了多年不見的好友米倉近先生。兩人互道近況，留下了在日本的住址和電話，知道彼此都已成了家。當晚，河野一郎回到旅館第一件事，便撥了個長途電話給米倉近太太：「我是米倉近的老朋友，我叫河野一郎。我們在紐約遇到了，他一切都很好。」

米倉近太太感激莫名，一時熱淚不止。米倉近後來知道了，特地專程去謝了他。

任何人總是關心著自己最親近的人，如果一旦發現了別人也在關心著自己關心的人，大都會興起一種親近的感覺。而企業家們正是可以利用這種共同的心理傾向，使人有親切感，增進人際關係。

貨真價實永遠是經商的宗旨

在現代商業競爭中，實戰的制勝法寶就是貨真價實，大多數有勢力的商家，在商戰中，都打「實戰」這張牌。

香港珠寶大王鄭裕彤談到發財之道時說：「以珠寶行業來說，每間分行均由一名經理負責，而一切業務則由總公司控制。逢星期日，我便召集所有經理來開會，共同研究業務的進展。我做生意的主要手法是：當客人一踏進店來，絕不會那麼輕易就讓他溜走。即使第一次他不消費，但日後定會有所交易。因此職員對人待客的態度和禮貌最重要。同時，店鋪的位置、裝修，以及貨品的款式也很重

要，所以我全部的分行皆選擇最旺的地點開設，裝修美侖美奐，而物品款式必求新穎。」

鄭裕彤這樣說，也確是這樣做的。現在鄭氏的周大福珠寶金行，除了中環有1個總行外，在港島、九龍還有10個分行。都坐落在鬧區，如中環、銅鑼灣、油麻地的彌敦道，而旺角彌敦道就有三個分行。他們的口號是「周大福，一口價」，意即「貨真價實」，無須討價還價。難怪鄭裕彤的珠寶生意在香港做得最大，信譽也最好了。

害人之心不可有，防人之心不可無

商業成功人士指出，商業銷售中陷阱重重，害人之心不可有，防人之心不可無。防範他人的方法包括如下內容：

1. 商場是個名利場，人人都非常現實，如果有個人表現得一無所求，只為興趣與你合作，擺明是騙你，起碼90%是如此。

2. 在對方束縛住自己的時候，千萬不要自己先作繭自縛。例如在雙方沒有書面合約或對方未投入一分錢資金時，自己不要先投入資金。

3. 不貪小便宜。世上永遠沒有可白吃的午餐，遇到此種情況就要先自問，為什麼偏選了我撿這個便宜。尤其對你一見如故的人，更要小心。

4. 交易的雙方在利益上必然會有矛盾，如果對方覺得無所謂，不斷讓步，表現出生怕你不肯合作的樣子，那麼就肯定有問題。當然也未必一定有詐，但由於對方表現得太需要你，可以判定你的出價和條件有商榷之處。

言而無信是經商大忌

對公司進行的實地調查證明，下列12種公司經營者的不良行為對公司的發展有著嚴重的消極影響，是導致公司內部管理混亂的重要因素。專家指出，在公司內部公司經營者應尊重下屬，言而有信；禁忌以下12種言而無信、妄自尊大、家長作風的粗暴作法：

1. 忌言而無信，出爾反爾。
2. 忌輕易許諾，不予兌現。
3. 忌信口雌黃，妄加評論。
4. 忌喜怒無常，感情用事。
5. 忌憑己好惡，處事不公。
6. 忌心胸狹窄，妒能嫉賢。
7. 忌聞頌則喜，重用小人。
8. 忌貪名好利，巧取豪奪。
9. 忌諉過於人，怕負責任。
10. 忌對人苛嚴，於己寬鬆。
11. 忌家長作風，以勢壓人。
12. 忌妄自尊大，目無法規。

信用是最大的本錢

「老闆的人格是金字招牌」。關鍵時刻，可以利用你的個人信譽，並以公司實力為後盾進行商業融資。在市場經濟發達的今天，利用商業信用融資已逐漸成為小公司籌集短期資金的重要方式。其主要形式有以下幾種：

1. 賒購商品，延期付款。在此種形式下，買賣雙方發生商品交易，買方收到商品後不立即支付現金，可延期到一定時期以後付款。

2. 推遲應計負債支付。應計負債支付是指公司應付未付的負債，如稅收、薪資和利息的推遲支付。私人公司已經同意這些費用，但是尚未支付。在私人公司未支付這些費用之前，應計負債成為小型私人公司的另一種短期融資來源。

3. 匯票。小型私人公司利用匯票，可以不立即支付銀行存款，實際上是一種延期付款，也可以籌集一部分短期資金。

4. 預收貨款。它等於客戶先向私人公司投入一筆資金。通常，私人公司對熱門商品樂於採用這種方式，以便獲得期貨。另對於生產週期長，訂價高的商品，私人公司也經常向訂貨者分次預收貨款，以緩解資金占用過多的矛盾。事實

上，這部分預收貨款就成為短期融資的來源。

有諾必踐，信譽至上

縱觀已趨合理競爭的商業市場，信譽之戰已成為企業生存的生死之戰。取信於民實為企業發展的重要方法，「口齒也很重要，凡是應承的，一概都要做到。」這句由日本人商人藤田田所得出的告誡今天已成為商人們所必須做到的守則。

1968 年，日本商人藤田田曾接受了美國油料公司客製餐具 300 萬個刀與叉的合約。交貨日期為 9 月 1 日，在芝加哥交貨，要做到這一點就必須在 8 月 1 日橫濱出貨。

藤田田結合了幾家工廠生產這批刀叉，由於他們一再誤工，預計到 8 月 27 日才能完工交貨。由東京海運到芝加哥必然誤期。

藤田田就租用泛美航空公司的波音 707 貨運機空運，交了 3 萬美元（合日幣 1,000 萬元）空運費，貨物及時運到。雖然損失極大，但贏得了客戶的信任，維持了良好的合作關係，並保證了信譽。

像藤田田這樣的著名日本企業家，將信譽看成是企業的唯一生命，似乎理所當然；然而，像朱先生為了維護信譽而自甘損失，這樣的舉動就更令人感到欽佩了。

與此相比，一些企業為了眼前利益，大量製造，傾銷次級產品，把自己很響亮的牌子砸了，這無異於殺雞取卵，只有愚人才這樣做。

第二計／廣結善緣

人際關係是經商的基礎

「在家靠父母，出外靠朋友」，這是一句至理名言，告訴我們人際關係是何等重要，做生意尤其如此。每一位做生意的人，都有一本名片冊，把每一位和他們事業有關的人士的名片，有系統的保存下來，包括貨品供應商、設備供應商、設

施維修、專業人士、客戶等，這些人都可能成為幫助他們解決事業問題的資源。

創業者在發展自己的事業以前，先在行業內某些機構服務，與這個行業的知名人士，建立起人際關係，互相交換名片，互相認識，以作為重要的人事資源。未創業前，對你尚且大有幫助，在創業以後，還可以借助他們的力量，幫助解決業務上的問題，提高賺錢的能力。

製造業興旺之時，工廠求賢若渴，很多行業的熟練工人都是廠商努力爭取的對象。你就是跳了槽，另有高就，原來的工廠也會繼續保留你的名字和聯絡資料，將來公司接了大宗生意，需要加班，他們都會聯絡這個熟練工人，請他來幫忙，而這份熟練工人的名單，也是工廠解決勞動力需要的重要財富。

建立好人際關係之後再創業，更是事半功倍，減少許多風險。

建立和發展社會關係

生意場，也是公關場，沒有一定的人際關係網，做生意簡直寸步難行。人際關係包括人緣關係、業務關係、辦事管道、資訊來源等。它是一種十分微妙的東西，可以說無處不在，無時不在。他深入到人的潛意識之中，也影響著人的各種行為。人際關係是一張網，我們就是網上一個個的結點，這又是你的一筆無形資產，有了這樣一張網，做起生意來會如有神助，會收到事半功倍的效果。

因此，在尋找自己賺錢之道時，不要忘記自己的社會關係網。把目光放在朋友多、門路熟、人際關係好、辦事管道通暢、資訊來源廣而快的行業，那麼，事業興旺就有了充分的條件。反之，如果你選擇的行業領域人生地疏、資訊閉塞、辦事門路不熟，事業發展就會受到許多限制，這種情況應盡可能避免。當然，也不能過分誇大社會關係的作用。有人靠「三把刀」——剪刀、菜刀、剃刀闖天下，在人生地不熟的地方創業，他們又有多少人際關係呢？另外，人是活的，沒有關係可以逐步建立關係。但不管怎麼說，廣泛的、良好的人際關係是你的又一筆無形資產。

拿出筆和紙將你的人際關係一一排列出來，然後，認真評價和選擇，選擇可為你賺錢而用的各種關係並著重發展。

人緣是最寶貴的財富

人緣佳是商人最寶貴的財富，推銷的對象是人，不是物品，如果你態度和藹，喜歡結交朋友，愛說話，也愛聽人家說話，喜歡關心別人，經常保持笑容，而且有禮貌，早安、午安、晚安、您好嗎等等總掛在嘴邊，樂意為其他人解決困難，主動幫忙，那麼你必定人緣佳，多朋友，左鄰右里、樓下樓上、市場商場，沒有一處沒有朋友，朋友既多，生意就容易辦成。

因此，生意人要建立人緣，要和所有人結緣，任何一個你認識的人都是你的朋友，你遇到的人都可能是你的顧客，或是對你的生意有幫助的人，也許他們今天沒有光顧你的生意，明天卻可能找你做買賣。只要人緣建立了，生意網路亦由此張開。

開設公司，趁新開張的日子，多結識一個朋友，對生意絕對有益，你可以主動接近他們，告訴他們關於你銷售的商品，遞上公司名片，若有宣傳單或小冊子，可以給他們一份，若公司有免費贈品，亦可以恭敬禮貌的奉上。

你吸引的顧客越多，結緣的數目就越多，在這方面，記憶力強的生意人，最能占優勢。第一次見面，你記下他們的相貌，問問他們貴姓，當他們再次走進你的店，還未開聲，你已經能親切的稱呼他們，知道他們的姓氏，他們可能會感到受寵若驚，對你一定會產生好感。

微笑和禮貌，是結人緣必不可少的態度，不管從事什麼行業，都要保持微笑，待人要有禮，傲慢無禮會傷害顧客的自尊心，使他們不願意再回來，結果，損失的還是自己。

良好的禮儀給人極佳印象

與儀表相同，禮儀也會大大左右人的評價。成功的商人都非常懂得禮儀。其中雖然也有例外，但那些例外的人們看上去業績有欠穩定的傾向。不懂禮儀的人得不到周圍的協作，公司的成長也會受到限制。

禮儀首先從問候開始。在工作場合，早晨和下班時間的問候最為重要。早晨要以開朗、振奮的聲音說「早安！」下班回家時，以愉快的心情清晰的道一聲

「我先走了。」實際上，認真做到這些問候的人，對工作也很認真。

　　一般來說，容易出現差別的是對來訪者的接待方式。即使與自己沒有關係的客人，在走廊擦身而過，也要輕輕的點點頭，在電梯前相遇時，要做出謙恭的姿態讓客人先上下。要自然而然，不可做作的做這些事。有的人根據客人的身分不同，明顯的改變接待方式，簡直不通情理。不管什麼客人，如果不是以禮相待，難免有一天會令自己造成損失。

　　初次見面時，透過禮儀會使我看出自己的人品，要特別注意。脫掉的鞋子零亂擺放的人真是愚蠢透頂。不管穿的是多麼高級發亮的鞋子，給人的負面印象更大。

　　「他懂得一流的禮儀」，為了得到這樣的評價，希望平時在各個方面加以充分的留意。

　　一個人的社交形象不是一時就可以造就的，它要經過長時間的訓練和培養，而得體的社交形象又包括多個方面，其中主要的方面：

1.　出席晚會時，不要遲到，以免影響其他觀眾的視線。

2.　看表演應保持安靜，也不要吃帶聲響的零食，更不要喝倒彩。

3.　演出進行當中不要鼓掌，節目告一段落和終了時，應報以熱烈的掌聲。演出結束演員與觀眾見面時，應起立熱烈鼓掌。

4.　若有人來拜訪時，不要站在門口與客人談話，要麼請入室內，要麼退到門外談話。

5.　社交場合請人題字留念時，應注意把握分寸，一般不請泛泛之交的人題字。

6.　請名人題字時，要注意把握好時機。不要在對方與別人應酬時去打擾，以免引起對方的厭煩。

7.　在別人忙於事務時，糾纏著讓人簽字是很失禮的。

8.　撥錯電話時，說：「對不起，打錯了。」不要「砰」的一聲，就把電話給掛斷了。相反，受話的一方也不宜「砰」的一聲將電話掛掉，甚至隨

口再罵一句「神經病」。

9.　做了傷感情的事，例如失約，宜先打電話致歉，再附上一張致歉函，如能再送上鮮花、酒、水果、糖果等小禮物，將更能表現出致歉的誠意。又如會議遲到了，應主動向主席或主持人以及全體人員致歉。

10.　臨時交代他人大量的工作，並且要求馬上完成，最好這麼說：「請完成這份工作，這樣要求你實在很抱歉，非常謝謝你的幫忙。」

11.　疾走時撞到他人，馬上說：「對不起，我真的不是有意的。」這一番話將可大大的沖淡對方被激起的敵意。

12.　把同事的物品損壞了，宜竭誠的致歉，並盡量想辦法加以修理，恢復原狀。譬如在同事、客戶或老闆家裡吃飯時，不慎弄髒了主人的高級桌布，宜送到好的乾洗店清洗，再予歸還；如果在他心愛的地毯上留下了骯髒的印子，務必送交專業清洗；打破某件東西時，盡可能將之修復為原樣，如果沒有辦法做到，也可考慮再買新的來償還。在別人家或辦公室，無論損壞了任何東西，都要盡量加以修復，此外，再致上一封致歉函。

衣冠楚楚盡顯商人風度

衣冠整潔令人賞心悅目，反之，凌亂的衣著令人不快。禮儀亦然。沒有比不懂禮儀令人不快的人。令人不快的人不能成為好的商人。

拿破崙的話說得很妙。比如，穿上嶄新的服裝，情緒也會高漲。穿高級名牌，心情也會變得富有。誰都有這樣的體驗吧！服裝不僅可以裝飾外表，而且會對內心產生相當大的影響。

因此，向立志做創業者的人士建議，以服裝為第一要務，儀表要盡量展現商人風度。這樣，內心就會產生商人意識，就會更快掌握經營感覺。

只是擺樣子……也許有人會有這種看法吧！理所當然。但是，如果儀表離商人相差甚遠，周圍的人又會說「他沒有做商人的風度」。周圍的人怎麼看非常重

要。當然，首要的是工作能力得到高度評價，但儀表所醞釀出的氣氛也是不容忽視的要素。

那麼，商人的儀表是什麼樣的呢？首先，最重要的是整潔。襯衫領子汙黑，皮鞋沾著泥點，西裝皺皺巴巴，汙跡斑斑，頭髮蓬亂，指甲滿是汙垢，這些都是把自己拋出專業以外的儀容。

任何人對皮鞋髒和指甲蓄汙納垢的人都不會信任。很難說是出於本能還是生理反應，總之會極不愉快。

整潔的儀表與其說是具有商人風度，不如說是作為生意人基本的、最低限度的精神武裝。忽視這種基本事情的人，不可能出人頭地。

另外，應該多多少少表現出富有的氣度。說穿了就是穿質地好的服裝。沒有必要穿高級名牌，但總穿降價折扣品，難以令人稱道。500 元的襯衫和 5,000 元的襯衫，看上去自然還是不同。首先，總是穿降價折扣品，內心也會降價，如拿破崙所說的那樣。

手錶也很重要。手錶是與人交談時常常落入眼簾的東西，稍微留心一下為好。學生帶的那種便宜的運動錶或幾百元就能買到的數字式手錶令人掃興。「他總是穿戴便宜的東西。」好像被人指著後背嘲笑似的，從氣質上就封閉了作為商人的可能性。

積極參與社交活動

「感謝周圍的人對我的幫助」，這是多數成功的生意人常常掛在嘴邊的話。周圍的人即人緣。是否有人緣，往往決定著事業的成功與否。所以經商者要注意建立人緣，尋求高層次的人際關係。

說到人緣，也許首先想到的是朋友吧！學生時代的同班同學、前輩、朋友、朋友介紹的朋友等等。當然，這些故交也是一種人緣。靠朋友的介紹建立起新客戶是不夠的。特別是，最好避開有直接生意利害關聯的事。因為常有不太順利時，朋友關係遭到破壞的情形。把老朋友作為內心的朋友，與生意劃開界線，長期交往為好。

　　立志經商做生意的人，不應該過分依靠舊友，要不斷建立新的人緣。重要的是透過新的人緣擴大自己的世界，擴大視野。不同行業、不同職業的人，或者不同年齡階段的人，層次越多越好。年輕的時候與長輩，年長以後與年輕人交往最好。

　　那麼，怎樣才能建立起新的人緣呢？為此，要有具體的行動。一言以蔽之，即積極走出去，擴大與人交往的機會。睡著等，人緣是不會從對面走過來的。

　　公司以外各式各樣的聚會要率先出席。不僅是公司，自家當地聚會也要參加，不要嫌麻煩。如果有不同行業的交流會這類，也要主動參與籌劃。加入相關興趣的圈子也是極好的機會。

　　內向性格的人經常會迴避這種聚會，其實這正是鞭策自己的場合。必須以堅強的意志克服自己的厭倦情緒，積極的參加。要有堅強的意志，具備「要當大商人」、「要更加富有」的願望。但只在內心包裹著是做不了生意人、不會富有的。因此，必須克服厭倦情緒。有人自認為屬於人緣廣的人，但實際上性格很內向。由於內向，迴避與人的交往，做不了生意人，所以硬是強迫著創造了善於社交的自己。試著進行社交活動，會發現人生實際上是很快樂的。想把內心封閉起來的軀殼，一經行動便會被打破。一經打破，其後的事自會容易得多。

給人良好的第一印象

　　有人統計，初次見面的人如果給人良好印象，那麼在今後的日子裡，與人合作成功的機率則會大大增多。誰都知道，在事業上成功的主要先決條件，是要有一個良好的第一印象。當你意識到初次露面的重要性時，就很容易學習如何好好利用它們。這裡有五項基本原則能幫助你在這些場合給人一個良好的第一印象。

　　1. **有備而來**。如果你是和不認識的人見面，那就要去了解關於他的情況。如果他們是商業界、某一專業領域或藝術界的著名人士，那麼就可以查查相關資料。如果你能到圖書館去查閱各種報刊，那就看看索引裡是否提到過你將要會見的人。即使是一個純粹的社交場合，那也要試著了解一些你將要遇到的人的情況。如果這是商業聚會，事先一定要了解一些要點，例如公司的經營情況如何、

面臨著什麼問題、在哪些方面是成功的等等。

2. **不要抽菸**。煙霧是一種汙染，他們會為遭受這種汙染而感到不滿。因此，如果你抽菸的話，在這種首次見面的場合，你就得忍著點。至少，別成為第一個吞雲吐霧的人，不失為是一個好主意。

3. **不要遲到**。許多人認為，在社會場合，到哪兒都比指定的時間遲到 20 分鐘至 1 個小時是很時髦的，可是在商業界，如果你遲到的話，那可是個很大的汙點，不僅是不禮貌，而且讓人覺得你不珍惜別人的時間。這肯定會產生一個非常消極的作用。

4. **準確記住別人的名字，而且要不只一次的使用**。要是你沒有把握的話，那就先問問清楚。

5. **別說話太多，也不要打斷別人**。當一個人比較緊張時，常常會說個沒完沒了，不讓別人有機會插嘴。要是你發現自己口若懸河時，就趕緊閉嘴。要想獲得積極的光環效應，自己滔滔不絕和打斷別人的談話都不是辦法，所以盡可能別這麼做。俗話說：「言多必失。」日常生活中，常常有人因言詞不當，或出語過直，使談話對象之間出現尷尬甚至不愉快的局面。改變這種局面的辦法就在於要善於運用婉言。所謂婉言，即從善意出發，對非我觀點的人和事物做出正確又不產生刺激效果的評述。生活當中所有非原則性問題，都可以用婉言表述。其效果既可消除怨怒、促進尊重，又能夠使人與人之間充滿友好氣氛，還可以改善家庭環境、生活環境、工作環境。

與人交談時常會遇到一些難以正面回答的話題，完全迴避會讓人覺得你「滑頭」或缺乏主見，掌握一些應對技巧是相當重要的。

1. 迴避焦點法：即當你要回答好與壞時，你可以避開正面回答，而從側面婉轉說出你的意見。

2. 褒貶倒置法：即把批評性的話以表揚長處的形式表達出來。

3. 模糊主旨法：對於非原則性問題，當自己意見與他人不同且沒有必要引起爭論時，可以含糊其辭，一帶而過。

4. 揚長抑短法：閒談之中，對周圍的人宜褒揚、莫貶低。

5. 求同存異法：多找共同點，以其盡可能多的共鳴，同時也適當保留自己的不同意見，使人際關係既親切又有發展的餘地。

6. 轉換生成法：在明顯相悖的觀點、意見與氣氛中，設身處地理解、諒解對方，由負效應轉變為正效應。

7. 自我批評法：在朋友之間、夫妻之間尤須高姿態，由自我批評進而達到相互諒解直到溝通感情。

8. 婉言期待法：對方的現狀也許不能令人滿意，於是婉言說出你的嚮往與期待，鼓勵對方共同努力，爭取達到理想境界。

人情是難以計算的資本

商業競爭固然激烈殘酷，可是有時候也需要表現出一種真摯的溫情。你可能欣賞一個商業上的朋友並真心想幫助他做一件事，但這與商業人情不同的地方，就在於你是否有意要造成對方的心理負擔。

商業人情是代表某人或因某人請求而做出的姿態，目的就是為了使他覺得欠你一份情。但是如果為別人做好事卻被視為「為了償還什麼，那麼其效果將會大大減弱」。

有些老闆常常把人家為他們辦的好事和他們為人家做的事記錄下來，以便有機會「扯平」，其實這樣做是極不明智的。

一位精明的老闆應當十分清楚該如何把握與員工的人情，而哪些人情又是不必要做出的。

例如，你幫助了某人的一個夥伴，而對方卻根本不知道這件事。既然他不明白為什麼要感激你，你的人情也就算白做了。當你為他人做出一項好事之後，應當很自然的讓他們知道，比如「前天我為你的朋友提供了一輛汽車」，「某某知道您幫了我們的大忙」等等。

順水人情也是商業來往中經常會遇到的事。但如果你做得太明顯，就很容易被誤解並造成虧欠的感覺。另一方面，你的良好用心不一定十分符合他人的利

益，很可能會使他發怒或者根本不感激你。這就像你想救助一個溺水者，但用力太猛把他的手臂折斷了，雖然你救了他，但是他從心底裡感激你嗎？

比較高明的做法是花些時間拜訪某人，請他到一家有名氣的餐廳吃飯，席間和他去談本來兩分鐘就能談完的事；你還可以打一個時間較長的電話，或乾脆寫一封長信，盡情把你的所思所想表達出來。

有時候，最令人感動的人情卻是間接的。維尼和鮑伯是一對生意上的夥伴，一次偶然的機會，維尼得知鮑伯的小兒子是美國著名歌手麥可傑克森的狂熱歌迷。

不久，維尼先生恰好參與舉辦了一場傑克森的個人演唱會，於是他便打了電話給鮑伯，告訴他關於演唱會的事，並詢問他的兒子是否願意得到一張貴賓入場券。鮑伯的兒子得知此事欣喜若狂，而鮑伯對維尼也是萬分感激。

如果你想打動你的主顧，那就為他的孩子們做點事情吧！孩子的快樂也就是父母的快樂。這有時雖然很容易做到，但讓人感覺到你的用心良苦並為之感動，卻不太容易。對你的主顧來說，這要比你為他本人做任何事還要好得多。

關於你商業上最重要的夥伴家庭，你知道些什麼？對此，是否關心，或者花過時間去了解？其實朋友的家庭生活情況，往往包含有大量對你有用的資訊。

如果你想做一個能讓人長期感激的人情，那麼你不妨去做對方的中間人，把與你沒有直接利害的雙方撮合在一起，這樣雙方都會銘記你的功勞。

但人情不管是大是小，不管是長是短，最重要的一點是：要麼你做完它，要麼讓對方知道為什麼我沒能做成它。

對於這些商業方面的小事，人們似乎記憶得最長久，而沒有給予重視或不了了之的諾言則會牢牢的印在別人的腦海裡。幾年一晃過去了，直到某一天，人們會突然提起某件事，念起你來，想起你的好處，那麼，這種深刻的「良好」的印象會使你的生活、生意都獲益匪淺。

「人情」真是一筆不可計算的財富。你從事經營活動，無非是想豐富你的生活，實現你的價值，理想付諸於行動。而這所有的一切，歸根究柢，它們使你幸福，有成就感，有充實感，總而言之，「快樂」圍繞著你。而「人情」這東西不僅

給你財富，還使你擁有被人群歡迎喜愛的充實感、快樂感。記住，「奸商」只能造就一時的得意，卻不能讓你品味美好人生。只有「與人為善」、「共同發財」才能讓你長久而不孤單的成功下去。

建立廣泛的社會關係

有一位男士，既沒有學歷，也沒有金錢，更沒有人事背景，但是他卻成為一個成功的企業家。他到底是如何成功的呢？他是一個很會體貼他人的人，他對周圍人的體貼，甚至超過了別人的需求。只要你說要到他那裡玩，他都會表示萬分的歡迎，希望你能在他那裡住幾天。背地裡，無論是多麼拮据，內心多麼苦惱，他都好像隨時在盼望你的來臨，熱情的接待你。甚至在你回去的時候，還會準備一些小禮物、土產之類的讓你帶回家。

無論是多麼忙碌，他都不會表現出你的來訪，對他會是一種麻煩困擾。說實在的，我平時最害怕打擾朋友，但也會常去他那裡坐坐。有一天晚上，我又去打擾他，我、他、他的太太三個人坐在一起閒聊，話題無意間轉到他以前艱苦奮鬥的情形，他當時曾很慎重的說：「像我這樣既無學歷，又沒財力，更沒有人事背景的人，能有今天的成就，實在有不足為外人道出的辛苦。」任何人處在他的環境都會說出同樣的話。但是，停了一下下，他又接著說：「像我這樣一無所有的人，如果要與別人來往，就不能不令對方感覺和我來往，會得到某些方面的愉快與益處。」

事實上，以前的他，既沒有學歷，又沒有金錢，更沒有背景，一定是孤獨的，別人都不想與他來往。他是一直忍耐著寂寞，努力奮鬥，度過那段日子，而他也就在其中學到了與人交際之道，比如：給別人某些方面的益處，別人是不會無動於衷的。所謂某些方面的利益，有時是精神方面的，有時是物質方面的。所謂這些方面的利益，有時是精神方面的，有時是物質方面的，總之，別人得不到益處，是不會來接觸他的。

另外一個例子，是出身名門的「富家子弟」，他也想能成功的做出某些事情來。但是，當他與別人來往的時候，首先就會考慮這個人對自己有什麼利用的價

值。也許與這個人來往，以後向銀行貸款時，會比較容易，也許與這個人做朋友，他會傳授致富之道，也許這個人會將土地廉價出售給我，也許會將辦公室借給我。他就是如此這般，對周圍的人懷著期待之心、算計之意，認為與自己接觸的人，都會帶給自己某些利益。

這兩個人與人來往時的態度，實在是南轅北轍，完全不同，一個是奉獻給別人某方面的利益，不然別人是不會與他來往的；另一個則是認為與自己來往的人，可能會帶給自己某些方面的利益。

說起來人只有在自己的欲求獲得滿足的情況下，才會與別人來往，每一個人都在努力排除孤立的狀態和心情，人們害怕被孤獨吞噬，渴望朋友，團結一致是人類的天性。因此，與別人來往，這件事情對孤獨的人來說，就會滿足他的欲求，可以說與人來往，對他有很大意義。

我們與周圍朋友相處時，既要熱情又要謹慎，經常站在他們的立場上為他們考慮，說得具體一些就是，夾著尾巴做人，以自己的所能來滿足他人的欲求，他人得到滿足後，才會與別人有所接觸。同時，別人對自己有所奉獻，也就能滿足自己的欲求，這種奉獻與回報，在保持平衡時，就是交際雙方最愉快的時候，同時，也是獲得最大利益的時候。只有透過這種方式建立起來的社會關係，才是最穩定、最牢靠的。

第三計 / 巧覓商機

拾遺補缺是發現商機的重要途徑

在商品經濟日趨完善的市場中，每個企業所占的銷售和生產比都是經過長期努力而客觀形成的，要在短時間內改變市場的分配既不現實也不可能，而拾遺補缺術，則利用抓補市場空檔的機會，開闢了一個新興的產品市場，其發展潛力不可限量。

在商業競爭中，拾遺補缺術的應用，包括下列幾個方面：一是開發生產一種

新興的有潛力的產品市場，為自己製造出一個成功機會。例如日本三菱電機生產
的「棉被烘乾機」，在幾年前轟動一時。當時整個家電業界都苦於低成長，難以
突破，因而一籌莫展。而棉被烘乾機的發明，無異為「三菱」帶來希望的曙光，
也為公司賺取了不少利潤。棉被烘乾機的發明是感於生活中晒棉被的苦惱而創新
出來的。當時「三菱」的一位職員到處打聽消息，日夜為開發新產品費盡思量，
卻在無意中遇上久下不停的雨，並聽到太太抱怨：「天天下雨，棉被都別想晒
了。」這句怨言在他腦袋中產生強烈的衝擊，而終於產生了新創意。

　　有時經營的成功並不一定靠一鳴驚人的新發明，只要能善於聯想，拾遺補
缺，照樣可以將事業發展起來。由於拾遺補缺所需的成本極為有限，但都因良好
的實際效果帶來了極大的成功，所以說這種方法可視為一種巧妙的經營策略。

　　眾所周知，阿拉伯地毯是國際上名聲在外的商品。而一位歐洲地毯商卻在盛
產地毯的阿拉伯地區打開了自己的產品市場。他靠的是什麼？他來到阿拉伯，發
現虔誠的穆斯林教徒每日都要定時祈禱。他們在祈禱時，一定要跪拜於地毯上，
並且無論何時何地都必須面向聖城麥加。根據這個特點，這位歐洲廠商，巧妙的
將扁平的指南針嵌入祈禱用的地毯上。指南針指的不是正南正北，而是指向麥加
城。這樣穆斯林們只要鋪開地毯，不論在哪裡，都可以準確的面向麥加城祈禱
了。就因為加了這個小小的指標，這種地毯一上市，就成了搶手貨。

　　還有一個法國人，他的公司是生產電話機的，現在的電話機功能越來越齊
全，越來越先進。他從中卻發現了一個問題，許多人打電話時都需要找紙和筆記
錄，但往往手邊一時找不到。於是他推出了一種有附帶紙筆的電話機，雖然這個
改進沒有任何新的技術，卻因增加了一種實用的功能，投放市場也是大受歡迎。

看準時機，規避風險

　　商業投資的風險有多種，規避風險的正確方法就是要對時機進行準確的分
析，因為時機一旦看錯，就會導致全盤皆輸，更忌諱人云亦云，被錯誤的資訊所
誤導而導致投資失敗。

　　1. **規避行業風險**：行業本身的興盛衰敗與經濟環境有著千絲萬縷的連結，

但其中並非都是正比關係。有時經濟本身情況很好，但某些行業不一定就發達。例如香港在 1980 年代航運的不景氣，就連內行人、專家也很難預測，而使投資航運的人遭到敗績。

2. **規避經濟形勢變化風險**：經濟有盛有衰，循環不息。經濟形勢好的時候，股票、期貨、貴金屬都會升值；經濟形勢不好，做債券生意就要好一些。因此，投資者必須理智的分析形勢，把握好時機，順應經濟形勢的變化，否則，就會在經濟形勢的變化大潮中翻船。

3. **規避政策變化風險**：無論哪一種投資或者投機市場，都隨時可能受到政策變化的干擾。譬如，我們將錢都存入銀行，由於某些原因，政府宣布提款限制，一日提款限制在一定金額內，那麼你提款就會受到約束；又如政府對特別行業的寬鬆與嚴緊政策的變化等等，都會使投資者面臨一定的風險。

4. **規避周邊風險**：風險並不局限於本地政治經濟範圍，其實全世界沒有一個角落絕對安全。如果存外幣，一定不可以只存一種，外國也會出現政治經濟動盪。所以投資於外國的物業、基金、債券等不要只投資於一個國家。若你只存美元，也會有美元下跌的困境出現，同時存在風險。

5. **規避資金集中風險**：在你投資過程中，千萬不要過於集中，如買股票，就不應該全部買入地產股或同一類股票，最好採取多種、不同類型的投資辦法，避免出現一邊倒的狀況。

敏銳的嗅覺是經商必備特質

成功人士指出，敏銳的嗅覺是商業投資的必備特質。關心政治的商人必定能夠在政治的變幻中抓住時機，特別應該忌諱那種不觀察政治形勢而盲目投資的傳統偏見。

商業經營中，只有做個有心人，才能使商業投資得到成功。這其中最起碼的條件是擁有敏銳的嗅覺，能夠將外部時機的變化和自己的行動連結起來看，覺察到時機可能會為自己帶來的利弊，從而及早採取措施預防。

香港賭王何鴻燊在 1970 年代後期，跑到伊朗轉了一圈，便在德黑蘭開了一

家跑馬場。當時的伊朗還是巴勒維王朝時期，政教尚未合一，毋須由於伊斯蘭宗教的狂熱而去遵守那些清規戒律，更無須考慮禁賭的法令。跑馬場開張兩個月後，果然人潮洶湧，生意興隆。巴勒維國王一高興，幾乎要把勳章頒給何鴻燊。好景不長，1979 年初霍梅尼發動伊斯蘭革命，巴勒維王朝倒臺。一群宗教狂熱分子把跑馬場砸個稀巴爛，五千多萬美金那似肉包子打狗——一去不回了。這使不關心政局的何鴻燊大為傷心。他痛定思痛，痛責自己沒有做個有心人，不關心政治，缺乏政治敏感性，導致投資失敗。其實，沒有敏銳覺察時機的能力很可能是經商者成功的重要障礙，在當今風雲變幻的社會中對政局漠不關心所可能帶來的損失更大了。

嗅覺敏銳才能將商機轉化為利潤

商業成功人士指出，精明的商人只有嗅覺敏銳，才能將商業情報的作用發揮到極致，那種感覺遲鈍、閉門自鎖的公司老闆常常會無所作為。

預謀制勝兵法在今天的人們使用起來應該更為容易和方便，因為現代科技使得資訊的傳達非常迅速，人們能夠很快掌握最新的事件和新聞，所以，採取預謀制勝把握更大。

在商業競爭中，日本人正是憑著嗅覺敏銳的好處，以預謀制勝之術而成為商業強國的。

1980 年代初，美國捲起了一股可怕的「黑旋風」——愛滋病！任何藥物都阻止不了性接觸後可能帶來的恐怖後果——死神的光臨。既想保持開放的性觀念，又怕見上帝的美國人後來發現，有一種小玩意能夠有效抵擋死神的進襲，那就是——保險套。

而當時，由於美國國內曾長期沒有大量生產保險套，現在市場需求突然猛增，數量有限的保險套一時無法滿足市場需求。

遠在東半球的這一邊，嗅覺敏銳的兩位日本商人立即發現了那座「金山」，立即在最短時間內，開動公司的機器，加班趕工生產成箱成箱的保險套，火速送進美國市場。一時之間，美國眾多的代銷店即時門庭若市，熙熙攘攘，兩億多個

保險套很快銷售一空。

　　1950 年代初，李嘉誠在銷售過程中特別注重黃金般的資訊回饋，他從各種管道得知，歐洲人最喜歡塑膠花。在北歐、南歐，人們喜歡用來裝飾庭院和房間，在美洲，連汽車上或工作場所也往往擺上一束塑膠花；而在俄國，掃墓時用它獻給亡者，表示生命早已結束，但留下的思想和精神是長青的。於是，從 1950 年代末起，李嘉誠生產的塑膠花便大量銷往歐美市場，獲得海外廠商一片讚譽，一時間大批訂單從四面八方飛來，年利潤也從三、五萬上升到一千多萬港元，直至 1964 年，塑膠花市場一直旺盛不衰。從此，李嘉誠得出一個重要的投資祕訣：不論做什麼生意，必先了解市面的需求，想要預謀制勝，只有不斷充實自己，才能追上瞬息萬變的社會，他之所以獲得龐大的成功，這一重要謀略功不可沒。

敏銳嗅覺捕捉到的龐大商機

　　西元 1865 年 4 月，南北戰爭接近尾聲。當時美國面臨著物質匱乏的局勢，豬肉價格很貴。亞默爾密切注視勢態的發展，以便捕捉時機，大撈一筆。

　　亞默爾照例每天讀報，並從報上得知南軍敗局已定的消息。但他更想知道，戰爭還能持續多久。

　　這天，當他拿起晨報，突然被一則新聞吸引住了：

　　「孩子們問神父，什麼地方能買到麵包和巧克力。他們說已兩天沒吃麵包了。神父驚訝的問他們的父親做什麼去了。孩子們說：他們的父親都是南軍軍官，也好幾天沒麵包。家中唯有父親們帶回的馬肉可以充饑，但馬肉太硬、太難吃⋯⋯」

　　亞默爾讀了一遍又一遍，他意識到，南軍軍官都到了宰馬吃肉的地步，可見戰爭結束，指日可待。

　　他腦子中產生了一個大膽的構思：立即與東部市場簽訂一個「賣空」銷售合約，以較低的價格賣出一批豬肉，並約定遲幾天交貨。

　　當地的肉類經銷商以為亞默爾發瘋了，把豬肉的價格壓得這麼低，他們樂不

可支的大批訂貨。

果然不出亞默爾所料，幾天後戰爭結束，銷售市場發生巨大的變化。豬肉價格暴跌，銷售商們叫苦不迭，後悔莫及。而此刻，亞默爾的口袋裡已賺進了100萬美元。

雖然累積了大量財富，亞默爾仍然不放過任何賺錢的機會。

西元1875年春，一天，亞默爾在餐桌旁邊喝咖啡，邊讀晨報，發現了一則不起眼的新聞：一種瘟疫被發現，正悄悄在墨西哥蔓延。

在旁人的眼中，這則新聞毫無價值，跟肉類食品生意更是風馬牛不相及。但亞默爾卻有意外的發現：如果墨西哥流行瘟疫，一定會從加州和德州邊境傳到美國。這兩個州是美國肉類食品的供應基地。一旦發生瘟疫，肉價一定會猛漲。

他不假思索的抓起電話，撥通了家庭醫生家的號碼說：

「親愛的醫生，很抱歉打擾你的午休，不過，在這明媚的春天，我認為，去溫暖的墨西哥旅行，更為舒適……」

亞默爾的醫生同意前往，目的是證實一下那裡是否真的發生了瘟疫。幾天後，醫生回來說，瘟疫的確在蔓延，而且勢頭很猛。

亞默爾動用大筆資金，買下了加州和德州的肉牛、生豬，並及時運到美國東部。

果不其然，瘟疫很快蔓延到了美國西部的幾個州。政府下令，禁止一切食品外運。結果全美肉類食品價格暴漲，亞默爾在短短幾個月內賺了900萬。

這位美國肉類加工業富翁，依然保留著每日清晨讀報的習慣。

精明過人的日本公司

1970年代中期，前蘇聯幾名高階對外貿易專員前往美國紐約。這是一則往往被人們視若無睹、極其普通的外事活動消息。

但是日本一家貿易公司駐國外的機構對此做了認真的分析後，認為前蘇聯專員是分管農產品貿易，他們到紐約不久，便飛往美國盛產小麥的糧倉之一——科羅拉多州。顯然是前蘇聯農業歉收，要到此地尋找糧食，短期內美蘇將達成大

批糧食貿易協定，因此世界糧價一定會上漲，絕不能放過千載難逢的機會。

於是日本這家貿易公司便迅速的從國際市場上購進了大批糧食。不久前蘇聯與美國果然達成了一項協議，向前蘇聯出口大批小麥！消息一經傳出，世界糧食市場一時就價格暴漲。日本的這家公司便將所囤積的糧食拋出，這場生意使該公司獲得了巨額利潤。他們的祕訣在於情報快而準，反應迅速。

掌握創造商機的祕訣

商機不但要把握，而且還需要去創造。如何創造商機呢？需要掌握以下方法：

1.「兩面神」思維法

古希臘神殿中有一種同時看兩個方向的兩面神，國外的思維科學研究者便由此引申出「兩面神」思維法，運用這種創造性的反向思維方法，往往可以別開生面，獨創一格，獲得意想不到的發現或創新。

有一次，日本 SONY 公司名譽董事長井深大去理髮，邊理髮，邊看電視，但電視圖像是反的。他靈機一動，心想：「如果製造反畫面的電視機，那麼在鏡子裡不就能看到正畫面了嗎？於是，他整合力量研製成反畫面的電視機，不僅放在理髮店裡供顧客一邊理髮，一邊觀看，而且可讓病人舒服的躺在床上，透過天花板上的鏡子觀看電視，甚至在乒乓球訓練中，可讓右手握拍的運動員透過反畫面的電視機，借鑑左手握球拍的運動員的球藝。

世界上的事物是千變萬化的，但是，人們的頭腦常被已有的觀念和習慣的常規禁錮著。如果你進行反傳統習慣性的逆向思維，將能發現許多新東西，開發許多新產品。電能生磁，磁能不能反過來生電呢？法拉第反向思維的結果，發明了世界上第一臺發電機。後來他用電解法發現了七種元素。世界就是這麼奇妙，有時一正一反的東西，竟可結合成一個美妙的新事物，正如能朝前朝後看的偶像便成了神一樣。如果你有意識的運用逆向思維，把兩種相反的東西結合起來，有時便能產生美妙的結果。

2. 細微之處見商機

人的心理所能設想和相信的東西，人就能用積極的心理態度去獲得。如果你預想出你的目的地，你就會受到這種自我心理暗示的影響，幫助你到達那裡。

愛德華成功的經歷就充分說明了這一點。愛德華小時候就沉浸在一種想法中：總有一天他要創辦一份雜誌。由於他樹立了這個明確的目標，他就能夠抓住一個稍縱即逝的機會。因為這個機會實在是微不足道的，換了別人可能會不屑理睬，任其逝去。

事情是這樣的：他看見一個人打開一包紙菸，從中抽出一張紙條，隨即把它扔到地上。愛德華彎下腰，拾起這張紙條，那上面印著一個著名女演員的照片。在這幅照片下面印有一句話：這是一套照片中的一幅。菸草公司意在敦促買菸者收集一套照片。愛德華把這個紙片翻過來，看到它的背面竟然完全是空白的。

頓時，愛德華感到這裡蘊藏著一個發財的機會。他設想，如果把附在菸盒裡的印有照片的紙片充分利用起來，在它空白的那面印上照片上人物的小傳，這種照片的收藏價值就可大大提高。於是，他趕到印刷這種紙菸附件的印刷公司，向公司的經理提出他的想法。這位經理感到這是個好主意，當即說道：「如果你幫我寫 10 位美國名人小傳，每篇 100 字，我將每篇付給你 10 美元。」

於是，這就成了愛德華最早的寫作任務。他的小傳的需求量與日俱增，以致他不得不請人幫忙。不久，愛德華便請了 5 名新聞記者幫忙寫作小傳，以供應一些印刷廠，生意竟然做得很興旺。

3. 變造商機

在工業化社會向資訊化社會過渡的時代，情況瞬息萬變，捉摸不定。一個企業要在日益激烈的競爭中生存發展，就必須發展多元化經營，這樣碰到形勢嚴峻時，才能及時調轉船頭，不至於在一棵樹上吊死。

日本花王企業是許許多多發展多元化經營的成功企業之一。對家庭主婦來說，從早上起床到晚上就寢，一整天都要與花王的產品為伴：肥皂、牙膏、洗衣粉、漂白劑、清潔劑、化裝品、護膚品等家庭用品，超過 400 種。此外，花王還生產鞋底所用的合成橡膠纖維、混凝土所用的減水劑、食用植物油等工業用產

品，種類繁多，全部超過 1,000 種。近年來，花王企業更開拓了新的生產領域：衛生用品、紙尿布、藥用沐浴劑等，逐一引入市場。花王的經營策略是：不但要具備短期的適應能力，而且更要培養長期的生存能力。董事長丸田芳郎說：「任何企業都要設想今後可能遭遇到的問題，並採取某種程度的應對措施，可是將來的情形誰也無法把握，所以在策略上就會受到限制。無論如何，最重要的是：不管發生什麼問題，企業都要能夠馬上應付，不畏懼。這種應變能力最重要。」而多角化經營策略，正是具有特強的應變能力，不管形勢發生什麼變化，都能做到東方不亮西方亮，左右逢源巧應變。

　　發展多元化經營，能夠延長產品生產期來擴大客戶，充分利用你的銷售管道和供應商，有力的滲透現有市場或開發新的市場，故風險較小，靈活性大，競爭性強，有利於發揮自身優勢；一旦市場發生變化，也可以及時轉換，在市場上揚長避短。

4. 從不便之處覓商機

　　在今天，常常會聽到「買賣難做」和「想不出什麼暢銷貨」的感嘆聲。對此，日本著名的華裔企業家、經濟評論家和作家邱永漢的經驗之談是：「哪裡有人們為難的地方，哪裡就有產生新商機的機會。」

　　事實上，一些成功的事業確實就是這樣開創出來的。日本非常擁擠，道路狹窄，有時汽車開門都非常困難。對此，豐田公司就設計出推拉式的汽車拉門，減少了占地空間，又方便了車主。又如，日本人愛喝酒，客人開車到店裡消費完了以後，往往喝得半醉，如果自己開車回家，既怕出事，又擔心違法被警察抓住。坐計程車吧，可是自己的車又怎麼辦？根據客人這諸多不便，店主於是開闢了代客開車的新業務，這樣自然吸引了許多顧客。

　　現代人在日常繁雜的事物面前，往往覺得分身乏術。為了幫助人們解決生活中的難題，於是「幫你忙」服務公司便應運而生。諸如幫人補交水電費、代訂車船票、代找工人修理家電、代公司提貨或代送報價單等等。甚至當你正和某位女士在一處約會或用餐時，猛然想起自己忘了帶錢包，也可以撥個電話找「幫你忙」公司代勞，避免出現無錢請女友吃飯或叫車的難堪局面。

仔細想想，許多新產品和新服務確實就是從人們日常生活中的不便著眼的。儘管有些困難人們已習以為常，但商家想到並解決了，於是便產生了令人大喜過望的效果。

第四計 / 徐圖進取

做好創業企畫

當你因為多種因素，逐漸形成特定的創業構想，並將創業構想放到日程上時，你就進入了創業期。

在許多失敗的創業個案中，最主要的失敗原因就是這些企業本來就不應該創建。科學、務實的創業企畫是你創業實踐的紙上預演，一方面檢驗創業構想的真實性、正確性和可操作性，另一方面為你創業擬定各種計畫，增加創業實踐的操作性，減少創業風險。因此，創業企畫對於你開創自己的事業，具有重要的意義。

創業企畫是一個專業性很強的術語，似乎使你望而卻步。實際上，企劃是任何人都可以掌握的技巧，也是大家常用的一種技巧。

當然，創業企畫是一種相對複雜的企劃工作，分為兩方面的內容：首先是創業構想的明確化，即明確你的事業是什麼，透過什麼方式獲得競爭優勢和盈利；其次是如何創建你的事業，將你的創業構想變為現實。

通常情況下，你在真正創業之前，會涉及很多種不同創業構想的企劃工作，直到一項真正適合你的機會出現在你的面前。

經商要有長遠規畫

擇業經商，首先要有一個長遠規畫，站得高，才能看得遠，沒有長遠計畫，想做什麼就做什麼，很可能會落個血本無歸、一事無成。現在，有為數不少的下海者，總幻想一口吃個胖子，一夜之間成為富翁。於是，拚命往那些看來似乎很

容易撈錢的行業擠，如股市、房地產、夜總會等。早兩年，就有不少人在這些領域中翻了船。毋須努力，沒有風險，又能賺大錢，世界上哪有這麼便宜的事？只有制定一個長遠規畫，確定一個遠大的發展目標，才有可能不為一時蠅頭小利所迷惑，不被一葉障目。

　　要全面系統的分析所選行業長期發展的有利條件和不利因素，或者說，存在哪些方面的機會和威脅。然後，依據上面的分析，做出正確的選擇。那些選擇起點高、規模大、投資多、週期較長的行業的商家，因為面臨的風險也較大，掉頭換行又不容易，所以在選擇行業前尤其要具有長遠的眼光，認真做好長遠規畫。戰場上，軍事家就是策略家。商場上，傑出的商人也是成功的策略家。只有從策略的角度審時度勢，才能置身泰山極頂，「會當凌絕頂，一覽眾山小」，而絕不能鼠目寸光，急功近利，就事論事，否則將難有所作。

計畫不求完美，只求切實可行

　　對於擬定計畫的人來說，計畫是一件工作成果，是一個作品。如果所擬定的計畫相當優秀，必然會得到很高的評價。所以，每個人都會絞盡腦汁，企圖將其設計得盡善盡美。然而，一個計畫既經設定，便成為人們行動的指南，大家都要循著它的方向去做。因此，一個看上去似乎十全十美，但卻無法實現的計畫，就好像是畫在牆上的餅，好看卻沒辦法法吃。

　　那麼，要制定既容易實行，效果又好的計畫，需要具備哪些條件呢？

　　一要具體。必須明確的表示具體的行動。目的和方針可以稍具抽象性，但行動卻應明白的指出，讓負責實行這一計畫的人，了解自己該如何去做。

　　二要有限期。目標就像是一隻無形的手，在遠方召喚著我們，所以擬定一個計畫時，必須顧及時間。

　　三要具備經濟性。在費用、人員、資料等方面都有必要精打細算。

　　四要簡潔。如果計畫過於繁雜，實行時，往往會缺乏彈性。

　　五要有彈性。為了應付條件的變化及偶然因素出現，擬定計畫時必須考慮到修改甚至變更部分計畫的可能性。

六要有優先順序。對於所實施的專案，要根據它們的重要性，決定先後次序。

經營決策不可草率

俗話說：「棋差一著，全盤皆輸」，經營決策是否得當，關係到生意的成敗。如果在投資、生產、進貨等方面考慮不周，勢必造成決策上的失誤。因此，在決策前，要做好下面的幾件準備工作：

1. **切忌人云亦云**。投資前，對當地的社會狀況，政府政策、對方的實際財力、人力、物力，儲運、原材料供應、能源、水電、銷路等等都要做好調查、掌握第一手的資料，切忌人云亦云，切忌「或者」、「可能」、「大概」等等空洞無物的意見或答覆。一就是一，二就是二，有多少就說多少，否則，為決策埋下隱患，害人不淺！

2. **留有餘地**。投資前，要有充分的想法準備和物質準備。開支要估算多一些，收入要估算少一些（對盈利方面不要過分樂觀，往往有一些意想不到的事情會發生）。例如：開一間商店、辦一家工廠，原來的預算是 50 萬元，你就不能躺在 50 萬元的數目上睡大覺，要準備有超支的可能，否則，到時真的超出預算而無法收尾時，你就束手無策了。

3. **隨時檢查修正**。任何決策，開始時都不一定是盡善盡美的，多少會存在一些問題，這是不奇怪的。關鍵是要留意決策的實施，隨時發現問題，隨時予以糾正，挽回敗局，避免更大的損失。

具體而詳盡的日常實施計畫

除了要制定長期規畫之外，作為一個經商主體或一個企業，還需要一整套具體而詳盡的日常實施計畫。一般來說，至少有五個時間是要擬定計畫的，這就是：每日、每週、每月、每季、每年之末的計畫。

1.**每日之末**。擬定一個要在明天達到的成果和進行的主要活動的簡要提綱，按重要順序排列，把重要專案編上號碼。這將有助於明白醒來之時知道今天該做

什麼，先做什麼。

2. **每週之末**。在每週的最後一個工作日之末，花點時間檢查一下本週的主要活動，與上次計畫的成果進行比較，找出可以改進之處，擬定出下週各項主要工作的提綱。若無重大變故，也可擬定出下週每天要達到的一項或幾項主要目標。

3. **每月之末**。總結本月的重大事件，並擬定出下個月要達到的一些主要目標。可以計劃出下月的每一週，你要達到哪一項主要目標。

4. **每季之末**。檢查本季成果，與預期計畫比較，確定補救措施和改進方案。確定下季每月工作要點，確定一些重要的比率和反映工作業績的主要數字，觀察、分析企業的發展趨勢是否相稱，制定相應對策方案。

5. **每年之末**。用一定的時間檢查本年的重大事件，分析自己的成功與失敗之處，然後按季度列出下一年度每月工作的主要目標。

做事業要循序漸進

做個「一城之主」、「萬人之上」的老闆，對雄心勃勃的人，是一大魅力。可是，獨立創業，並不像想像中那麼容易，而需要研究、考慮。

「自創事業」之前要冷靜的想一想，這是不能跟「迷你裙」、「太陽眼鏡」之類服飾的流行相提並論的。掛冠而去，前途就一片燦爛光明 —— 這個似是而非的觀察，不知誤了多少剛出道的年輕人。看到一群企業怪傑的成就，就認為「事有可為」而輕率辭職。這些人大多沒有認清「跳出公司自創事業，以個人力量在社會上競爭，其中的艱苦超乎想像」的實情。

我們不是反對獨立創業，還要說，大丈夫理當如此。「艱苦超乎想像」是不可爭辯的事實。但是，一旦事成，你會覺得做一個經營者，越發值得。

要強調的是，目前爭相創業的人，大多心情迫切，對於創業艱難的一面，總以為只要跳出「員工的苦海」，賺錢只是談笑之間的事，抱如此輕浮的態度，跳進去的怕不是錢堆，而是「淚海」了。

創業之前必須做一段時期的員工，煎熬煎熬自己。每待在一家公司，就先學學如何全力工作、吸收廣泛的商場知識，這比只盲目想創業更重要。這樣，才能

提高得快，也學得多。當真的創業時，成功的機率，也要大得多。

慎重制定商業計畫

因為商業計畫是你的事業的靈魂，所以我們把它的特性做一個集中歸納：

1. 商業計畫是你與相關人員來往的主要橋梁。這些人員可能包括創業夥伴、投資者、現行員工和預備聘用的員工、小股東和會計人員。

2. 商業計畫的一個最主要作用就是融資。當你被潛在的投資人要求重改商業計畫的時候千萬不要灰心，應記住：計畫是你的，而資本是他們的。

3. 制定商業計畫的過程是自我整理的過程，你要一遍一遍的問自己：「我有沒有遺忘什麼？」

4. 最重要的是，你的商業計畫必須要強調你的事業的精髓，指出你的事業的獨一無二性和相對競爭優勢——換句話說，就是闡明你成功的原因。計畫中要對你的主旨、目標、策略有清楚的陳述，如果讀者能好好理解這些概念，那麼你的計畫無疑是成功的。

5. 在你的商業計畫中，應包含公司的各種功能 —— 產品開發、製造、行銷、銷售、財務等。規定各主要管理人員的地位和職能，雖然你可能還沒有人選。如果公司要有長足的發展或特殊的業務需要，則要關注本國和國際的銷售結構。

6. 你的商業計畫必須明確公司的財務方面的制度。財務方面的嚴謹性是最重要的，一定要為自己留有餘地。你有必要單獨列出現金方面的問題。最後對可能出現的市場滑坡或競爭加劇等情況，也列出相應的措施（這將對計畫的閱讀者很有吸引力）。

7. 你的商業計畫應該是充滿希望的，充分表現它可能帶來的收益，這是投資者和合作者所關注的地方。但是，同時列出其風險的可能也是必要的，問題在於你要有充分有效的解決方法。

8. 你要盡量保守商業計畫的機密，畢竟，這是對你很有價值的。只散發必要的份數，並且應該每一份編號，如有轉手應記錄在案。在許多的商業計畫上都印有「機密」的字樣，要求閱讀你的計畫的人保守祕密。

9. 你的商業計畫並不是越長越好。品質遠比數量更為重要。應在讓閱讀者對你的整個構思有明確的把握的基礎上，盡量縮短篇幅。

10. 你要真正以商業計畫來指導自己的行動，而不只是說說就完了的。有許多公司的商業計畫在獲得融資後，就被塵封在資料箱的最底層而棄之不用，這導致了許多經營過程中的混亂狀態。商業計畫對創業階段的公司，尤其是第一、二年裡，是尤為重要的。

11. 現代社會的一句流行語即為「變化更比計畫快」，商業計畫不是教條，你在執行過程中應掌握一定的靈活尺度。當外在環境發生轉移和變化時，一定要對其中相關的具體策略做相應的調整，切勿削足適履。

12. 你應注意，保持商業計畫的「權威性」。當計畫不適於客觀環境時，有必要加以修改。但是，一旦制定了計畫，就要認真執行，否則極易引起目標的喪失和內部的混亂。

13. 作為一個創業者，很難想像你會具有各方面的知識。因此，在制定計畫的時候你有必要獲得各方面的幫助，悉心聽取各方的意見。但要對這些意見進行咀嚼和消化，加之以自己的判斷，不論怎樣，最後決策的還應是你自己。

創業計畫要切實可行

許多老闆在完成經營計畫之後，以為就可以開始自己的創業行動了。再一次提醒，經營計畫是針對你已經創建成功的企業，規劃私人公司的經營原則與管理方式。要實施你的經營計畫，首先必須將你的私人公司建立起來，這就是創建計畫。

創建私人公司是一個過程，而且是一個大量花錢的投入過程。在這個過程

中，你必須很有效的使用你的投資，同時必須為以後的正常營運打好基礎，做好準備。當然，縮短創建週期，盡量早日開張營業，也是一個重要的目的。

通常情況下，創建一個私人公司，首先必須有一個藍圖，就是你的經營計畫中的相關部分；其次，必須在創建期內解決一些基本問題，如相關法律手續、營業場地、必要的設備、員工徵才及培訓等，所有的活動都伴隨著你資金的投入與使用，因此，資金的籌措與使用也是重要內容。對於許多生意，往往可以在經營中創建，即一邊展開營業，一邊創建私人公司，也可以是創建期內的內容。

1. 創業的法律手續

在通常情況下，創建自己的私人公司一般都必須辦理相關的法律手續，如工商註冊登記、稅務登記、在銀行開戶、辦理各種許可證等。總之，這是一個絕對需要專業知識的工作，也是一個令人頭疼的工作。好在現在國家與各地政府都會實施鼓勵你自主創業的政策，創業的法律手續容易得多。不管怎樣，你都必須完成，否則，你就是非法經營。

在辦理實務中，你應當根據自己的實際情況，確定辦相關手續的計畫，如該找什麼人等。

另外，這個過程中，必須決定你的私人公司的名稱。華人一直講究名正言順，你應當花時間為自己的私人公司取一個好的名字。根據行銷學中的定位原理，你的私人公司的名字直接決定了你未來的市場前途。因此，多花一點時間與精力是值得的。在未來知識經濟中，你的私人公司企業的名字，可是真正意義上的知識經濟內容。

2. 營業場地

我們在經營計畫中的行銷規畫中，已經討論過營業場地對於你事業的意義。在創建計畫，你必須規劃好根據適當的標準選擇營業場地；進行談判，獲得營業場地的使用權；按照營業要求改建營業場地。

這是個花時間與金錢的工作與過程，是創業投資的重要內容。你除了將事情做好之外，還必須花好自己寶貴的現金。

提醒你一個問題，在一些城市商業區租賃門市，可能會有多種部門直接管理你的營業場所。通常，你沒有足夠的精力與時間解決這些問題，所以，在與房東談判的時候，一定要仔細的提出房東應承擔的責任，尤其是與各種部門的交涉問題。否則，一個很小的問題將使你騎虎難下，不知所措。

3. 營業設備

按照設備清單採購必要的營業設備，並安裝調試，這是創建計畫的重要內容。由於這些固定設備的投資往往可以獲得商業信用，也有可能有高額的回扣，因此，你必須在內行人的幫助下，自己完成。

小型私人公司通常沒有辦法維持專業的設備維護人員。因此，要麼你自己在調試過程中，快速學習，使自己在一定程度上弄明白，要麼要求設備供應商提供設備的維護工作。

營業設備一定要按照開業計畫的倒數計時方式進行實施，不能影響正常開業。

4. 員工的招募與培訓

使用自己培訓過的員工對正常營運十分有利，這是一個小老闆的祕訣。

首先，在創建招募與培訓員工，你會有充足的時間選擇合適的員工。

其次，在培訓過程中，大家可以相互了解，便於以後的正常工作。

第三，也是最重要的一點，經過培訓的員工，在正式營業時都知道自己的工作內容與標準，並有一定的工作技巧，可以為你的事業打下良好的基礎，並順利展開營運。

第四，提前招募的一些員工可以參與一些創建工作，分擔企業期內你身上的重擔，至少，有跑腿的人。

通常，在營業場所確定以後，就可以開始員工的招募與培訓工作。一般可以先找重要工作人員，再找普通工作人員。

由於你的事業通常是小型私人公司，員工一般不是很多，因此，建議你一定自己親自參與這項工作。否則，可能會有嚴重的負面影響，例如，應徵者對招

募人員產生感恩的念頭，容易形成內部小團隊；招募人員可能招募自己的親朋好友，而你卻不知道。

5. 資金的籌措與使用

現在，你已經明白，創建過程絕對是一個花錢的過程，因此，你必須仔細計劃資金的籌措與使用，尤其是一部分投資可能在你展開創建活動之後才到位的情況下。

窮家富路，這是古人總結的原則，是說在家裡待著，錢少一點不要緊；在外出的時候，一定要帶足盤纏，錢一定要富裕。這個原則也適合你創建期的資金計畫。你應當籌措比預算多一些的資金，錢一定要有富裕量，以防止出現各種意外情況。在使用的過程中，一定要合理使用，盡量將現金留在自己的手中，因為，正式營業時還要花費大量的現金。

對於自主創業的你，一定要做好資金計畫。如果能夠獲得銀行貸款，一定要盡力爭取。

6. 創建期內你自己的參與計畫

創建期的工作千頭萬緒，既有時間的壓力，又有資金的挑戰，同時伴隨著各種複雜、瑣碎的事情。創業期的工作又直接影響、決定你事業正式營運的水準。所有這一切，要求你參與自己事業的創建工作。

在正式辭職以前，由於你多半在現有工作職位上有著相對重要的作用，你多半有希望減少離職對現有企業的影響的願望，則你的工作交接將持續一段時間。還有一個原因，當你正式離職之後，也就意味著你沒有了薪資來源，這也是一種壓力。更加重要的是，在創建初期，工作量還相對較少，沒有必要你專職處理。

由於上述原因，你也就應當規劃自己逐漸參與創建工作的計畫。

一般情況下，在決定自主創業之後，應當利用業務時間進行創業企劃工作。

正式決定實施創業計畫時，應當一邊展開創建企業的前期工作（辦理法律手續、尋找營業場所、籌措資金等），一邊進行離職的交接。正式離職之後，也就進入了創建期的重要階段，你必須全力投入，完成自己事業的創建工作。

許多公司的老闆都是由自己從事的行業起步，並有一定數量的老闆與自己服務的企業有一定的業務關係。因此，規劃自己在創建期內的參與計畫很有意義。

第五計 / 應酬有術

結交消息靈通人士

　　在今天這個資訊爆炸的時代，過分依賴於文字資料會造成盲目接受資訊的情況，也往往產生對事物先入為主的觀念，使得結果與事實有一定差距。文字資料包括書本、雜誌、傳單、工作報告等，如未經進一步研究，盲目跟從是愚昧的行為。

　　所以增加資訊的來源，除了透過大眾傳媒外，還要廣交消息靈通的朋友，他們是接觸層面較廣，能提供最新的商業資訊的人。

　　與此同時，你還應當發揮自己的聰明才智，增強自己大腦的思維能力。以下幾種方法值得借鑑：

1. 平日多走動，留意周圍所發生的事，動動腦筋解決別人的難題。但不必讓當事人知道，將問題設身處地的想想便可以了。

2. 與身邊的親朋好友經常討論問題。不同的人有不同想法，集中大家的思考，找出一個可遵循的正確方向。

3. 隨時調整適應事物的「頻率」，遇事不必大驚小怪，將自己的見聞增廣，學會接受和理解前所未聞的事物。

4. 不斷認識不同階層的人，等於廣布眼線，他們的意見、批評，也就等於消費者的意見，可使你清楚商品的優劣，不致使自己的商品落後於消費的需求。

5. 學會應酬，一個怕應酬的人不能成為成功的企業家。初在商場探路的人，如有意發展，大大小小的應酬活動在所難免。

不要小看每個活躍在商場的人，他們在商場逗留得越久，就越有價值，無論他們的成就多寡。

多方面接收資訊，上至上流社會，下至市井之徒，均加以了解和結交。不斷接受資訊，便能不斷感受、接觸更多事物，使自己的能力細膩、敏銳起來。

時下成功的老闆，不少人以為自己高高在上，漸漸鄙視低下階層的朋友，覺得與之交往會使上層人物取笑自己，或以為已不需要他們的幫助，忽略他們的存在價值，這是何等愚蠢的想法。

越是坐得高，就越不能孤立自己。長久與下層脫節，逐漸被困在象牙塔中，眼光就越短淺，越不了解社會大眾的需求。

一個人或幾個人的思考和能力終究有限，廣交朋友，接納多方面的意見，這是一個開明老闆所必不可少的。

商務應酬應保持良好的心態和習慣

商務應酬可以給對方良好的印象作為合作的開始，因此，商務應酬要保持良好的心態和習慣，具體來說，與人交往時應注意：

1. 注視著對方的眼睛，主動和其握手。
2. 先主動開口，直接介紹自己。
3. 面帶笑容，滿臉誠實。
4. 態度不卑不亢。
5. 盡可能使用幽默語言。
6. 不裝腔作勢。
7. 說話聲音要簡潔清晰。
8. 參加經營洽談，不要忘記帶名片。
9. 不要把名片隨隨便便丟給別人。
10. 不要接過別人的名片隨便一放。
11. 不要忘記客戶的姓名。
12. 要分析這筆交易本身有無成功的可能性，不要根據你對對方的印象來確

定是否成交。

商務應酬中應避免談論敏感的話題

商業是一個與眾不同的競爭行業，又是一個與自己的利益密切相關的合作行業，所以，盡量避免不愉快的話題是十分必要的。特別是下列話題在商業交談時應避免：

1. 敏感的政治問題。
2. 信仰及宗教、民族方面相關的話題。
3. 涉及個人隱私方面的話題。
4. 顧客的某些身體方面的缺陷。
5. 競爭者的壞話。
6. 公司及同行的壞話。
7. 絕不當著顧客的面打聽別人的隱私。
8. 對顧客的家居擺設喋喋不休的進行評論。
9. 毫無邊際的奉承話。
10. 故弄玄虛的賣弄自己的知識，高談闊論，引人討厭。

送禮時應遵循的原則

商業交往中，送禮是一門大學問，如何掌握得宜，實屬不易。因為禮物的恰當與否和送禮的方式、時間都有可能會影響對方的情緒，從而對商業行為產生不同的效果。以下提供 6 個思考的原則，必能對送禮有所教益。

1. 對象；送給誰。

這是一個相對的考慮，如送給情人、夫妻相送、父母、兄弟、姊妹、家人互相饋贈，朋友、老師、學生、上司、下屬等，不同的關係，有不同的選擇方向。

2. 為什麼，以什麼理由送？

如生日、感謝、慶祝、答謝、交友等理由。

3. 如何送，怎麼送？

有親自送、販賣場所代送、託人送、郵寄等方式。

4. 何時送，在什麼時間送？

諸如某種慶祝、紀念會、生日、耶誕節、過年等節日及特別日。

5. 在何地，在什麼場合送？

比如生日宴、酒會、慶功宴、私宅、私人會晤或約會場所等。

6. 送什麼物品？

有時候一個小小的禮物會使對方驚奇不已，從而鞏固與對方的合作關係，因此，送禮的學問真值得好好的學習和研究。

商務宴請時應將席位巧妙安排

1. 正式宴會一般均須排座位，也可以只排部分客人的席位，其他人排桌次或自由入座。

2. 桌數較多時要擺桌次，按國際上的習慣，桌次高低以離主桌位置遠近而定，右高左低、中心高周邊低。

3. 席位高低以離主人的座位遠近而定，同時也遵循右高左低的習慣。排席位的主要依據是禮賓次序。因此在排席位前，要按禮賓次序開列主、客雙方的名單。當然，也要考慮特殊因素靈活處理。如遇主賓身分高於主人，為表示對他尊重，可以把主賓擺在主人的位置上，主人則坐在主賓位置上，第二主人坐在主賓的左側（當然也可按常規排列）。

4. 男女賓的安排，按外國習慣是穿插安排。也可按各人職務、身分排列，以便於談話。如果有夫人出席，通常與宴會女主人排在一起。如：男主賓坐在男主人右上方，其夫人坐在女主人右上方。如果宴會主人的夫人不出席，可請其他身分相當的婦女做第二主人。亦可以把主賓夫婦安排在主人的左右兩側。

5. 席位安排還應適當照顧各種實際情況，如：身分大致相當、專業相同、語言相同，可以排在一起；意見分歧、關係緊張者，應避免排在一起等等。席位排好後，應該用座位卡在席上標明。桌次可以在請柬上註明，或入席前通知。大型宴會最好有人引導，以免混亂。

宴會時注重禮節

敬酒是用餐中表達友好的一種方式，一般應由主人和主賓致辭，致辭時應暫停用餐、交談、喝酒或抽菸。一般應由主人先和主賓相碰，應走到其身旁與之碰杯；在較正式的宴會上，最忌隨便跑到主桌上敬酒，顯得唐突失禮。如果中途退席則不要打擾更多的人。宴請結束前要向主人告別，感謝主人的盛情招待。

出席舞會舉止適當

在商務舞會中講究禮儀十分重要。每當音樂聲響起後，男士應走到女伴跟前，行15度鞠躬禮，伸出右手並說：「可以請您跳舞嗎？」待對方起立後再與之共舞，千萬不可拉起女方就跳舞。一曲終後再將女方送回座位並微笑致謝；女方若有男伴在場，邀請者應先徵求男伴同意。在舞場中如遇有男方邀請，女方一般不應拒絕，若因身體或其他原因須拒絕時，也要委婉說明原因並請對方原諒。

因為參加舞會是與別人面對面跳舞，所以在個人方面要求極嚴格，跳舞前忌吃蔥蒜或喝酒，強烈的異味有損形象的樹立，應想辦法消除掉，如使用口腔清新噴劑或嚼口香糖等。商業舞會的一切準備應在赴會前進行，否則一邊跳舞一邊嚼口香糖的樣子十分不雅觀。手掌易出汗的人應在口袋裡裝有手帕，以備隨時擦手，因為握著溼黏的手跳舞是不舒服的。衣著要整齊大方。男性忌穿短褲，或西裝搭配休閒鞋，女性最好穿裙裝，更顯得飄逸、優美。

言談之際注重細節

商務應酬應該是有來有往，交談過程更是如此，獨占談話而過分表現自己，雖然可以快意一時，卻會帶來龐大的損失。下列幾個方面就是商業成功人士告誡

所應注意的細節：

1. 不要獨占任何談話。

中途打岔搶著說話常會引起別人的反感。口若懸河，搶盡了風頭，只會引起人的反彈心理。

2. 精於談話的人。

大多都沉默寡言，他們都是傾聽的高手，只有在關鍵的時刻才會說一兩句。

3. 清楚聽出對方談話的重點。

與人談話時，最重要的一件事就是聽出對方話中的目的和重點。

4. 適時表達你的意見。

談話必須有來有往，所以要在不打斷對方談話的原則下，適時表達你的意見，這才是正確的談話方式。

5. 肯定對方的談話價值。

在交談中，一定要用心去找出對方的價值，並肯定它，這是獲得對方好感的一大絕招。

6. 必須準備豐富的話題。

為了不使談話冷場，並增進情感交流，必須準備豐富的話題。豐富的話題來源於豐富的知識，但有一點應記住，豐富的話題絕不可拿來向對方炫耀，否則對方會產生反感，你就得不償失了。

7. 以全身說出內心的話。

光用嘴說話是難以造成氣勢的，所以必須以嘴、以手、以眼、以心靈去說話，只有這樣，才能融化對方，並說服對方。

8. 談話語調要低沉明朗。

明朗、低沉、愉快的語調最吸引人，語調偏高的人，應設法練習變為低調，說出迷人的聲音。

9. **咬字清楚、段落分明。**

說話最怕咬字不清，段落不明，這麼一來，非但對方無法了解你的意思，而且還會給別人帶來壓迫感。

10. **說話的快慢運用得宜。**

開車時有低速檔、中速檔和高速檔，必須依實際路況的需要，做適當的調整。同理，在說話時，也要依照實際狀況的需要，調整快慢。

11. **談話時運用「停頓」的奧妙。**

「停頓」在談話中非常重要，但要運用得恰到好處。「停頓」有整理自己的思維、引起對方好奇、觀察對方的反應、促使對方回話、強迫對方速下決定等等功能，不妨加以妥善運用。

12. **談話時音量的大小要適中。**

在兩人交談時，對方能夠清楚自然的聽清楚你的談話，這種音量就相當合適了。

13. **談話時語句須與表情互相配合。**

每個字、每一個詞句都有它的意義，單用詞句表達你的意思是不夠的，還必須加上你對每一詞句的感受，以及你的神情與姿態，這樣你的談話才會生動感人。

14. **談話時措辭要高雅，發音要正確。**

一個人在交談時的措辭，猶如他的儀表和服飾，深深影響他談話的效果。對於若干較澀的字眼，發音要力求準確，因為這無形中會表現出你的博學和教養。

培養幽默感

藤田田認為，日本人是個不懂幽默的民族。

每次日本麥當勞的從業人員代表和美方派來的高階主管開會時，日本代表多半不太發言，有時從開會到結束，一句話都不說。

於是美國人就挖苦藤田田說：

「除了你以外，所有的日本人都是沉默的猴子。」

「你的批評太無禮了。」

「好，你們是坐佛，可以了吧？」

藤田田不禁啞然失笑，他承認日本人不懂幽默，而不懂幽默就表示心胸狹窄。

而這種不懂幽默的性格，是受佛教的影響而造成。

自從1300多年前，佛教傳入日本後，支配了統治階層到一般庶民，養成了大家沉默、拘謹的個性。

他認為今後發展國際貿易時，這種拘謹、缺乏幽默感的個性，將使日本人吃大虧。

會說話不等於口若懸河

口才伶俐、反應靈敏往往是一流推銷員。在推銷方面占有一席地位的推銷員，幾乎都有很好的口才。

但是如果這樣便認為推銷員一定都是口若懸河，說話流利，那又不盡其然。這種誤解有必要加以消除。

我接觸過不少一流推銷員，他們懂得說話的藝術，但不能口若懸河。「會說話」與「口若懸河」的定義完全不同。口若懸河，乃指說話不停頓、滔滔不絕，但不一定讓別人產生共鳴。講話有自我陶醉傾向的推銷員，絕不能把握顧客心理動向，當然不能說服顧客。相反，懂得說話藝術的人，由於說話的音調抑揚頓挫，且適當停頓，令人不知不覺專心聆聽，再稍稍將聲音放大，較易引起對方的注意；或者在一段滔滔雄辯後，突然停頓，隔一下子再說：「這是你我的小祕密」，可引起顧客好奇心，也是方法之一。

只知口若懸河，滔滔善辯，不是有效的說話技巧。

巧言妙語打破僵局

任何貿易洽談，雙方都可能出現意見分岐，必然會發生唇槍舌戰，這是不可

避免的。但值得研究的是雙方怎樣才能做到既不喪失原則立場，又能靈活圓通。

1. 要善於將「以我為準」轉化為「各說各的」。

在洽談雙方交鋒的過程中，存在兩種形式：一是「以我為準」，一是「各說各的」。採用「以我為準」的方式是，先由一方對某個議題做了陳述之後，另一方設法釐清對方的意圖。

採用「以我為準」方式的洽談人員的對話往往是這樣的：

「這種產品的單價是 250 元。」

「250 元？太貴了。這大大超出了我們的能力，你們怎麼能這樣要價？」

「這是市場現價，我們一直按這價格出售。」

「這就怪了，我們可以找到其他賣主，他們的售價比你們的便宜多了。你們應該降價。」

洽談雙方站在各自的立場上以我為準，必然形成劍拔弩張的形勢，而採取「各說各的」方式的洽談人員卻能既不喪失原則立場，又能做到靈活圓通。他們談話的方式往往是這樣的：

「我們這種產品售價是 250 元。」

「是單價嗎？」

「是的。」

「我們希望每個產品售價 220 元，不包括運費和關稅。」

在交際貿易洽談中，兩種表達方式常常導致不同的結果。「以我為準」的方式經常使雙方在每個議題上爭論不休，而且不斷發出警告。而「各說各的」則能讓雙方明確各自的立場，然後把精力集中在「我們應該如何共同解決這個問題」上。這樣，就可以防止警戒訊號的發出，靈巧圓通的保持濃郁的「討論氣氛」。

2. 要善於運用「緩衝策略」。

在洽談交鋒過程中，我們在口才技巧上還要善於運用「緩衝策略」。

當價格問題爭執不下的時候，我們要施展口才技巧，使雙方之間的交鋒形成緩衝地帶，這時可以進行如下的談話：「好的，我們雙方的立場都闡明了。如果

大家同意的話，我們雙方是否找某種積極的成交方式？我建議，大家不妨隨便提些建議，然後再來講哪些是可行的，這樣好嗎？」

這時，人們往往擺脫不了原來的思路，不能馬上提起其他方面的建議，為了保持一種合作氣氛，可以繼續進行一些緩衝性的表述。

例如：

「我想，也可以透過交貨條件平衡一下價格問題。」

「我們可以把支付條件作為解決雙方分歧的一個橋梁。」

「先把這筆買賣做成，然後再選個時間做其他買賣。」

這樣，一方可以從另一方的倡議中得到啟發，雙方共同合作，使成交的前景漸趨明朗。

3. 要善於運用「尋找積極因素」的策略。

在洽談交鋒中，運用「尋找積極因素」的策略，也是施展口才技巧，顯得靈巧圓通，保持「討論氣氛」的重要手法。例如：在價格和交貨等問題發生分歧的時候，千萬不要採取這樣的談話方式：「謝謝你為我們所做的陳述。但我們不得不要求你再重新考慮一下價格和交貨問題。」最好採取這樣的回答方式：「謝謝你向我們闡明了立場。看來我們很容易在貨款、貸款條件和法律責任上獲得一致。唯一出現分歧的問題是價格和交貨問題。你也是這樣認為嗎？」

在洽談口才的施展過程中，各種策略、技巧的運用是必要的，但真正維持「討論氣氛」的核心問題是獲得對方的信賴，因此種種策略與技巧，都必須服從於這一點，否則就會弄巧成拙。當然，貿易談判也需要發揮口才，幽默感、偶然的笑聲、一些無傷大雅的玩笑、往往能使談判的緊張氣氛緩和下來。因而洽談中採取「靈活圓通法」有利於達成圓滿的協定。

創造輕鬆談話氛圍的 10 個絕招

在社交中，人們希望出現令人愉悅的場面，而能夠製造歡樂氣氛的人則更受歡迎。以下方法可幫助你成為社交場合上的活躍人物。

1. 誇張般的讚美

老朋友、新同事見面後，不免介紹寒暄一番，這是個極好的活躍氣氛的機會。藉此發表一番「外交辭令」，把每個人的才能、成就、天賦、地位、特長等做一種誇張式的炫耀與渲染，這可使朋友們感到自己深深為你所了解、所傾慕。尤其是利用這種方式把朋友推薦給第三者，誰也不會去計較真實性，但你卻張揚了朋友們最喜歡被張揚的內容。這種把人抬得極高，但沒有虛偽、奉承之感的介紹，會立即使整個氣氛變得異常活躍。

2. 引發共鳴感

朋友、同事相聚，最忌一個人唱獨角戲，大家當聽眾。成功的社交就是眾人暢所欲言。各自都表現出最佳的才能，做出最精彩的表演。為達到這一目的，就必須尋找能引起大家最廣泛共鳴的內容。有共同的感受，彼此間才可各抒己見，仁者見仁，智者見智，氣氛才會熱烈。所以，你若是社交活動的主持人，一定要把活動的內容與參加者的好惡、最關心的話題、最擅長的拿手好戲等因素連結起來，以免出現冷場。

3. 有魅力的惡作劇

善意、有分寸的取笑、調侃朋友並不是壞事，雙方自由自在的嬉戲，超脫習慣、道德，遠離規則的界限，享受不受束縛的「自由」和解除規律的「輕鬆」，是極為愜意的樂事。惡作劇具有出人意料的效果，它起於幽默，導致歡笑。人們在捧腹大笑之際，會深深感謝那個聰明的、快樂的製造者。

4. 寓莊於諧

社交中需要莊重，但自始至終保持莊重氣氛就會顯得緊張。寓莊於諧的交談方式比較自由，在許多場合都可以使用。用幽默、詼諧的語言，同樣可以表達較重要的內容。

5. 提出荒謬的問題並巧妙應答

生活中，總是一本正經的人會給人古板、單調、乏味的感覺。交談中，不時穿插一些朋友們意想不到的、貌似荒謬而實則極有意義的問題，是很好的一種活

躍氣氛的常識。或許會有人時常問你一些荒謬的問題，如果你直斥對方荒謬，或不屑一顧，不僅會破壞交談氣氛、人際關係，而且會被人認為缺乏幽默感。

學會提出引人發笑的荒謬問題並能巧妙應答，有助於良好社交氣氛的形成。

6. 帶些「小道具」

朋友相聚，也許在初見面時打不開局面，而陷於窘境，也許在中間出現冷場。這時，你隨身攜帶的小道具便可發揮作用。一個精緻的鑰匙可能引發一大堆話題；一把扇子，一則可用作帽子，又可題詩作畫，也可喚起大家特殊的興趣。小道具的妙用不可小看。

7. 製造一些無傷大雅的小漏洞

漏洞是懸念，是「包袱」，製造它，會使人格外關注你的所作所為，精力集中、全神貫注。在你抖開「包袱」之後，人們見是一場虛驚，都會付之一笑。

8. 適當貶抑自己

自我貶低、自我解嘲，這種戰術是最高明的。往往是老練而自信的人才採取這種方式。貶抑會收到欲揚先抑、欲擒先縱的效果。眾人將在哄笑聲中重新把你抬得很高。自我貶抑既可活躍氣氛，又能博得他人好感。

9. 故意暴露一下「缺點」

你可以偶爾故作滑稽，或做出一副不修邊幅、衣冠不整的樣子；或莽撞調皮、佯裝醉漢、擺出一幅滿不在乎的神情等等。這些「缺點」，平時在你身上不常見，人們突然觀察到這種變化，會有一種特殊的新鮮感，你收得攏、放得開的舉止會令人捧腹大笑，使大家對你刮目相看。

10. 不妨傷害一下對方

經驗證明，彼此畢恭畢敬未必就沒有矛盾，而平日吵吵鬧鬧的夫妻可能會更親熱。朋友間也如此，若心無芥蒂、毫無隔閡，開句玩笑，貶低一番對方，互相攻擊幾句，打幾拳、給兩腳，並不是壞事，反倒顯得親密無間。社交中，心無戒備、偏見、惡意的攻擊與傷害，會使朋友、同事更加無拘無束。詼諧、戲謔中的「君子風度」，最能活躍氣氛。

當然，若賓主交談的氣氛理想，除在形式上做文章外，最主要的還是內容的新穎、別致。內容本身充滿活力，活動才會活潑、歡快。

第六計 / 越挫越勇

屢敗屢戰

付出的心血沒有獲得回報，雖然不幸，但起碼自己已經盡力了。但是，如果中途放棄的話，那就表示自己承認失敗了。唯有克服痛苦，成功的女神才會向你微笑，因為成功的關鍵在於這種精神的耐力。

一位擁有很多企業的企業家，年輕時也是從這種痛苦的深淵中一步一步爬上來的。1927 年經濟恐慌時，他因服務的銀行倒閉而失業，過了一段相當失意的日子。於是他下決心到保險公司當推銷員。他的親朋好友都勸他不要去做這種工作，因為他們認為再也沒有比這更討厭的工作了。但是，他依然赴任。

他每天從早上 8 點，一直工作到晚上 10 點才回家。過了將近 3 個月，毫無業績，有時一到大門就被趕出來，甚至被狗追出來。

那一年年底，他實在心灰意冷了，就對妻子說：「我們去路邊擺攤，總比現在生活好。」但是，妻子卻鼓勵他說：「一開始時，我充滿信心，認為只要下決心，什麼事都能完成。但是，現在你卻想放棄。至少你也應該談成一個保險合約，否則，這個失敗的紀錄，會在你一生中永遠留下一個汙點，這不是很遺憾嗎？如果要躲到別的地方去，不如留在這裡。你不要管別人的想法，應該拿出你的氣概來。」

被妻子喚起氣概的他，再次點燃鬥志，第二天又繼續拉保險。失敗了 8 次之後，由於他的熱忱，終於談成了一個保險合約。當時，他忽然覺悟到：即使陷身在失敗的深淵之中，也不要忘記工作，所以，不到最後一刻不善罷甘休！

經商不能朝秦暮楚

一個人在一個地方待得太久，可能會產生厭倦之感；一個人從事某項工作時間一長，總想換換口味；一個經營者也常常為其他商品的厚利所誘惑，因而輕率轉行或盲目擴大經營範圍，這不是一件好事，成功的例子也很少。

一個人的能力和精力是有限的，如果從事的工作一多，那麼投入在每一項事業上的力量自然也會分散，結果沒有一件事做得很出色。一個公司的資金能力和技術能力也會隨著多種經營而分散。如果從事專業化經營，即使是小公司也能創出國際性的名牌來。

生意人要有堅定的信念和專心致志的耐力，不要輕易為新工作的魅力所吸引，做一件事就全力以赴去把它做好，淺嘗輒止將一事無成。

外鬆內緊度過危機

人生有順境也有困境，看一個人陷入困境時，如何自處，就能了解他真正的價值。例如事業不順、負債累累、面臨倒閉的大危機時，不堅強的人就會趁夜逃跑或自殺，但這只是一種逃避，並不能解決問題。所以，危機來臨時，必須有死中求生的扭轉乾坤的勇氣和方法。

這裡所謂扭轉乾坤的方法，並不是明確告訴你該怎麼辦，而是指在陷入困境時，要有「我不服輸」而鼓起勇氣，避免事態惡化的方法。例如無法償還銀行借款時，不要尋短見，或一走了之，該鼓起勇氣到銀行共商對策。「我已身無分文，無法償還，怎麼辦呢？」

這就是所謂的「扭轉乾坤」的方法。相信在這種情況下，銀行不會叫你自殺或連夜逃跑，也不會把你抵押的房子或土地拍賣了事，他們一定會和你一起討論對策。

例如，一家證券公司，因經營不善而被迫減資。在這種情況下，一般的負責人一定會從早到晚拚命工作，再也不敢去酒吧或餐廳。但是，這家公司的董事長卻和以前沒兩樣，依然上酒吧，吃美食。不久之後，業績逐漸上升。這時，他才對人說：「當時，我受到很多抨擊，但是，證券公司最重要的是信用和招牌，連

酒吧或朋友的聚會都不敢參加的話，別人一定會認為那家證券公司不行了。這麼一來，可能會導致不可收拾的後果。所以，除了努力工作，為了讓人對我的證券公司有信心，還得勉強打起精神，繼續以往的生活方式。」

這也算是扭轉乾坤的方法。

創業之初謹防致命傷

當你為公司開業而四處奔波，籌措資金時，自然會有不少的朋友、長輩對你提出一些中肯的建議和經驗供參考，以便教你如何去擬定公司創業計畫。

這裡你應該首先確定的是，如果企業計畫的目的是讓別人出資辦專案，那麼計畫就應該以投資者為對象。

假設你有適合某種特別需求的產品，或服務的好建議，在擬定創業計畫時，最大的致命傷就是防止不切實際，比如：

1. 要求不能過高。

我們很樂於看到，有人在計畫內認真寫著：不知道第一年或第二年內可以銷售多少，但至少我知道他們是很切實際的。

2. 不盲目樂觀。

人們佩服有勇氣開創自己事業的人，但是不能把盲目樂觀的和無所畏懼混為一談。比如說，對失敗心存畏懼，就是一種健康的傾向，並且應多在創業計畫裡提及。創業投資的出資人懂得在慘澹經營的年頭，畏懼失敗乃是最大的刺激與動力。

3. 不可低估競爭者。

不要因為手上有了創業計畫，就輕視你的競爭者。對於你的競爭者，不要等閒視之。不管怎麼說，他們總是起步在你之前。如果你輕看或忽視競爭者存在的事實，那麼願意投資在你的身上的人，很可能懷疑你還忽略了某些重要因素。

4. 不過分迷信金錢。

只有理想才能解決問題。金錢只能促其實現而已。對「怎樣尋找顧客」的問

題，如果只能以「花 40 萬元來做廣告」為對策，顯然不能令人信服。

5. 計畫重在落實。

有些創業計畫總是說得多，引經據典，旁徵博引，但是如何落實，怎樣去做，卻不具體。

不認輸就沒有失敗

困難或不幸正是成功的媒介。它能引導一個人走向成功。

「我不會這麼輕易服輸的，你等著瞧吧！」這種不滿現狀、想往上攀登的心情，也就是打拚精神。有了這種打拚精神，人才能忍受嚴格的考驗逐步向上。

如果缺乏這種精神，陷入危機時，就會叫：「啊！不行了！」而被打垮。

有一個人因創辦特殊金屬工業公司而失敗，接著又開錶帶工廠，然後是打火機廠，一連串的失敗並沒有擊倒他。錶帶生意失敗時，他曾做過攤販、清潔工，以期重建事業。但是，他依然很樂觀的說：「只有自己承認失敗才是真正的失敗，但我從未承認過。」他的確不凡，這種打拚精神實在令人欽佩！

留下火種，從頭再來

常言說得好，「留得青山在，不怕沒柴燒。」企業在經過多次失敗的耗損或一次失敗的重創之後，破產倒閉之勢已無可遏止，比較現實的目標就是不輸光，在失敗之前設法保存力量，為東山再起「留下火種」。面臨此種情況，我們企業老闆們應靜心做好以下兩件事：一是選準必須保存的資源。不要奢望能保存很多資產，應當選擇那些市場價值不高或不明確，但對企業卻最有再利用價值的資源設法保存，例如技術訣竅或關鍵職位的技術人員、企業名號、商標或一塊活動場地等等，總之以一些「軟資源」為主。二是選擇最有效的合法保護手段來保存這些資源。在企業破產清算之前，果斷採取合法手段，將擬定的保存對象進行隔離、轉移、分立等技術處理；在破產前清算程序已經啟動的情況下，則應充分利用法律中對企業所有者和經營者有利的條款，既據理力爭又靈活通融的爭取對自己有利的結局。

退中求進，巧占市場

退讓實則是一種最間接的進攻策略。比如，在激烈的市場競爭中，企業如能巧妙讓出一方出場，且能開闢一方新天地作為目標市場，最後包圍先前讓出的市場，收復失地，這實際上是一種商戰高招。在保健品市場異常飽和，發展的空間日益狹窄的情況下，一家集團在重新審視這場爭奪市場戰後，毅然把目光投向廣闊的鄉村市場。當別人把網路建起來時，這家集團「多走半步」繞小道，跑冷門，把網路建到縣、鄉、村，即使在窮鄉僻壤也能看到集團產品的蹤影，僅一個產品銷售額就達 15 億元，居保健品市場之首。該集團負責人面對獲得的成功頗有感慨的說：「當初如果沒有退讓意識，死心眼的爭奪城市市場，肯定會淪為競爭的失敗者。」

理智面對失敗

有風險，就會有失敗。世上沒有絕對成功的規律法則。

開創事業，培養正確失敗觀，至少可以使你信心不垮，東山再起。

如果真的失敗了，也許是件好事，你只有想辦法再創業，否則，你很難擺脫創業失敗導致的債務。

失敗不可怕，可怕的是失敗後的一蹶不振。事先有失敗的計畫和打算，可以適當消去失敗的負面影響。

真要失敗了，第一件事就是如何減少損失。重要的是，如何迴避輸得乾乾淨淨的那種失敗，這要在創業計畫中充分考慮。

賭場上有一句話：願賭要服輸。創業也一樣。認了這個道理，在面對失敗時，不會心驚肉跳、驚慌失措。如此，失敗的風險又少了幾分。

不要怕失敗，要有恆心和毅力，失敗了再戰，一定會成功，要有「打斷牙齒和血吞」的勇氣。

退而不亂，少輸為贏

企業面臨必敗之勢時，宜先退、早退，但這種退卻不是無節制的、無止境

的亂退。要藉退蓄力，藉退蓄勢，為下一輪競爭做準備。老闆要對企業保持控制力，使企業員工人心不散，管理不亂，令行禁止，工作有條不紊。無數企業失敗的教訓告訴我們，無節制的敗退必將導致企業目標體系和責任體系的迅速解體，形成「潰不成軍、一敗塗地」的局面。因此，不論企業面臨多麼嚴重的困難，處於何種危急局面，老闆絕不可慌不擇路，而應全力以赴的帶領員工挽救殘局，盡量減少損失。當大失敗的局勢已定時，不要指望會出現什麼翻天覆地的奇蹟。企業唯一的選擇就是撤出某些經營領域的同時，在剩下的經營領域裡採取若干打破常規的管理措施，將損失減至最低限度。能在面臨大敗之勢時減少損失，就意味著在一定程度上戰勝了這場危機。

做好應付失敗的心理準備

市場風雲多變，誰也沒有「百戰百勝」的絕對把握，就連那些老手也常常出現一些失誤，甚至失敗，何況剛剛涉足商場、白手起家、初創事業者呢？失誤、失敗並不可怕，關鍵在於如何從失敗中奮起，反敗為勝。在商場跌倒了要爬起來，才算好漢，爬不起來，恐怕就掉在債坑裡，更不用說賺錢發財了，而且將越陷越深，不能自拔了。

在市場經濟的大潮中，敗軍之將，可以言勇。經營者一走上市場，都想發家致富賺錢發財，但變幻莫測的市場上，任何經營者不可能總是十分順利，也有失敗的時候，那麼，一個真正的經營者不應該被失敗嚇倒，而應該從失敗中總結經驗教訓，繼續進行自己的事業，那麼就一定會獲得成功。

要有失敗的心理準備，以自己的安定、鎮定來應付競爭對手的喧譁和失敗的襲擊，這是一種很高明的謀略。

當失敗不期而至時，令人震驚、驚慌，驚慌使人失措，失措則亂中添亂，如雪上加霜，其結果只能走向更大的失敗。一個企業的負責人若被失敗嚇昏了頭腦，那麼就談不上召集有效的反敗為勝，本來可以好好利用的力量無法形成一個整體，一盤散沙自然抵擋不住來勢洶洶的洪流，手足無措之中，未經細細思索，拿不出切實可行的應付方法，失敗就如同滾雪球，越滾越大。

一旦面臨危機、遭受失敗，無論影響有多麼嚴重，都要正視現實。應該說，危機與失敗對人的心理衝擊往往是很強烈的。商家面對危機與失敗的第一個考驗就是對心理衝擊的承受力的考驗。據心理學家分析，人在遭受挫折打擊的時候，常見的心理包括：震驚、恐懼、憤怒、羞恥、絕望等。這些都是極為不利的心理因素，如果陷於心理挫傷的泥坑裡不能自拔，那就會在失敗中越陷越深，以至走向毀滅。所以，要警惕這些失敗心理的影響。面對危機與失敗，要有正確的認知和健康的心理。

蘇軾在《留侯論》中說：「天下有大勇者，猝然臨之而不驚，無故加之而不怒。」也就是說，在事變突然降臨時，總是不驚慌失措，對於無故而來的侮辱，也不會大發脾氣，能夠自制自強，控制自己的震驚和憤怒，這才是大智大勇的表現。古往今來，許多政治家、軍事家、企業家、謀略家都把處驚不變、鎮定持重視為修養的重要內容。

面對危機最重要的是要保持沉著冷靜，處變不驚。古人說「安靜則治，暴疾則亂」。如果心裡先慌了，那麼行動必然要亂。只有冷靜沉著，才有可能化險為夷，轉危為安。在印度一家豪華的餐廳裡，突然鑽進一條毒蛇。當這條毒蛇從餐桌下遊走到一個女士的腳背上時，這女士雖然感到了是一條蛇，但她未慌亂，而是一動不動的讓那條蛇爬了過去。然後她叫身邊的服務生端來一盆牛奶放到了開著玻璃門的陽臺上。一位用餐的男士見此情景大吃一驚。他知道，在印度把牛奶放在陽臺上，只會是為了引誘一條毒蛇。他意識到餐廳中有蛇，便抬眼向頭頂和四周搜尋，沒有發現。他斷定蛇肯定在桌子下面。但他沒有驚叫著跳起來，也沒有警告大家注意蛇。而是沉著冷靜的對大家說：「我和大家打個賭，考一考大家的自制力。我數 300 下，這期間你們如能做到一動不動，我將輸給你們 50 盧比。否則，誰動了，誰就輸掉 50 盧比」。頓時，大家都一動不動了，當他數到 280 時，一條眼鏡蛇向陽臺那盆牛奶遊去。他大喊一聲撲上去，迅速把蛇關在玻璃門外。客人們見此情景都驚呼起來，而後紛紛誇讚這位男士的冷靜與智慧，如果不是這一招，此間肯定有不少的腳要亂動，只要碰到撞到眼鏡蛇，後果便可想而知了。他笑著指指那位女士說：「她才是最機智的人。」

　　這個故事中的女士和男士很值得我們商家學習。當商戰中面臨危局的時刻，同樣需要這種沉著冷靜的心理品質。人在危急時容易恐懼、緊張、行為失措。而一旦冷靜下來，你的智慧就會「活轉」起來，幫你尋找到擺脫危機的辦法。

　　要做到沉著冷靜，就要擺脫和消除面對危機而產生的急躁不安、焦慮、緊張的情緒。混亂和捉摸不安以及缺乏駕馭局面的自信心，是引發焦躁的原因。所以，要擺脫焦躁的方法就是認清危機情勢，找到解決辦法，強化心理素養。

　　經商是項充滿風險的事業。在創業的過程中，事事如意、樣樣順心的情況是罕見的。事實上，逆境多於順境，失敗、挫折和打擊，常常伴隨著你。逆境不可怕，可怕的是你被困境所嚇倒，從此一蹶不振。

　　「疾風知勁草，歲寒見松柏」。作為一名精明的老闆，在身處逆境之際，能經得起暴風雨的襲擊，然後冷靜分析周圍，認識自己，進而重整旗鼓，以達到東山再起的目的。

　　小公司最喜歡的是「無心插柳柳成蔭」，最忌諱的是倒楣，「有意栽花花不開」。

　　一旦碰到諸事不利，處處碰壁，又欲解無方。歸根究柢，機會這東西，你說它有，好像真的存在，但誰也說不清它究竟是怎麼一回事。風水八卦，求神拜佛，不過是用迷信的方法求心之所安而已；以後是否真的有用，許多人心裡十分明白說是因果論，還是較為實際點，種善根，得善果，似乎可以事半功倍。

　　公司及家庭內部要安寧，無後顧之憂，俗語所謂「家和萬事興」，自有其道理。

　　對人誠懇，做事負責，「多結善緣」，自然多得人幫助。淡泊明志，隨遇而安，不作非分之想，心境安泰，必少許多失意之苦。

　　謙虛謹慎，戒驕戒躁，所謂持盈保泰的思想，雖有點消極，卻可少些失敗的危險。

　　如果理解以上各點，還怎麼會感到惡運臨頭、終日惶惶呢？同樣的社會環境、市場條件，為什麼有的成功有的失敗呢？可以說失敗者是自尋的。

　　一位企業家，在失敗的環境，要做到頭腦冷靜，就應該努力提高自身素養：

1.　要有應付失敗的心理準備。

2.　努力學習，不斷提高自己在大風大浪中搏擊的能力。

3.　不能被失敗摧垮意志，自己嚇唬自己，以至於杯弓蛇影，草木皆兵。

4.　要有相當的耐心，不僅是忍辱耐苦，更重要的是要在心理上戰勝自己，保持良好的競技心態 —— 神態自若，臨變不亂。

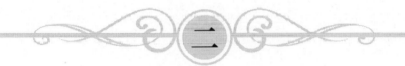

二

資訊與決策篇

第七計 / 無孔不入

伸出你的每一根觸角

在制定決策時，充分的市場調查是必要的條件。市場調查情況掌握得越準確，越有利於制定出好的決策。這種決策把企業內部和外部市場環境結合起來進行決策，市場調查收集資訊是最直接、最有效的管道，制定市場行銷策略，首先要建立健全的市場資訊機構，對目標市場的消費者深入進行調查，特別要研究其需求特點，掌握需求數量，預測消費結構的變化趨勢等，為企業制定行銷決策提供可靠的依據。其次，要根據調查資料制定生產和流通計畫，相應組織生產和流通，充分滿足消費者的需求。在獲取資訊和汲取知識方面，應該有這樣一個信念，即「資訊就是機會」。這就是說，只要自己認為有必要，就應該當場掌握知識和資訊。感到需要時，就是學習的好機會。

企業在開發產品和提供服務之前應確定顧客需求的範圍，保證能夠滿足這些需求。但是，應該了解要滿足這些需求是不容易的，因為顧客的需求是經常變化的。為此，企業應經常考慮其產品和服務是否滿足了顧客的需求，在零售市場暢銷的商品，今後繼續銷售的商品中相關的情報，如不能確實掌握，便無法與他人競爭。把隨季節變動之因素併入考慮之後，其動向是遲滯還是快速？別家公司產品之動向如何？原本的暢銷商品何以趨於疲軟？能否立即打開局面？這些問題都可以透過市場調查來獲得。

世界上許多國家，特別是已開發國家的企業，都非常重視市場調查的工作。許多企業專門設有市場調查機構。他們共同的做法是，將市場調查的結果按標準的工作程序進行匯集、處理，提供給決策和生產管理部門。

企業市場調查的內容涉及面廣，凡直接或間接影響市場行銷的資訊、資料都極有價值，都應加以搜集和研究。市場調查的出發點有兩個：一是企業作為買方，調查原材料、技術及其他購入商品的市場；二是企業作為賣方，調查生產產品的行銷市場，即你買東西是買貴了，賣東西是否賣便宜了，這是最基本的調

查。再深入一點，你還應該調查這兩種市場的環境，發展趨勢等，以便你提前做出決策，避免由於無知帶來損失。

市場調查的形式一般採用問卷，最好輔以抽獎措施以吸引消費者填寫，要知道，是你向人家索求資訊，而不是人家求著把資訊告訴你，所以問卷必須禮貌，不要讓消費者一看到你的問卷就來一肚子氣。其實現在也流行一種「隨意收集資訊」的方法，西方的經營者們很時興在咖啡館、餐館獲得資訊。

美國一些公司的經理們都習慣在早晨上班之前，在餐館一邊吃早餐，一邊閒談，這樣的形式就交流了資訊。被稱為世界「假髮之父」的香港富豪朴文漢，就是靠餐桌上的一句話獲得資訊發家的。他們相信：資訊只有在你需要它的時候才能弄到。

如果你不需要，信使就不會給你，資訊本身也無計可施。如果你在飢餓狀態睜大眼睛四處尋找，資訊就會很自然接近你。如果你能激發起經常活躍在客戶周圍的推銷員和市場調查的擔當者的情報意識，就有可能比其他企業更早獲取有價值的情報。比如奇異的商業資訊雖然本身沒有價值，但卻是一種無形的財富。它的利用價值，將透過經營者在利用資訊以實現某經營目標中表現出來。訊息量越大，決策的準確度越高，資訊的價值也越大。相反的，如果資訊失真或過時，就會為企業帶來經濟損失，企業的重大決策，如經營目標、經營方針、管理體制等，都要進行形勢分析、方案比較，從而選擇最優決策，這些環節都應以資訊為基礎，即使在決策過程中企業管理者也經常徵詢意見，以便使決策更加完善。其用心是為了篩選資訊，集思廣益。

要減少決策的不確立性和盲目性，就必須重視資訊的收集與研究。資訊靈通，決策得當，則生意興隆；資訊閉塞，盲目決策，則生意衰敗。市場資訊是生產力發展中的黏合劑和增值因素，企業有效利用資訊投入和經營活動，可以使生產力中的勞動者、勞動對象、勞動方式最佳結合，產生最大效應，使經濟效應出現增值。在市場行銷管理中，人們往往容易看到資訊是一種無形的價值，是提高經濟效益的泉源。在當前的市場競爭環境下，企業只有不斷捕捉市場變化的資訊，才能抓住機會，創造商機，尋求優勢，確定對策，做到棋先一著，在競爭

中制勝。

鼹鼠的戰術

在商場中進行間諜活動可謂本輕利重。一個企業，為了做成一臺新機器或得到一種新的製造工藝，往往要耗費大量的研究經費。競爭對手如果竊走整個企業的研究成果，它就可以在不費一分錢研究經費的情況下，直接投入生產，其產品售價就會明顯低於前者，從而能開闢更大的市場。

商業間諜常被人稱為「鼹鼠」，原因是因為他們的商業活動中幾乎無孔不入，令人防不勝防。

「鼹鼠」們首先透過正常途徑搜集一切可能搜集到的資料，如折頁式廣告、展銷會上的產品說明書、專業性書刊雜誌等等，他們用此種辦法能合法的得到他們想得到的 80% 左右的資料。

還有些「鼹鼠」們則以刊登徵才廣告來達到目的。

耳豎目張捕捉資訊

現代商戰中，應做到「知己知彼」，首先較難以做到的是「知彼」，為了「知彼」怎麼辦呢？

在商戰中，捕捉資訊是十分重要的。資訊，雖然不是強大的能源，也不是堅固的材料，但它卻有一種特殊的功能，就是能將一種動態狀況反映出來。如果在商戰中能很好的獲取和利用資訊，就可避免商戰中無謂的犧牲，收到事半功倍的效果。

如何捕捉資訊呢？

在生活中捕捉。如日本有位小商人叫吉田正夫，當初他每天起早摸黑經營，也只能賺到幾塊錢維持簡樸的生活。有一次，他到外地探親，偶爾看到一種小蝦，人們買這種小蝦只是為了觀賞而不是吃。

後來，吉田正夫受到這種小蝦的生活習慣的啟發，把這種成雙成對的小蝦生活在石縫的一輩子，喻作愛情專一不變的象徵。

由此，吉田正夫經過一番籌劃和設計後，他在東京開了一家結婚禮品商店，專賣這種小對蝦，果然生意興隆，沒幾天，吉田正夫已腰纏萬貫了。

從市場上捕捉。這種捕捉可在需求之間的裂痕上下功夫。如能及時發現這種裂痕，就是發現了有用的資訊。

從報刊上捕捉。加拿大有一家公司，是當今該國最大的控股公司之一，現在有資產近 20 億加幣，年利潤超過 2 億加幣。可它的起家大部分是靠資訊幫助的。

戴馬雷就是這家公司的代理人。1950 年公司瀕臨倒閉，戴馬雷從一則報上聞訊後，以極低的價格買下該公司的 25% 的股份。

後來，經過戴馬雷等幾十年的努力，把公司發展成為今天的樣子。

據該公司反映。它們之所以有今天，全憑戴馬雷的資訊觀念。

沒有硝煙的太平洋戰爭

第二次世界大戰後，美日之間展開了一場曠日持久、沒有硝煙的經濟情報戰。日本不惜花費鉅資和人力、物力，透過各種管道，用各種手段搜集情報，其觸角幾乎伸進美國經濟界的各行各業。

1948 年，美國為加快飛機葉片的加工速度，提出了自動化機床的設想。麻省理工學院受空軍委託進行設計研製，防備十分森嚴。

1952 年，這一消息還是洩露出去傳到日本。日本人千方百計想弄到相關情報，摸清自動化機床的奧祕，便多管道的展開了間諜活動。

後來，他們收買了麻省理工學院的一個學生搜集情報，從「內線」弄到一本自動化機床說明書，由此掌握了全部技術情報細節，甚至還發現了美國設計中的缺點。

於是，日本開始研究自己的自動化機床，還製成了一臺電腦，4 部數值控制裝置同時控制 7 臺「自動化機床」，從研製到投產僅用 6 個月的時間。

這一成功，使日本機床工業跨入一個新的階段。

瞄準市場空缺是經商的竅門

隨著人們物質生活的日益提高，無論是在繁榮發達的地方，還是在窮鄉僻壤，市場上總會出現空缺的情況。一旦你能了解到市場上缺什麼，馬上召集物力進行填補。可以使你在短時間裡發財致富。

有個貧困小村的村民就在瞄準市場上小衣架空缺，予以填補而脫貧致富的。

有一天，該村民為了買幾個小衣架，從鄉裡跑到鎮上，從鎮上跑到縣城，結果仍然買不到。商店店員告訴他，衣架是種太小的商品，利潤極低，工廠不願生產。回家後他想，衣架家家戶戶都要用，需求是很大，如果生產出來的話，銷路一定會很大，這可是一個好機會。於是他立即買回一些鋼絲和塑膠管，試著做出第一批衣架。幾天後，他挑著衣架到批發市場推銷，2,000 多個衣架被一搶而空。接著眾多的批發商紛紛向他訂貨，供不應求。僅僅四個月的時間，他賺了近兩千元。後來，他擴大規模，召集村裡的人做，迅速走上了富裕之路。

菲律賓著名企業家奎山炳，也是一個善於填補市場空缺的成功者，能帶給我們啟發。

他大學畢業後，在父親的資助下，開了一家火柴廠，他為自己定下了「市場在哪裡出現空缺，就到哪裡去填補」的經營策略。

由於製造火柴需要木材，他就到森林中去收取原材料。在這過程中，他發現森林中的小路崎嶇不平，坑坑窪窪，唯一可以用的車輛是機器腳踏車，但機器腳踏車很難買到，在首都馬尼拉的車行裡，摩托車這類東西經常缺貨，於是決定做摩托車生意。後來，他與日本的山葉公司簽訂了一個合約：由奎山炳在菲律賓專銷山葉摩托車，山葉公司則每月向他提供 200 套零件。

但是他的戶頭上僅有 5,000 披索，不夠支付首批訂貨。這並沒能難倒他，他從銀行貸款後先購進第一批幾套山葉摩托車零件，然後請兩位技工裝配成車，沒過幾天，12 輛車便一銷而空。他立即用這筆錢再進貨。這樣循環往復，逐月增加貨量，一年後便達到了每月 200 套零件的預定指標。

菲律賓是個開發中國家，農村人口占總人口的 70％以上，市場主要在農

村。可是做生意的人都沒有重視農村市場，市場在農村出現了極大的空缺，奎山炳決定去填補。要開闢農村市場，其產品需要具備兩個條件：第一，價格要適中，要符合農民的經濟能力；第二，東西要實用，能滿足農民的需求。菲律賓大約有 100 萬人在境外工作，或移民國外，每年他們都將大量的錢從國外匯來，留給在農村的貧窮親友們。農民們得到這些錢後，往往捨不得隨意花費，而是用來蓋房子，或添置生產工具、交通工具等大型物件。農村地區道路窄小，可客貨兩用的三輪摩托車是那裡最好用的交通工具。奎山炳決定將兩輪摩托車改裝成三輪摩托車，並將車子的售價定在一個農民買得起的程度。三輪摩托車投放市場後，很快銷售量就超過了二輪摩托車。他組建的公司的摩托車銷量持續增長，終於成為全國之冠。其中 50% 至 70% 的產品是三輪摩托車。

總之，要想走一條發財的捷徑，那麼最好的目光盯在市場上，去了解缺什麼，然後填補。如果你把這些資訊輸送給信得過的親友，他們也會給你一筆可觀的收入。

商業資訊源於市場調查

商業成功人士指出，市場調查是獲得正確商業情報的重要來源，這已成為知名企業的共識。作為有遠見的商人，應禁止忽略市場調查憑感覺決策的行為。

當然，市場調查如果做得不好，所得到的商業資訊是錯誤的，也會為企業帶來重大經濟損失，這與軍事戰鬥中情報的失誤導致戰敗後果是相同的。

資訊情報是商業利潤的重要組成部分

商業成功人士指出：「在工業社會中，策略資源是資金。在新的資訊社會中，關鍵的策略資源已轉變為資訊。知識和創造性。資訊與利潤，二者密不可分。」

由此可見應充分了解資訊的重要性。作為現代商人，如果連資訊的重要性都不知道，要去主動收集資訊，那是不可能的。

現代社會，資訊已與人、財、物並稱 4 個資源。當前世界總供應大於總需求，生產以行銷為中心，市場競爭激化。國外每 64 個新產品，只有一個能占領

市場，預計銷售成功率 1.5%，開發中 80% 的工時作廢。矽谷的企業平均壽命 40 年，每年倒閉 80%。如果我們能夠將資訊情報資源加以開發、及時轉化，那麼就會減少更多的浪費，更快走向成功。

及時了解市場變化

想要及時了解市場變化情況，或者說對市場變化保持敏銳的觸覺，唯一辦法就是：做好經常性的市場調查研究工作。許多公司通常設有專職部門負責進行此項工作。當然，小公司通常難以仿效他們的做法。不過也可以採用其他途徑和方法進行此項工作。如果運用得當，同樣會收到良好的效果。簡言之，這些途徑和方法是：

1. 經常訂閱相關行業的各種期刊雜誌，及時了解最新消息。
2. 參加行會或其他專業性的社團組織，爭取機會多參加某些貿易展銷會這類的公眾集會。
3. 經常監測你所召集的各類行銷業務活動的效果，察悉變化情況，查明之所以會造成銷售成長或銷售衰退的原因。
4. 對於任何一種買賣的新觀念、推廣新方法、廣告新技術或傳媒新方法等，先經測試，而後再選用。
5. 要斷然採用減少損失的各種措施，但要注意勿錯將死馬當做活馬醫。假如某種貨品長期滯銷，幾經多次努力情況仍未見有絲毫改觀，那就不宜繼續經營了。要極力避免一切片面追求聲望的做法。

資訊收集要準確、及時、有用

商業成功人士指出，準確及時和有用是經濟情報的衡量標準，它要求人們對商業情況做出及時和準確的判斷，並由此形成一套科學化的情報處理法則，它包括如下幾個方面：

1. **戒誤貴準**。唯有準確、可靠的資訊，才有使用價值，可供決策做依據；不準確的資訊有害無益，差之毫釐的資訊，會造成失之千里的錯誤決策。這是資

訊工作最根本的要求。

2. **戒陳貴新**。過時的資訊，市場形勢已起變化，等於是不準確的資訊。只有新的才有指導意義。決策拍板，力求依據最新資訊，內容觀點要新，但也應忌「奇」，工業生產需要現實，不是理論假設。

3. **戒慢貴速**。時間就是金錢，競爭激烈的市場，資訊萬變，搶先一步就能制勝，落後一刻則機遇會失。傳遞和選用資訊必須迅速、及時、詳細。

4. **戒狹貴廣**。訊息量要大，內容豐富，涉及資訊目標的相關方面要全。但廣而不濫、豐而不冗，而且有重點。

5. **戒空喊**。資訊是寶，貴在應用。一則資訊，救活一個企業，是在運用資訊，決定搶救實踐步驟以後，才能奏效。空喊資訊重要，卻把它束之高閣，不重視應用，則等於零。對資訊，企業家不能犯葉公好龍的毛病。

第八計／示偽存真

虛張聲勢迷惑對手

近幾年來，美國環球航空公司在服務方面狠下功夫，增設了預訂票、特價優惠等服務項目，在廣大消費者心中樹立起良好的形象和聲譽，頗受旅客的歡迎。環球公司的繁榮勢頭，引起了太平洋航空公司的關注。

太平洋公司為打探對方的底細，便派出間諜派克前往環球公司。派克經常喬裝成旅客，前往環球公司搜集情報。

環球公司每週統計一次載客人數，並在候機室的大廳裡公布出來。派克對這些統計數字尤其感興趣。經過一段時間的偵察，派克沒發現什麼異常情況。因為，近兩年來環球公司的生意較為平穩。以最近一個月為例，第一週載客量1萬，第二週為1.1萬人，第三週為0.9萬人，第四週為1.2萬人。

派克的情報，讓太平洋公司吃了一顆定心丸。以為環球航空公司在近期內不會對自己構成威脅。那些所謂的推廣「優質服務」的措施，只不過是糊弄旅客的

一種手段。

深藏不露，嚴防洩密

生意場中，競爭不可避免，若遇競爭對手，特別注意不可洩露機密。如果你的機密洩露給對手，你必敗無疑。

不要讓人摸清底細，是為了在生意中有競爭力，以防出現「搶劫」之類事故。「底細」是指你心中所想的全部東西，也可以說是「真相」。

以做生意的方法為例，如果你一開始，就表示出急切要買或者要賣的心情，對方會慢條斯理老是壓低價格，或是抬高價格，這樣你會吃虧的；相反，你想要達到目的，卻深藏內心，從而若無其事的與對方談判，對方反會急於來籠絡你，你還可以順勢殺價。

越是急躁，越是做不成生意。在車站、碼頭，你可經常看到那些急於買或賣東西的人，常花高價或少賺錢。

裝著若無其事，有時還可探得對方的心思，從而獲得資訊賺錢。

無論做什麼事，都應當留一手，做生意也一樣。這是訣竅。

商業機密創造財富

俗話說，利潤多由「保密」釀造，在商業談判中應忌諱向對方透露自己的底牌和目的。它包括下列方面：

1.忌諱出賣我方祕密做交易。忌諱說出或做出對你並不會十分有利的事情來，你的最終期限無論如何都不要讓對手知道。如果已知道你有一個最終期限，他們就完全不需要再知道或不必再面對任何其他東西了。

2.忌諱洩露生產和財務的相關細節。一位商人在談判時，起初態度極為強硬，不做絲毫讓步。對方談判人員就步步為營，不急於退讓。談判進行了很長時間，在一次會談的間隙，那個商人無意中洩露了自己想在兩個月內做成這筆交易的計畫，於是對方公司便對他的業務情況做了一番調查，結果發現他的公司近來資金周轉不大靈，急需一大筆款項。輕易掌握了談判的主動權，不論如何交換談

判手法，始終不為所動，在價格上堅持己方的立場。那個商人在談判桌上大大失態。最後，他不得不降低價格，做出了很大的讓步。

3. **忌諱在商業活動中違背技術保密的原則**。在商業競爭中應注意本公司的保密技術等內容，以免走漏引起不良後果。例如在 1991 年，正當一家德國化工廠研究一種新的洗衣精時，一個美國人在柏林一些報紙上登出廣告：「為了在歐洲開辦一家分公司，欲招募八名高階化工專家」等等，而他所許諾的報酬又是那樣的優厚，以致在求職者中竟有八名是曾經參加過上述新洗衣精研製工作的化學家。在面試中，由於化學家們的疏忽，美國人從他們每個人那裡分別獲得了新產品的部分製造方法，從而輕而易舉的獲取了新洗衣精的配方。至於廣告中所謂公司則從此銷聲匿跡。

建立保密制度，防止洩露機密

在商業經營中應建立一系列嚴格保密的制度和規章，以防止走漏企業機密。

1. **閱讀公司的祕密文件必須嚴加控制**。任何文件的印刷都要有一定的份數，並加以編號。同時還需要將每位有資格閱讀此文件者的姓名寫在每份文件，以便隨時核實文件的保管是否妥善。

2. **必須了解參觀人數，並發給參觀通行證**。在參觀中，由指定的人陪同，沿著固定的參觀路線進行。涉密較深的場所應謝絕參觀。

3. **重要談判開始之前，應安排專人負責談判的保密和文件安全工作**。

4. **無論是本國的還是外國的實習生都必須精心挑選**。在實習中，不應向他們傳授某一產品製造的全過程，而只是讓他們參與其中指定部分的工作。

5. **任何一位企業家或老闆，對旅館房間和會議室中的竊聽裝置都應具有特殊的敏感性**。例如，有人在他的辦公室中換了個菸灰缸，或未經要求就送來了鮮花。他應立即察覺出這是異常現象。

商人應永遠不讓對方知道自己的底牌

做生意的過程既是錢與錢的交易過程，又是心理與心理的對戰過程。就像打

牌的人，永遠不想讓對方知道自己的底牌一樣，做生意的人，是絕對不會把自己腰包掏出來讓人看的。不會像政治家一樣，將自己的財產公開。有錢的會裝作沒錢，沒有錢的卻要假裝有錢。為了不讓別人察覺到自己沒有錢，更要強裝闊氣，大把花錢。這種做法不但有利於經商，而且更有利於鍛鍊商人，使他們懂得經商過程中有比錢更重要的東西。

從無人光顧到爭相搶購

1982 年，某家電公司參加了交易會的生意洽談。這家企業的產品品質還是很好的，但由於種種原因，知名度很低，簡直是默默無聞。所以洽談生意時，幾乎是無人光顧。家電公司總經理想出了一招：

第一天，他們在訂貨辦公室門前推出了「第一季度訂貨完畢」的牌子；第二天，又推出了「第二季度訂貨已滿」的牌子；第三天，推出的牌子寫著「請訂購 1984 年的產品」。一時間，家電公司洽談處的門前擠滿了人，客戶都爭先恐後前來訂貨。這樣一來，該公司 1986 年的訂貨額全部訂滿，香港商家也從這裡訂貨，這使他們成功打進了香港市場，這家家電公司利用「示偽存真」之計，不僅訂貨量大增，而且從此名聲大振。

談判之際不要太早展現全部實力

相信所有的討價還價者都明白這個道理：知己知彼，百戰百勝。實際上，可以說所有的談判者都是盡力這樣做的。商業談判中，要求我們在談判前有所準備，要清楚了解自己和對手的各方面情況，才可能常勝不敗。但是，我們也要認知到，我們的對手也在做著同樣的工作。常識告訴我們：對方對我們知道得越少，情勢對我們就越有利。因此，在了解對手的同時，我們還有一件很重要的工作要做，那就是保守自己的某些祕密，不要讓它洩露或過早洩露，以致讓對方知道自己的全部實力。

充滿競爭的現實，教我們不能將自己的某些真正祕密輕易透露。慢慢展現出自己的力量，比馬上暴露出全部力量更有效。慢慢展現會加強對方對我們的了

解，使對方有相當的時間來適應和接受我們的觀念。

以現在的情形看來，我們正處於比商業歷史上任何一個時期都要危險的境況中，我們到處都被商業間諜所包圍。在談判中使用商業間諜是極富誘惑性的，沒有任何收益會比這個快。譬如說，如果買主知道賣主願意接受的最低價格，有時就值幾百萬美元，而得到這項消息的費用，可能只不過幾十塊錢而已。這項商業手法已經被大量運用於商戰，並且非常有效。

下面的措施可幫助減少商業祕密洩露的危險，不過危險並不會完全消失。

1. 選擇守口如瓶、穩重的人參加商業會談。
2. 強調沉默的重要。
3. 不要讓太多的人參與，而且只要讓他們知道必要的部分就可以了。
4. 不需要知道的人，盡量不要讓他知道。
5. 提供給對方的資料應盡量減少，除非為了策略上的運用，否則減至最低程度。
6. 要將資料妥善保管，鎖起來並派人看管。
7. 有時獲得資料最簡便的方法，是透過安全人員或其他員工獲得，所以，要防備這種方式的滲透。
8. 最後的底價只能讓某幾個人知道。

第九計 / 審時度勢

看準目標，準確投資

投資的目標與意見人的意圖是密切相關的。當投資目標與經營的意圖完全一致時，投資的選擇基本上就是正確的。舉例來說，如果有 120 元一份的套餐和 150 元的吃到飽自助餐，你認為哪個更划算？在這裡花錢吃飯與解決飢餓感的目的是完全一致的，如果這是一種投資，那麼他的大方向就沒有錯。

當然，投資的方式也取決於你飢餓的程度，但總有許多人盲目選擇可以任意吃到飽的自助餐，卻不考慮自己的真正需求。他們把飽餐一頓與美食混為一談。

所以對於投資者來說，一定要保證你買的都是你所想要的，甚至更進一步，要確保你沒有買下你不需要的東西。一旦掌握了這一投資理財的原則，那麼你的投資就不會白白浪費了。

把握資訊，慎重投資

下列 5 種因素是商業投資走向失敗的重要原則，須特別引起警惕，它們的主要表現是：

1. **誤導訊息**。要分析各種社會狀況及趨勢跟投資的關係，絕對不能從表面上看，否則便會選擇錯誤的投資策略。

2. **過度自信**。在投資時應步步為營，穩扎穩打，小心謹慎。過度自信，妄自尊大的性格缺陷會帶來失敗的危險。

3. **賭注心理**。有這種心態的人，永遠不會在投資市場成功，甚至於無立足之地。

4. **缺乏計畫，沒有原則**。升得高、跌得重是投資格言，亦是自然定律。切勿因價位升跌而改變計畫，心如柳絮隨風擺是投資大忌。

5. **恐懼與貪婪**。人類的基本心理弱點 —— 恐懼和貪婪往往使絕大部分經商者走入誤區。

商業投資應客觀冷靜

成功人士指出，商業投資應客觀冷靜，禁忌為情所動而破壞心態的平衡。因此，投資者在進行證券投資時，常有感情因素在內。投資者一旦有了自己的投資項目就期盼著市場能朝著他預期的方向發展。可是他無法主宰市場，這種期盼就透過他的心理、生理變化表現出來。比如市場趨勢有利於他時，心裡就高興；不利於他時，就感到心裡壓抑、沮喪。這種商業投資者需要在心理素養上多多鍛鍊。

遵循市場規律，勿逆大勢而動

精明的商人懂得，商業投資要做到對市場順勢而為，在經營過程中，要禁止過分迷信自己而一味對抗市場。作為一個商業投資者宜對自己有個客觀的評價。有些投資者在商場打了幾個勝仗之後，常不能正確對待自己，總認為自己比別人有優勢，比如學歷高、經驗豐富、資本雄厚、歷史交易紀錄好、心理素養好、消息來源多而且可靠等。有了這樣的心理取向，就等於把自己和市場對立起來了。事實證明，如果投資者不能做到順勢而為，反而一味對抗市場，那他在市場中是必定不能長久生存下去的。

審時度勢，忌猶豫不決

商業成功人士指出，審時度勢大膽決策是成功企業家的必備素養。以危急關頭，應禁止那種當斷不斷、猶豫不決的決策心態。

以不到 500 美元起家，最後主掌年營業額達數億美元的「國際管理顧問公司」的美國人麥科馬克，就是這樣一位能審時度勢的企業家。他指出，如果把人生當作一盤賭局，那麼，審時度勢最重要的在於懂得什麼時候下注，如何下注。而他自己正是憑著這種本領，在行銷活動中，使自己能夠以逸待勞，以少勝多，從容的獲得巨額商業回報的。

許多商業名家在評價霍英東成功之路時說：「……縱觀他的大半生，他的所有行動和心理，都具有鮮明的個性。非霍英東所不為，非霍英東所不能的。有人稱他經營房地產實在是大企業家的風度和氣魄，我認為還要加上職業賭徒孤注一擲的冒險精神。」大膽、勇敢、冒險、創新，這就是霍英東風格，也是所有成功人士審時度勢的特殊本領。

了解市場靈活經營

商戰和作戰一樣，要依據客觀條件，利用客觀條件，借助客觀條件之利，可以事半功倍。

商戰過程的客觀條件主要是指市場情況。成功的經營者，須了解市場、熟悉

市場、把握市場、借助市場提供有利條件，開拓了財路，靈活經營。

要了解市場，要注重如下重要因素：

收入情況。群眾的收入是購買力的支柱。收入高則購買力與購買欲自然高，反之則低。如農村，剛解決溫飽問題的地方，多數人須添置幾件好衣服，購買生活日用品。若解決溫飽問題後，這種情況持續兩三年，則就會有一部分人購買冰箱電視之類的大件商品。相反的，在收入不好的年頭，農民就會節衣縮食，這時把高級的消費品和大件商品提供給農民，顯然要遭到排斥。

了解習俗環境。了解習俗環境，實際上是了解銷售對象。掌握了對象的需求，才會因人供貨。有些地區消費水準高，玩樂成風，因此，遊戲機、麻將牌、釣魚竿等行情好。反之，在消費水準較低的地方，上述物品就難銷了。

氣候條件。有些商品如服裝、鞋帽等生活必需品受季節和氣候的影響大。不同的季節不同的氣候條件，需要不同的商品。某地的氣候條件複雜，摸不準氣候條件，就找不到市場。不同的地區有不同的氣候條件，不同的氣候條件需要不同的服裝，這也就是說，氣候條件在一定程度上決定著顧客的需求。

在商戰中如果清楚了解這三方面，那就可以說是創造了必勝的先決條件了。

適時調整經營方向

在現代商戰中，有些人掌握了善變術，靈活變通，從而使企業從虧損變盈利，而且始終不敗。

一家製膠工廠，30幾人，倒閉時虧下300萬元債務，拖欠工人9個月的薪資。一個叫李士興的人自告奮勇的來了，竟奇蹟般的使企業起死回生。3年後，就成了7層5間樓房和寬敞廠房。30幾人的小廠變成了500多人的中型廠。

李士興到底有什麼「興廠之道」呢？這個道就在於他善變。

李士興能根據市場訊息，隨機應變，機敏果斷。

當剛剛接受爛攤子的時候，他用集資的辦法招收了200多名工人，買了油布把破屋蒙起來，臨時解決了廠房問題；又從工人家裡借來縫紉機，解決了設備問題。

　　此時，他又獲得一個準確的市場訊息，製膠業市場產品過剩，許多廠商紛紛倒閉。李士興得到這個情報後，腦子裡就出現了一個「變」字，果斷的決定變，而且要因地制宜的「變」。

　　李士興考慮了一番後，認為本地畜牧業興旺，皮革多，於是選擇轉產皮革製品。他因地取材，用皮革做腳踏車坐墊、手提包、背包、兒童書包、旅行包等產品，很快占領了市場。債務還清了，工人薪資補發了。

　　小本生意獲大利，許多人慕名前來參觀，李士興特別敏感，他預感到這些人將來會成為競爭對手。於是他立即又想到了「變」。他們的廠轉產牛皮鞋、皮外套、山羊革外套等。很多工人都來責問廠長：「這麼暢銷的產品為什麼要停止生產？」

　　不久這個問題便讓實際情況來解釋了：許多來取經的工廠，見他們的原產品本小利大銷售快，回去後爭相大批生產，結果市場很快出現了滯銷現象。

　　而這時李士興的廠卻早就轉型了，他們的新產品又在市場上吸引了顧客。

　　雖然皮革廠做得相當順利，新產品很暢銷，但李士興擔心又會出現滯銷現象。

　　為了避免滯銷現象的發生，李士興又「變」了，這次他採取「一業為主，多業並舉」。

　　為了選擇新產品，他四處奔走了解市場行情。後來受到一張海報的啟發，李士興很快召集人員生產出了色澤鮮豔的黃牛藍溼皮。

　　當年，這一新產品就被一外商看中，當即就與他們簽訂了年供 5 萬張的合約書，由於他們廠的產品品質好，又守信用，所以不久黃牛藍溼皮就出口到日本、新加坡、印度等亞洲各國。

　　李士興能善於捕捉資訊，又善於隨便機應變，可謂掌握了商戰中「善變術」的祕訣了。

反覆揣度，確定競爭策略

1. 新興市場中的競爭

很多商家都想另闢蹊徑，尋找冷門行業，一則可以得到新的市場機會，二是可以避開日趨激烈的行業競爭。既然我們打算進入一個陌生的市場，就應當適應新的市場特點，實施新的行銷和競爭策略。

首要的問題，是正確評價新市場的前景和特點。最要緊的是不要看見「冷門」或機會就自作聰明，只看見了潛力和未來的收益，而沒有看見其中的風險和「圈套」。絕不要冒冒失失的切入。

其次，就是正確理性的審視自己，正確估算自己的競爭和經營實效，看你能否有能力高人一籌，把握住機遇和市場，站穩腳跟。

此外，即使百業俱興，一切就緒，還要等待「東風」—— 恰當的時機來進入市場。太早了，新產品被視為異類，成為少數高級奢侈「消費品」，被廣大民眾拒之門外就不好了，還提供給對手經驗和技術學習機會。過遲，你又不占優勢了。「物以稀為貴」可是市場準則。

切入新市場後，如何使新產品為市場所接受，商家必須配合廠商，花費大量時間和金錢來宣傳新產品。因為，消費者對新產品並不了解，需要較長時間和大量訊息灌輸，才能普遍認識它的價值而最終接受。商家對宣傳新產品的投入，或許遠沒有廠商那麼多，但無論如何也會超過在一個傳統市場的投入。

在新的市場上，銷售管道和網路一開始也是一個空白。不論你是經商新手，還是沙場老將，都必須花力氣開拓新的銷售管道和客戶。

新市場不僅產品是新的，客戶是新的，市場環境是新的，行銷思路和技巧也很可能是全新的。如何在新市場上推銷新產品，大家都沒有現成的經驗。必須打破過去的框框，而用新思想和新觀念，來企劃新產品的行銷。

新市場的同行關係，開始時應當是合作優先於競爭。因為市場根本沒有開發出來，不存在市場占有率不足的問題，沒有必要展開無意義的競爭，一旦新市場初具規模，其他商家也逐步捲入時，市場競爭還是不可避免的，而且會逐漸加

劇。一個老練的商家，必然會做好迎接新的競爭的心理、物質準備。

2. 成熟市場中的競爭

在一個成熟的市場上，競爭常常十分激烈，幾乎所有的競爭手段都會用上。在成熟的市場上，風險已經過去，利潤穩定可靠，市場前景十分明朗，大批競爭對手勢必要在這時候切入市場。能否站穩腳跟，並不在於早期的開發，而在於這時的競爭實力和策略。

價格競爭是成熟市場上常見的手法。因此，要贏得競爭，必須降低成本至平均水準乃至平均水準以下。

其實，最終能否在成熟市場上競爭取勝的手段，並非價格手段，而是商品的品質和店鋪所能提供的服務。在市場的成熟期，消費者對新產品的新鮮感消失了，對新產品的不成熟和種種缺陷已不能容忍，取而代之的，是對商品的品質和服務的追求，此時的商家，最要緊的是引入品質優秀的商品，並與廠商一起，建立起穩妥可靠的售前、售中、售後服務體系。

商家此時應該好好調整商品的組合，盡可能使品種、規格完善起來。由於資金等因素的限制，我們不太可能將一種商品的所有規格和品種全部引入。

與市場的開發期相比，成熟市場的廣告費用可能要少一些，但廣告的水準和形式卻要求更高。廣告必須持續進行下去，形式也要不斷翻新。

3. 老市場中的競爭

任何市場都不可能長盛不衰，一個成功的老闆，應當隨時準備轉向。如果不思進退，一旦市場崩潰，還得把過去賺的利潤賠進去。

什麼時候考慮轉向，應當從市場的症狀來看問題。如果價格競爭十分激烈，平均利潤明顯下降，市場需求明顯衰退，應當考慮轉向了。

是否轉向，什麼時候轉向，對不同實力的商家，情況是很不一樣的。如果經營實力和競爭實力十分雄厚，在市場上本來就能左右局勢。那麼，比較正確的策略是，趁競爭對手徘徊猶豫之際，展開強有力的競爭攻勢，促使競爭對手痛下轉向的決心，迫其離開市場，乘機奪取他們原來的客戶。

如果商家的經營實力和競爭實力都是中等水準，不至於被首先擠走，則可運用這樣的策略：放棄已經明顯萎縮了的品種，保持尚有市場的品種，縮短戰線，集中精力經營少數幾個品種，以形成拳頭。

如果經營實力和競爭實力較弱，在市場上本來就沒有多大占比，也沒有獨特的優勢，那麼，此時應毫不猶豫放棄老市場。在一個衰退的市場上，無論實力如何，都應當將回收資金當作頭等重要的大事。

避開業務擴展中的誤區

規模擴大對於私人公司的發展來說具有重要的意義，要獲得長期穩定的發展，規模擴大可以說是一個非常重要的方向。但是，並不是說經營者可以隨便透過擴大規模來求得到發展。經營者要擴大規模，必須進行縝密的調查分析以及從自身發展戰略的角度來進行擴大規模的實際運作，以盡量迴避經營者在擴大規模過程中可能出現的風險以及各種陷阱，從而使經營者透過規模擴大真正得到繼續發展。

通常情況下，進行擴大規模的小本經營者可能會遇到以下「誤區」，經營者在規模擴大過程中應該引起重視，注意規避。

1. 資源配置過於分散

任何一個經營者，其擁有的資源總是有限的。多元化發展必定導致經營者將有限的資源分散於多個發展的產業領域，從而使每個意欲發展的領域都難以得到充足的資源支援，有時甚至無法維持在某一領域中的最低投資規模要求和最低競爭維持要求，結果在與相應的一元化經營的競爭對手的競爭中失去優勢。如果這樣的話，多元化戰略不僅沒有能規避風險，做到「東方不亮西方亮」，而且很可能導致「東方西方全不亮」，加大經營者失敗的風險。因此資源配置過於分散這一陷阱是經營者在規模擴大時必須注意規避的。

2. 運作費用過大

小規模經營者生產經營的規模擴大，由一元經營向多元經營，涉及眾多陌生的產業領域，必將使小規模經營者的多元化經營運作費用上升。這表現在：

其一，多元化發展的學習費用較高。即小規模經營者從一個熟悉的經營領域到另一個陌生的領域發展，從新成立一個個體至個體產生出效益，需要一個學習的過程。在這個過程中由不熟悉導致的低效率，必將使小規模經營者遭受損失，付出較高的「學習」費用。學費付出甚至會使小規模經營者無效益。

其二，多元化發展使顧客認識小規模經營者新領域的成本加大，即當小規模經營者新的領域有了產品時需要消費者認知，雖然此時可借用原有領域的品牌，進行品牌延伸，但要在新領域中改變消費者原來的認知態度，不下點大投入是不行的，這反過來又使已分散的資源難以應付。

3. 領域選擇誤導

採用多元化戰略，進行規模擴大的小規模經營者，往往是受到該領域預期投資報酬率的「吸收」。預期投資報酬率是新進入領域選擇時應考慮的一個因素，但不是唯一的因素。關鍵是要看其產業本身的前景，以及這一領域會不會對原有的領域產生誤導。

4. 人才難以支持新領域

企業競爭歸根究柢是人才的競爭，企業成功歸根究柢是依賴於優秀的人才。然而每個人才都只有自己的專長，專業對口是人才發揮效用的基礎。故企業在進行多元化規模擴大時，必須有多元化領域的相應經營管理和技術等全面專業人才的支援，多元化規模擴大才能成功，反之則可能受阻。從理論上說，社會是存在企業多元化所需人才的，問題是這些人才原先已在他人企業中，引進人才固然可以，但費用也不菲。

5. 時機選擇把握不當

企業從單一領域進入多元領域有一個時機把握的問題。只有當自己的單一領域地位非常穩固，已具備良好核心專長，並有剩餘資源尋求更大投資收益時才應予以考慮。然而現實中的企業，往往在企業原來產業留有潛力充分發展、市場也可進一步拓展時，為其他領域的高預期報酬所吸引，於是便抽出資金投入新產業。結果勢必削弱原產業的發展勢頭，而原產業可能恰恰是能是企業最具競爭優

勢的領域。因此，此時的跨產業規模擴大可能是新的產業未發展好，原有的產業領域又被競爭對手搶了先，結果是得不償失。這種情況也是企業在規模擴大時應該注意規避的。

企業的規模擴大必須選準時機。對於小規模經營者來說也是如此。

第十計／當斷則斷

把握時機，規避風險

商業投資的風險有多種，規避風險的正確方法就是要對時機進行準確的分析，因為時機一旦看錯，就會導致全盤皆輸，更忌諱人云亦云，被錯誤的資訊所誤導而導致投資失敗。

1. **規避行業風險**：行業本身的興盛衰敗與經濟環境有著千絲萬縷的關聯，但其中並非都是正比關係。有時經濟本身情況很好，但某些行業不一定就發達。例如香港在 1980 年代航運的不景氣，就連內行人、專家也很難預測，而使投資航運的人遭到敗績。

2. **規避經濟形勢變化風險**：經濟有盛有衰，循環不息。經濟形勢好的時候，股票、期貨、貴金屬都會升值；經濟形勢不好，做債券生意就要好一些。因此，投資者必須理智分析形勢，把握好時機，順應經濟形勢的變化，否則，就會在經濟形勢的變化大潮中翻船。

3. **規避政策變化風險**：無論哪一種投資或者投機市場，都隨時可能受到政策變化的干擾。譬如，我們將錢都存入銀行，由於某些原因，政府宣布提款限制，一日提款限制在一定的金額內，那麼你提款就會受到約束；又如政府對特別行業的寬鬆嚴緊政策的變化等等，都會使投資者面臨一定的風險。

4. **規避周邊風險**：風險並不局限於本地政治經濟範圍，其實全世界沒有一個角落絕對安全。如果存外幣，一定不可以只存一種，外國也會出現政治經濟動盪。所以投資於外國的物業、基金、債券也不要只投資於一個國家。若你只存美

元，也會有美元下跌的困境出現，同時存在風險。

5. **集中資金規避風險**：在你投資過程中，千萬不要過於集中，如買股票，就不應該全部買入地產股或同一類股票，最好採取多種、不同類型的投資辦法以避免出現一邊倒的狀況。

投資理財應抉擇，隨波逐流失良機

在投資理財過程中，人們的心態往往容易隨著他人的意見而變化，這樣使投資者原本的理念受到動搖，大好的機會也隨之失去。

小趙新買了一輛車，可不久，又想賣掉它。來問價的人很多，但報價卻越來越低。雖然車子沒有任何變化，但小趙卻開始考慮以半價賣出這輛車子了。他們應不應這樣做呢？

在你看來，誰會將新車以如此低的價格出售呢？但若把車換成100份股票，就會有很多人說「賣」 —— 越快越好。這是因為人們的一般心態中，股票屬於可以增值的形式，而車卻是一種損耗品。其實，車還是這輛車，但人們的觀念不同，價格就有所不同。在投資學上將它稱之為從眾現象。在炒股的人群中，有很多人都是因為隨波逐流而喪失良機的。因此，一旦目標確定，就要堅持自己的投資理財原則，否則大好商機就會白白失去。

敢斷善斷，王者氣概

敢斷善斷是投資成功者的重要素養，也是獲得成功所需的王者氣概，對於那些胸懷大志的商人來說，應禁止做事猶豫不決進退兩難。

我們知道，在商業投資中，「敢斷」、「善斷」才能獲取成功。香港大亨李嘉誠有一個超越別人的長處，那就是知道什麼值得投資。他有時非常大膽，能大量花錢，有時又能克制自己。1950年代後期，他在產品外銷中發現，歐美市場掀起了塑膠花熱潮，便迅速轉做塑膠花，結果發了大財。接著他以敏銳的目光看到，在香港這個彈丸之地，隨著經濟的發展與人口的與日俱增，房地產業必將前途無量。於是毅然扭轉經營方向，開始從事房地產業。1975年至1976年，他

用低價購買了大量土地。到 1979 年，香港地價開始上升，他即減少購買土地，轉向股票市場。在股票市場，只要有利可圖，他就買進或者賣出，絕不猶豫。正是這種善斷、敢斷的卓越能力，使他在短短十幾年裡發展成為香港房地產界的超級巨富。

機不可失，看準了就做

商業投資應看準了就做，這是許多成功商人的經驗。他們指出，面對大好商機，要避諱那種優柔寡斷難下決心的態度。不但看準了就趕快行動，而且不宜遲疑猶豫。當初，市場上黑白底片缺貨，不少相館和照相器材商店掛出了「黑白底片無貨」的牌子。一家名叫白山的影像公司，來詢購底片的顧客絡繹不絕。他們看出，發展底片生產千載難逢的機會到了。於是他馬上動手，擴建起一百多平方公尺的廠房，購置了部分設備，與相關廠商合作，開始生產黑白底片。他們的產品上市後，當年就獲利 22 萬元。

不久，他們又從市場上得知，彩色底片的需求大量增加，而經營彩色照片沖洗業務的，當地還沒有人做。他們當機立斷，決定馬上經營這項業務。很快從日本引進了彩色放大機，在當地獨家經營彩色底片的沖洗業。當年盈利 67 萬元。第二年擴大再生產，利潤增加到了 180 萬元。

三菱公司的果斷決策

1973 年 3 月，薩伊發生了叛亂。這件事，對於遠隔重洋的日本企業，似乎沒有多少意義，但日本三菱公司的決策人員卻沒有放過這一資訊，他們經過分析認為，與薩伊相鄰的尚比亞是世界重要的銅礦生產基地，有可能受到叛亂的影響，對此不能掉以輕心。

於是，三菱公司的決策人員便命令情報人員密切注視叛軍的動向。不久，叛軍向尚比亞移動。公司總部接到這一情報後經過分析，預見到叛軍將切斷交通，由此必將影響到尚比亞銅礦的輸出，從而影響世界市場上銅的價格。

三菱公司經過推斷，果斷做出決策，大量購買市場上的銅，在當時，叛軍尚

未切斷交通，市場上的銅價格沒有太大的波動。三菱公司趁機低價購進了大量的銅，伺機賣出。

果然，後來叛軍切斷了交通，每噸銅價上漲 60 多英鎊，三菱公司將先前購進的銅賣出，賺了一筆錢。

三菱公司乘薩伊發生叛亂之機，發了一筆橫財。其成功的關鍵就在於公司決策人員多謀善斷，從資訊情報中尋找財源，並科學推斷，從而將一般人所不曾留意的資訊變成了財富。

優柔寡斷，經商大忌

有位婦人，假使她要購置某一件貨物，簡直要跑遍城中所有出售那種貨物的店鋪。她要從這個店鋪，跑到那個店鋪，她要把各件貨物，放在店上，反覆審視，反覆比較；但仍然不能決定到底要買那一件。她連自己也不知道，究竟那一件貨物才中她的意。假使她要買一頂帽子，或一件衣服，她簡直要把店鋪中所有的帽子衣服，都試戴、試穿過，並使得售貨小姐厭倦，但結果還是空手回家，沒買成東西！

她所需要的衣帽，是要溫暖的，但同時又不可過於溫暖，或過於沉重。她所需要的衣帽，是那種晴雨咸宜，冬暖夏涼，水陸皆合，電影院、禮拜堂都能配穿的衣帽。萬一她購買了一件貨物，她仍然沒有把握，究竟她是否買錯了。她還是不能決定，究竟應否將貨物退回更換。她購買一件東西，少有不更換至兩三次以上，但結果還是不能完全使她滿意。

這種個性的不堅定，於一個人品格和人性上，是一個致命的弱點。犯有此種弱點的人，從來不會是有毅力的人。這種弱點，可以破壞一個人對於自己的信賴，可以破壞他的評判力，並大有害於他的精神健康。

作為一個想成就大業的人，你對於一切事，都應該成竹在胸，而使你的決斷堅定、穩固得如海底的水一樣。情感意氣的波浪不能震盪，別人的批評意見及種種外界的侵襲不能打動！

敏捷、堅毅、決斷的力量是一切力量中的力量，假使你一生沒有敏捷與堅毅

的決斷的習慣或能力，則你的一生，將如一葉海中飄蕩的孤舟，你的生命之舟將永遠飄泊，永遠不能靠岸。你的生命之舟，將時時刻刻都在暴風猛浪的襲擊中！

從一定意義上說，一次錯誤的決斷，也比沒有決斷好得多！

假使你有著寡斷的習慣或傾向，你應該立刻奮起撲滅這種惡魔，因為它是足以破壞你的種種生命機會的。假使事件當前，需要你的決定，則你當在今天決定，不要留待明天。你當常常練習去下敏捷而堅毅的決定；事情無論大小，不管是帽子顏色的選擇，或衣服樣式的決定，你絕不應該猶豫。

在你要決定某一件事件以前，你固然應該將那件事情的各方面都顧及到；你固然應該將那件事鄭重考慮。在下斷語以前，你固然應該運用你的全部經驗與理智做你的指導，但是一經決定之後，你就當讓那個決定成為最後的！不應再有所反顧，不應重新考慮。

練習敏捷、堅毅的決斷，而至成為一種習慣，那時你真要受惠無窮。你不但對你自己有自信，而且也能得到他人的信任。在起先，你的決斷雖不免有錯誤，但是你從中得到的經驗和益處，足以補償你蒙受的損失。

第十一計 / 深謀遠慮

登高望遠，謀求長遠利益

公司經營時如何多多獲取長線的利益呢？這其中牽涉到一個長與短、小與大、近與遠的問題。聰明的商人在公司經營過程中會最大限度謀取長遠利益，而那些目光短淺的商人往往因小而失大，因近而失遠。香港船王包玉剛就是透過反覆比較之後，毅然拋棄了傳統的「散租」方式，而採用定期租船的方式，最大限度謀取長遠利益的。

當時香港的一般船東都是「海上冒險家」，採取「散租」方式，視航運需求率而定租金。這種方法在航運興隆時期最易獲利，而且往往獲得暴利。像1960年代航運巔峰時期，挪威船王只散租了一程從波斯灣到歐洲的短程運油線，500

萬美元就賺進了口袋。然而包船王在仔細分析了當時的情況以後卻摒棄了「散租」方式，採取了穩健的定期租船的經營手段，這是為什麼？這是因為「散租」雖有它的好處，畢竟風險太大。一旦航運需求減弱，手上有船無人租用的情形就會出現。那時的「海上冒險家」們可就要喝海上西北風了。「船租不出去，與其說是資產，毋寧說是負累。」這是 1976 年 12 月 6 日包玉剛在美國哈佛大學商學院演講「經營航運業心得」的名言。想想看，一艘巨輪一動不動的停在海上，光是開銷一天就需要幾萬美金。1975 年航運業衰退，那位挪威船王十幾艘巨輪便無人租用，弄得 77 歲的老船王如坐針氈。包玉剛的船一租就是四五年的約期，小的市場波動並不影響他的收入，這正是他目光長遠，不急功近利的大將氣派。更是長線勝於短線商業策略的充分表現。

應重視售後服務

成功人士指出，商業銷售應注意售後服務品質，特別應該忌諱那種忽視售後服務的作法，以防失去現有的市場。具體來說包括下列內容：

1. 繼續關心顧客，加深鞏固友誼。

「你忘記顧客，顧客也會忘記你。」商品真正的使用期是在商品銷售之後，真正考驗商品品質是在顧客對商品的使用過程之中。此時，應加強對顧客的回訪，採用直接上門或電話詢問的方式了解使用情況和存在問題，一旦發現有問題可親自上門幫助解決。

2. 售後服務的內容

① **送貨服務**。對購買重量較大、體積龐大的商品和路途較遠的商品，或是一次購物數量較多的顧客，一些有特殊困難的顧客（例如老、弱、病、殘客人），公司或直銷商必須提供送貨上門服務項目。在送貨途中一定要注意顧客的準確地址，貨物要小心保存，要輕搬輕放，防止散亂和損壞。

② **實行「三包」服務，即包修、包換、包退**。實行「三包」是現代直銷企業服務項目中最基本的服務承諾，也是爭取顧客，獲得更大銷售

成績的有效方法之一。

③ **安裝服務**。例如美國 IBM 電腦公司對所售商品承諾，所購電腦由公司派專人上門安裝測試。IBM 公司優質的服務精神為該公司創造了良好的形象，成為公司服務行業的基準兵。上門幫助顧客安裝也是直銷業服務承諾中的基本內容之一。

④ **包裝服務**。對於消費者購買的有些商品，商家應予包裝，方便顧客攜帶，保護商品不受損壞。特別是一些貴重的物品比如禮品、玻璃器皿、怕水怕火的商品更須精心包裝。在包裝商品時，商家可使用印有本企業、公司名稱、生產廠商、地址、電話號碼、服務內容的專用包裹或包裝袋、包裝紙，既發揮了保護商品的作用，又宣傳了公司形象，是一種很有效的廣告宣傳方法。

⑤ **建立使用者檔案**。消費者購買商品後，使用中經常會遇到這樣或那樣的問題，企業應建立消費者檔案，掌握消費者的使用情況，為消費者提供指導及商品諮詢服務，即為消費者提供良好的售後服務，解除他們的後顧之憂，又為商家產品的更新換代提供各項資料，加速商品的更新期，更加滿足顧客多方面的需求。

經商之道在於滿足顧客需求

成功商業人士指出，銷售目的是向顧客推銷他們所要的東西，不是說服對方來買你要推銷的東西。

在商品經營中，先發現對方到底想要買些什麼東西，再向對方推銷他們所需要的東西，這要比說服對方來買你所要推銷的東西容易得多。銷售的最好辦法是找出誰是買方的決策者，弄清楚每家公司的決策制度、決策程度和授權的層級，直接找關鍵人物去談，如果對方對推銷的建議感興趣，他就能決定該怎樣進行交易。這樣就可以減輕許多不必要的中間環節。

謀而後動，科學決策

商業成功人士指出，商業決策要求商人具備從容決策的綜合素養，在決策過程中，應避免那種缺少科學依據的「憑想像」決策的傳統辦法。

商業經營過程中，形勢往往十分複雜多變，作為商業決策者，要盡量減少人為的判斷因素而掌握科學決策的方法：

1. 主動把經營複雜的形勢化繁為簡。
2. 在採取一項經營決策之時，盡量預料到所有的後果，並及時做好預防和應變的準備。
3. 控制自己在生氣的時候而不發脾氣，在企業困難的時候看到光明，在光明的時候看到困難，並能做好措施準備。
4. 能把經營中的每件事，按其重要性和急迫性加以劃分，並且能把壞事轉化為好事。
5. 掌管逆境企業能胸有成竹，轉危為安，化險為夷。
6. 市場疲軟、產品滯銷之時，有辦法扭轉局面。
7. 生財、理財是否有獨到竅門？資金短缺、投資需要之時，有辦法籌措、調度和融通。

善於學習，提高決策能力

商業成功人士指出，科學進行投資決策是當代管理實踐提出的迫切要求，精明的商人懂得在實踐中提高自己，避免那種不努力學習決策的思維方法。

科學進行投資決策，是工商企業獲得良好經濟效益的根本保證。從一般的意義上講，科學投資決策的基本要素主要應包括四個方面的內容：即決策者、決策的原則、決策的程序和決策技術。

1. **決策者是決策的關鍵**。決策者可以是一個人，也可以是一個群體。它是進行科學投資決策的基本要素，也是諸要素的核心要素和最積極、最能動的因素。它是決策成敗的關鍵。

2. **決策者的智力結構至關重要**。一個具有合理智力結構的決策者，不僅能使每個人盡其才，而且透過有效的結構組合，迸發出巨大的群體能量。

3. **決策者的思維方法是重要條件**。人類思維方法可以包括抽象思維、形象思維、靈感思維及創造性思維四種。抽象思維善於拋開事物的千姿百態的具體形象而抓住本質，適用於程序決策；形象思維用直覺或藝術形式在虛無縹緲的條件下來確定目標；創造性思維可以在山窮水盡的情況下，思路縱橫，頓開茅塞。

4. **決策者的品德修養是重要基礎，能完全激發下屬的積極性和主動性**。要求決策者率先垂範，以身作則，以自己良好的形象創造良好的組織風氣和人際關係。要有民主作風，相信和依靠廣大職工群眾，集思廣益、博採眾長是決策成功的重要基礎，也是決策順利實施的保證。

科學決策降低經商風險

商業成功人士指出，科學決策有助於減少企業風險。當企業不斷進步發展時，那種三個臭皮匠湊成諸葛亮的落後決策機制已不適應形式的發展了。而下列科學決策的理論必須在決策中占據重要位置。

科學決策包括如下幾個方面：

1. 應用系統理論進行決策，是現代決策的必須遵循的首要原則。首先應貫徹「整體大於部分之和」的原理，統籌兼顧，全面安排，各要素的單個專案的發展要以整體目標最滿意為準繩；其次，強調系統內外各層次、各要素、各專案之間的相互關係要協調平衡配套。

2. 資訊是決策的物質基礎。在科學決策中，只有掌握大量資訊，才能有系統的對資訊進行歸納、比較、選擇、提煉出對決策者有效的資訊。資訊工作的品質越高，決策的基礎就越好。企業應該有較廣泛的資訊源，增大資訊收集的容量；防止資訊通道的迂迴、阻塞；特別是對資訊的加工和分析，要準確、完整、及時，使之對決策有用。

3. 決策成功與否，與決策事件面臨的主、客觀條件密切相關。一個成功

的決策不僅要考慮到需求，還應考慮到可能。有魄力的決策者既敢於
承擔責任和風險，又不盲目冒險，他們通常在確認方案具有可行性
時，才最後拍板。

4. 管理要盡量使決策達到最佳化。由於決策者在認知能力、時間、經
費、情報來說等方面的限制，人們在決策時，不能堅持要求最理想的
解答，常常只能滿足於「足夠好的」或「令人滿意」的決策。

5. 決策絕不只限於從幾個方案中選定一個方案行動，而是遵循一定的認
知規律，從提出問題開始，經分析問題，最終確定要解決問題的一個
系統分析過程。

6. 決策的制度應包括下列幾個方面：
   ① 審議的人數以五人為理想。
   ② 多數人贊成通過。
   ③ 有反對意見的主意才是珍貴的。
   ④ 當反對意見不被說服時，最好慎重決定。

急功近利是經商大忌

有些初入商場的人，資金比較少，各方面基礎尚不雄厚，總想一夜之間成為
重要人物。抱有這種心態的人，在經營過程中往往會急功近利而缺乏長遠目光。
有時甚至不擇手段，以假亂真、以次充好、坑害顧客。雖然當時賺了一些錢，但
是漸漸門庭冷落，生意蕭條，最後只能關門大吉。世界上沒有因上當而高興或不
自知的人，一旦上當便再也不會上你的門。

許多爭功近利的商人都存有這麼一種錯誤的觀念，認為顧客那麼多，你不來
自會有人來。實際上一個商場或廠商，大部分銷售額是來自於一小部分的常客。
如果貪圖暴利，對顧客不負責，就不會再有回頭客，這等於是自斷財路，換句話
說就是自掘墳墓。

有一家副食品商店貼出商品降價廣告：「好消息，罐裝米麥精，原價 6.5 元，

特價 2.5 元，存貨不多，欲購從速。」顧客一時蜂擁而至，幾百箱米麥精立即被搶購一空。但回家打開一看，米麥精已結塊變質，有的顧客自認倒楣算了，有的顧客卻會找上門來要求退貨，而售貨員卻指著櫃檯玻璃下貼著的「商品一經賣出，概不退換」的紙條，對顧客的要求置之不理。你說這樣的商店還會有人光顧嗎？

做人有做人的原則，經商也有經商的原則。做生意賺錢要靠改善經營，如果投機取巧，貪圖一時暴利是難成大器的。商品的價格應根據實際成本和合理利潤來確定，不能漫天要價。如果抱著「宰」一個是一個的心理，只怕到頭來就會無人可「宰」。

深思熟慮是決策的基礎

做決策需要深思熟慮，然而思考的方式卻有很多。由於正確的解決之道只有一個，因此集思廣益是非常必要的。當你需要構思一個新的作法時，像思考如何減少股票投資損失這樣的問題時，你需要知道各種不同角度的想法，不論它是截然分歧的看法，是片面的想法，或是富有創意的思考。

每個人或多或少都有一些創意。而你所要扮演的角色，是建立一種激勵創新的工作氣氛，讓你的小組工作成員在這種氣氛裡能勇於提出新構想。

1. **了解你的職權限制以便做決策工作**。假如你不太確定的話，要去問你的上級主管，請他就你的許可權範圍做一番確認。例如你在公事上的各項支出，報帳時，其金額在多少錢以內可以不需要單據，你有權給客戶折扣，或是同意退費嗎？假如有，最高的限度是什麼？你可以聘用人員或辭退員工嗎？類似這些的問題，你都需要有一個明確的指示可以遵行。

2. **勿要求你的主管幫你做決策**。假如你碰到困難時，把各種可能的作法列一張表，選擇其中的一項，然後與你的部屬商量，將這種方法向你的部屬做說明，訓練他們也能自己做決策。

3. **不要把你所列的那些不同作法，都看成是互相衝突的，事實上它們很少會有那麼截然不同的分別**。最好的做法也許是採用折衷的方式。例如假使你手下

兩個最得力的業務人員都想要擔任公司的代表，這時你何不乾脆把他們兩人都派出去，給你的顧客來一個最深刻的印象呢？

4. **在做決定時，要盡可能的收集各相關資料**。決策的制定是根據事實而不是你個人一時的情緒好惡。

5. **往後退一步，把問題做一番審慎的思考**。唯有正確的決策才能解決問題。不同的人有不同的才能，有些人擅長數字，有些人擅長文字，有些人則對史哲有天分。在做決策以前，要把你小組工作人員的才能派上用場。

6. **永遠不要違背公司的政策**。如果你認為公司的某一些規定有錯誤，你要在私下會談時向你的上級主管提出質疑，讓他知道不能因為「這是公司的政策」或是說「這些事情公司一直都以這種方式處理的」，就讓一個不好的制度一直持續下去。一個經營成功的公司不會把已經確立的各種制度，都當作是絕對的。創新的構想之所以會產生，往往是因為人們從不同的角度去思考問題的結果。

7. **如果你對上級所做的某項決定不滿意，你要冷靜的與你的主管討論這一個問題**。討論之後若仍然不滿意，那麼有三種選擇：一是接受這項決定並給予全力的支持；二是將這個問題透過投訴程序向更高階層反映；三是辭職。不要嘀嘀咕咕的接受這個決定，然後又在你的小組人員面前大加批評。你不是拿了薪水到公司來製造糾紛的，或是把你的工作同仁弄得無所適從，而且就算讓你和每一個員工都不支持的決策撇清關係，也不能因此便贏得夥伴們的忠誠。

8. **乾著急並不能解決事情**。把事情從頭到尾想一想，如果需要找別人幫忙時，不要覺得很勉強。

9. **當你的工作人員中，有人向你要求一些比較特別的待遇時，你要在同意之前仔細想清楚**。如果你同意讓你的祕書延長他的假期，而卻又拒絕其他人相同的要求，那你會表現得前後不一致，你的員工也會覺得很不滿。

10. **你若決定因某些特殊的情況而放員工一天假，那你要把特殊情況的內容向員工說明清楚，否則員工可能會將之誤認為是一種慣例**。假定你連著兩個星期五因為業務較清淡的關係，特准員工提早下班回家，這並不表示員工第三個星期也可以提早回家。

經商要有長遠打算

作為私人公司的老闆，想讓自己的公司蒸蒸日上，財務管理井井有條，首先他必須有能力管理好自己的家庭財務，否則，就不配掌管影響一個企業興衰大局的決策權。

結了婚的人，是否具有深謀遠慮的管理收入的能力，關係到他家庭每個成員的生活保障問題。同時，也可以表現出他是否具有計劃、組織能力和指導人們掌握資源和資本朝著目標前進的管理才能。

每個家庭都有自己的物質生活目標，都有它自己特有的財務問題。即使在一個家庭裡，家庭各個成員也都有各自不同的需求，而且不可能被同樣程度的花費、節約和儲蓄的限制所束縛。

由於這些原因，對於一個人應該在銀行裡存多少錢、應該投入多少保險費、應該購買還是租借住宅等之類問題，就不存在固定不變的答案。要回答這些問題，必須視具體情況而定。

雖然對個人財務問題沒有精確的金額數字答案，但仍有一些常識性的原則可資遵循。下面是一些粗略的經驗之談。

1. 把錢花在事業上

一個滿懷雄心壯志的人，應該為增加自己的成功機會而慷慨花錢。在獲得一定程度的成功之前，他在滿足個人享樂方面的開銷，應該像個守財奴似的小氣。

這就意味著，他應該盡可能優先考慮擺在他面前的這類開銷，例如：參加一個自我提升課程的學習、加入一個有利於自己事業發展的俱樂部等等。而對另一類花費，如吃喝玩樂方面，則應該十分吝嗇。如果他首先考慮滿足事業上的需求，那麼，其他方面的生活內容也將逐漸豐富起來。

這個關於花錢的忠告，不僅對那些剛剛起步的公司老闆，而且對一切至今還沒有能順利做他的事業的人都有指導意義。一個真正希望成功的人，如果把他自己的時間和精力耗費在對他的事業毫無助益的消遣上，那是愚蠢的。那些已經成功的人之所以成功，是因為他們把事業擺在首位。

2. 有一筆應急儲蓄

隨著一個人年齡的增長，他對家庭所負的責任也逐漸加重。他的妻子，他的家庭日益增加的吃用、醫療、娛樂、交通和接受教育等各方面的開銷，都要靠他的收入來滿足。他所擬定的最合適的家庭收支計畫，可能被一次未曾預料到的突發事故所損害，甚至被永久毀滅掉。即使他為了防止意外事故替自己買了部分保險，也會因為對飛來的橫禍毫無準備而摔倒。因此，對任何一個人來說，都需要應急儲蓄，就像一個公司企業，為意外開銷或負債而保持一定的儲蓄一樣。

3. 為未來投資

一個企業的所有者，或它的老闆，總是將所得的盈利進行再投資，擴大再生產，以發展他的事業。一個人也一樣，他的財產增加，取決於他的能力和他是否樂意將他的部分收入進行再投資。這種投資可以採取多種形式：銀行存摺、一定形式的人壽保險、租金收入、股票、公共債券、終身或臨時的商業或企業保險等等。

一個無知的人走進銀行借錢，他的手裡帶的唯一的東西是他的帽子 —— 摘下帽子，畢恭畢敬的提出請求。相比之下，一位有見識的企業家，則會帶上他的財務收支表，說明他的動產和不動產，以及他的收入花費的途徑。他節省了銀行家的時間，並且證明自己是一個有理財能力的人。

任何一個希望精明的管理資金的人，首先必須對自己所處的財務狀況瞭若指掌。他應該清楚，哪些是自己的，哪些是別人的；他有哪些收入，這些收入用於何處。他了解這個底細，就可以著手準確找出他財務中存在的問題，然後採取措施改善他的財務狀況。最終目的，應該是收入的成長。它將導致他獲得更好的信用和更大的安全感。

增強預測能力應對經商風險

經商投資的風險自然是客觀的存在，誰也無法消滅風險，而只能在經營實踐活動中盡可能的減低風險、預防風險。

如何減低風險，減少損失，這裡面有技巧可講，它們是：

1. 學會分析風險

經商做生意，投身到市場經濟的大海之中，必須要考慮家庭的一切正常開銷，考慮一旦你臥病或發生意外導致收入來源的斷絕風險。因此，你必須學會分析你所處的環境，做出和做好可能發生問題的風險預測。

2. 善於評估風險

即透過分析，預測風險將要帶來的破壞程度之高低，做到心中有數，例如失火將造成危害的程度、貨款回收的程度、資金周轉可能會出現的惡性循環程度等等。

3. 慎重預防風險

一定要採取最佳措施降低風險發生的可能性，例如對客戶進行詳細的信用調查；制定周密的收款措施；加強保全措施，將當日收入現金及時存入銀行；對周圍環境進行調查，對可能發生的問題漏洞進行彌補。總之，要預防和避免風險的發生。

4. 設法轉嫁風險

有一些風險是不可能避免的。例如，你所經營的公司有許多價值很高的設備、儀器，即使你做了安全防範，但仍面臨著設備、儀器可能遭受的損失，怎麼辦呢？目前，大多數人還不太習慣於保險，然而，加入財產保險，這確實是一個轉嫁風險的良策，設備、儀器的意外損失或因洪水、地震、火災、房屋破壞等造成的意外損失都會有保險公司的賠償，這種轉移也正是避免風險的良策。

經商投資有風險，這是人所共知的，那麼，究竟有哪些風險你必須掌握或預見到呢？概括起來不外乎是以下五種：

1. 行業風險

行業本身的興衰與經濟環境有著千絲萬縷的關聯，但其中並非都是正比關係。有時經濟本身情況很好，但某些行業不一定就發達。例如香港 1980 年代航運的不景氣，就連內行人、專家也很難預測，而使投資航運的人遭到敗績。

2. 經濟形勢變化風險

經濟有盛有衰，循環不息。經濟形勢好的時候，股票、期貨、貴金屬都會升值，經濟形勢不好時，做債券生意就要好一些。因此，投資者必須理智分析形勢，把握好時機，順應經濟形勢的變化，否則，就會在經濟形勢的變化大潮中翻船。

3. 政策變化風險

無論哪一種投資，都隨時可能受到政策變化的干擾。譬如，我們將錢存入銀行，由於某些原因，政府宣布提款限制，一日提款限制一定金額內，那麼你提款就會受到約束；又如政府對特別行業的寬鬆與嚴緊政策的變化等等，都會使投資者面臨一定的風險。

4. 周邊風險

風險並不局限於本地政治經濟範圍，基實全世界沒有一個角落絕對安全。如果存外幣，一定不可以只存一種，外國也會出現政治經濟動盪，所以投資於外國的物業、基金、債券也不要只投資於一個國家。若你只存日幣，也會有日幣下跌的困境出現，同時存在風險。1998 年從東南亞而起、漫捲東亞的金融風暴就說明了這一點。

5. 資金集中風險

在你投資過程中，千萬不要過於集中。如買股票，就不應該全部買入地產股或同一類股票，最好採取多種不同類型的投資辦法以避免出現一邊倒的狀況。

總而言之，經商如果具有成熟的頭腦和必備的風險知識，往往能使自己的企業相對穩定，甚至可以達到「任憑風浪起，穩坐釣魚船」的理想效果。相反，只是一味「跟著感覺走」，只是「抓住夢的手」，是不可能在風險中贏得經營的自由的。商海中翻船多半是糊塗跟進之類的生意人，而且為數不少。要想經營好你的私人公司，具備一切風險意識是有必要的。

第十二計／出奇制勝

別出心裁，奇招制勝

　　商業成功人士指出，別出心裁術是現代商戰中表現為屢出奇招的促銷策略，它具有一定的創見性。例如日本一家大公司為招徠顧客，推出一種奇招：按顧客體重購物。由於這種購物方法充分利用了顧客僥倖和貪便宜的心理，因而大受歡迎，營業額從此大增。

　　到這家公司商場購物的顧客，得先預付 6 萬日幣（約 450 美元）買一張彩券，再持彩券任意選擇商品。

　　選好的商品要一一過磅。若重量與顧客體重的差額超過 1.5 公斤，顧客便一無所有；如不超過 1.5 公斤，顧客除可得到全部選擇的商品，而且還可以得到一筆數量可觀的獎金。

　　用這種體重購物法出售的商品一般較為昂貴，如電視、錄影機等。但這些商品的重量與一般市場上出售的同類商品的重量有差別，這是商店老闆做的手腳，以防顧客做出準確判斷，而這種靠「碰機會」購物和銷售的方法對於公司顧客來說都是一種刺激手段，這也是機會推銷的妙處所在。

　　別出心裁的推銷方法還表現為一種別具一格的特色，例如早在 1980 年代有個小企業採用「函銷法」，沒有推銷員竟然使產品走向了大市場！而「採用函銷法、免去推銷員」就是這個地處山區的小企業的經營之道。

　　起初，他們也曾安排一名推銷員，跑各地辛苦了一年，光差旅費花掉一萬多元。但由於碰運氣的推銷方法涵蓋面窄，造成產品大量積壓，發不出員工薪資，使企業面臨倒閉的危險。在這種情況下，他們按著電話簿上所列工廠、車站、礦區等單位，發出了 5,000 封帶有產品廣告的商業信函。結果，不到 10 天，回信的、親自來廠訂貨的紛至沓來。

　　新推銷方法為企業帶了生機和活力，庫存產品銷售一空。商業信函不僅涵蓋面廣、資訊快、還節省了資金。他們索性取消了推銷員。

1990 年代以來，國際形勢巨變，令繪製世界地圖的專家和地圖出版商又驚喜又惶恐。驚喜的是舊地圖不斷過時，市場急需新地圖，能夠靠印刷世界地圖賺大錢；惶恐的是稍有不慎就會得罪某些國家或信譽。為不使讀者失望，就一反常規的做法，獨出心裁的規定凡讀者購買一份該公司出版的世界大地圖，就贈送一張優惠券。在今後 12 個月內，無論世界任何地方發生地理事件，持券讀者都可以免費得一份公司新出版的世界大地圖。這種方法果然奏效，為出版公司帶來了龐大利益。

奇謀促銷，名利雙收

商業成功人士指出，奇謀促銷是一種立足於顧客心理的重要方法，但這種方法應避免與商業詐欺或以奸謀利為伍。

你知道採用小小的銅牌促銷的戰略嗎？漢斯是一家美國罐頭食品公司的經理。1957 年，美國芝加哥市舉辦了一個全國博覽會，為了推銷產品，擴大知名度，漢斯也向大會申請了一個位置。由於參展的大多數商品名氣太大，博覽會的負責人把漢斯的展品安排在一個展廳中最偏僻的小閣樓裡。

博覽會開始以後，參觀的人絡繹不絕。然而，光顧漢斯展區的人卻十分少。漢斯為此苦惱一天，第二天他想出了一個主意。

在博覽會開始的第三天，會場的地面上出現了許多小銅牌，小銅牌的背面上刻著一行字：「誰拾到這塊小銅牌，都可以去展廳閣樓漢斯食品公司陳列處換取一件紀念品。」這些小銅牌都是漢斯連夜訂製並派人拋下的。不久，本來無人光顧的小閣樓便水泄不通了。市內到處傳誦著「漢斯小銅牌」，記者也做了報導。漢斯產品名聲大振。一個小小的奇謀，到閉幕時，竟幫漢斯賺了 55 萬美元。

奇謀制勝還表現在對事物發展的結果預測的準確性，以及採用方法的可行性上。如聞名於世的泰籍華人楊海泉，人稱「鱷魚大王」。他 15 歲時，經營小雜貨店失敗。一天他偶然遇到一位獵鱷的朋友，朋友講鱷皮收購商故意壓低鱷皮的收購價，並拒收未長大的幼鱷皮。楊海泉靈機一動，他想幼鱷皮的確不好製成皮製品，但捕鱷人不能保證一網下去，捕到的都是成年鱷，那麼為什麼不把捕到的幼

鱷魚先養起來，待其長大後，再殺鱷取皮。這樣既可免濫捕，還可得到價格高的鱷皮。於是，一個辦養鱷場的設想在楊海泉的心中形成。經過多年奮鬥，楊海泉利用自己的腦子和雙手，靠出奇制勝的想法，成為一代富豪。

半買半送，打開市場之門

成功商業人士指出，半買半送是一種表面上虧損的促銷方法，但它在打開產品銷路的方面卻能夠發揮良好的效果。當然，這種半買半送的方法，一般來說不適合於知名品牌的促銷，要避免使企業形象信用受損。

故事發生在美國花旗銀行的一位職員身上：有個陌生的顧客從街上走進這家銀行。要換一張嶄新的 100 美元鈔票，準備那天下午作為獎品用。這個職員花了十五分鐘，打了兩次電話，最後找到了這樣一張鈔票。把它放進一個小盒子裡，並遞上一張名片，上面寫著：「謝謝您想到了我們銀行。」那位偶然光顧的顧客又回來了，並開了一個帳戶。在之後的幾個月中，他所工作的那個法律事務所，在花旗銀行存款 25 萬美元。

由於那個職員無懈可擊的優質服務，使偶然光顧的顧客特地回來開戶存款，這樣的服務魅力恐怕是難以抗拒的吧！

零件與機器的關係想必大家都清楚。一般來說，零件便宜而機器昂貴，但擁有零件的目的是為了使用機器。所以，一些聰明的商家就採用白送機器零件這樣一種看似賠本的方法來促銷自己公司的機器，並獲得成功。

美國凱特皮勒公司，是世界性的生產推土機和鏟車的大公司，它在廣告中說：「凡是買了我們產品的人，不管在世界哪一個地方，需要更換零配件，我們保證在 48 小時內送到你們手中，如果送不到，我們的產品直接送給你。」

他們說到做到，有時為了一個價值只有 50 美元的零件送到偏遠地區，不惜租用一架直升飛機，費用竟達 2,000 美元。

有時無法按時在 48 小時內把零件送到使用者手中，就真的按廣告所說，把產品直接送給使用者。由於經營信譽高，這家公司歷經 50 年而生意興旺不衰。

隨著商業競爭的日趨激烈，一些消費者也從企業的明賠實賺促銷術中得到不

少好處。例如，有位留日學生講了這樣一件事，他剛到日本時，用 2 萬日幣在京都一家商店買了一臺電視機，回去後發現品質有問題，於是打了電話給商店，電話剛掛斷，商店就派人過來了，確認了品質有問題後，馬上行禮，並說：「請原諒，馬上換一臺。」在零售店，經理隨手一指：「請隨意選一臺，但一定請多關照。」這位留學生沒有挑價值比原本電視機高得過多的，客氣的選了一臺 6.3 萬日幣的電視機。從這件事看，精明的日本商人以一臺電視機、4 萬日幣的代價，避免了企業的聲譽受損，所以賠也是賺。

狐假虎威的稻盛和夫

1962 年，京都窯業公司的稻盛和夫隻身前往美國。此行的目的，並不是要開拓美國市場，而是為了打進日本本上。

3 年前，稻盛和松風工業公司的一名職員共同創建京瓷公司。他們拚命工作，努力奔走推銷公司的產品，積極說服各廠商試用。但是，當時美製品占有大半的日本市場，大的電器公司只信任美國的製品，根本不採用日本廠商自己生產的東西。稻盛心想，既然日本市場猶如銅牆鐵壁般難以打入，不如以奇招制勝。這一招就是使美國的電機工廠使用京瓷公司的產品，然後再輸入到日本，以引起日本廠商的注意，屆時再進日本市場就容易多了。

美國廠商不同於日本，他們不拘泥於傳統，不管賣方是誰，只要產品精良，經得起他們的測試，就可以採用。這為稻盛帶來了一線希望。

儘管如此，想在美國推銷產品也不是一件容易的事。稻盛在美國將近一個月的時間裡，推銷行動全部都吃了閉門羹。稻盛遭受到這樣的失敗後，很生氣的下決心再也不去美國。但是回國後，發現除了這個招術，實在沒有別的辦法，他只好返回美國。

上天不負苦心人。稻盛從西海岸到東海岸，一家一家拜訪，終於在拜訪數十家電機、電子製造廠商以後，碰到德州的中緬公司。該公司為了生產阿波羅火箭的電阻器，正在找尋耐熱度高的材料，經過非常嚴格的測試後，京瓷公司的產品終於擊敗了德國與美國許多有名的大工廠的製品而得以採用。

這是一個轉捩點，京瓷公司的製品獲得中緬公司的好評而用後，許多美國的大廠商也陸續與他們接觸，終於使稻盛如願以償，將產品輸出到美國，使它成為美國產品後再運回日本。京瓷公司就這樣在美國打響名聲了，從而獲得日本廠商的信賴。

以買求賣的拋售妙招

1990 年，一家外貿進出口公司的業務人員與外商談判皮貨生意。休息時，外商搭訕著對外貿人員說：「今年你們的皮貨生意怎麼樣？」

「當然不錯。」

「我想向貴公司購買 20 萬張裘皮，沒有問題吧？」

在得到了肯定的答覆後，那位外商主動遞交了一份 5 萬張裘皮的訂貨單，價格還高出市場價 5%。外貿公司的業務人員喜出望外。在談判後的宴會上，頻頻舉杯向這位外商表示感謝。

然而，這位外商卻在國際市場上以低於購買的價格大量拋出他手中的存貨，吸引了大量客戶。原來，這位外商並不是想真的訂購 20 萬張裘皮。而是虛晃一槍，先用高價訂購 5 萬張裘皮的訂貨單穩住對方，在知道對方裘皮價格以後，又按原價順利的拋出存貨，而外貿公司報出的裘皮價格全部被客戶頂了回來。他雖然花高價購買了一部分皮貨，但這在他所賺的鈔票中只不過占了一個小的數目而已。

這位外商運用「聲東擊西」之計，先用高價穩住對方，然後乘機大量拋出存貨，使得賣方的報價被客戶頂回，最終獲得了成功拋貨的目的。

攻其不備出其不意

一般來說，一些名牌產品的廠商以其產品牌子有名，市場占有率高而在市場競爭中占據主動地位，因而，這些廠商也就往往掉以輕心，而使那些名不見經傳的產品乘虛而入。

義大利是一個世界公認的「製鞋王國」，自產鞋在市場上的占有率很高，外

國廠商要把鞋類產品打入義大利市場絕非易事。而美國一家公司不但把鞋子展示在義大利商店的櫥窗裡，而且銷量年年上升，很令義大利同行生嫉。這家公司的成功在於它看準了近年來義大利消費者崇尚高貴優雅鞋漸成風氣，而本國廠商仍以時髦、趣怪的流行樣式取悅顧客，因而以己之長克人之短，攻其不備，出其不意的打入這個製鞋王國。日本時裝對抗風行世界的法國時裝，日本手錶威脅歷史悠久的瑞士「老大哥」，都是以此招取勝的。

採用此計須有如下前提條件：首先推出的產品必須有自己的特點，尤其應以「新」見長，否則將難以引起顧客的注意；其次是要洞察消費者的心理，美國製鞋公司就是因為抓住了不少歐洲人的崇美心理，強調其產品獨具美國風格，以美式作風吸引了大批消費者；最後還須有一種冒險精神，因為這種方法往往是違反常規的，須有衝擊市場的勇氣和理智。

奇招是賺錢的捷徑

現代經營者，必須有先見之明，不斷創造新的經營方式。

在一切都會變化的當今社會，如果始終保持一種作風，就會落後。

現代的企業，應把目標放在「創造新時代的經營方式」上，這點比較重要。

也就是說，如果你每天都很認真工作，那麼對於自己的生意或經營，自然有「希望這樣做，但願會這樣」之類的期望或理想。

當然，你不能缺乏察知社會趨勢的所謂先見之明。但在變化激烈的當今社會，預料的事未必會實現。因此，除了具備先見之明外，還得有自己的抱負，並設法實現。

創造新的經營方式，應是每個懂得賺錢的人，必須走的一步。具有先見之明尤為重要。

先見之明指的是，具有豐富的聯想力，能夠得知社會大眾將需要什麼產品。

例如，有經驗的老人能夠判斷來年的風雨，其預測結果往往令科學儀器都為之遜色，他們可以預料該年是多雨或是多旱。聰明商人根據此點，製造適合大眾的產品，如多雨，則雨具必然暢銷；多旱，則水桶必然家家都預備，以備容

器盛水。

　　這是最簡單的聯想。如果你是位大企業的經營者，將之用於企業經營上，同樣會產生相同的效果。一個地區的人口增加，房地產市場就會變好，建築材料需求增多，建築所需的勞工隨之也增多。如果你有一套宏偉的計畫，必能產生你自己的一套新的經營方式，以領先於時代。這樣，你賺大錢指日可待。

　　當然，你仍須隨時以率直的態度，虛心觀察事物，一步一步踏實去做。在今天這種激烈競爭的時代，不可缺乏創造新時代的積極態度。

創新是永恆的經商主題

　　「創新者生，墨守成規者死」，在商戰如潮的當今市場，謀創新、求開拓至關重要。商海中的勇者則永遠以創造的姿態搏擊風浪。有了一元錢，求十元錢、求百元錢、千元錢、萬元錢……他們是一群想法極端活躍者，他們有無窮無盡的創造性想像力。原因是他們首先進行擴散思考。所謂擴散思考，就如同灑水噴水一樣，它是對一個課題做多方面聯想的。在提出足夠的辦法之後，再加以集中考慮，宛如經凸透鏡上的光聚集於一點的焦點，或組合成許多主意，或加以篩選，然後找出在現有條件下的最佳方案。想法活躍的人，採取首先做擴散思考，而後再集中思考的兩段思考，往往就能想出比他人更好、更可行的主意來。而一般人進行的則是短路思考，即把最先浮現的想法不加處理的付諸於實施，因而大多數流於無的放矢。與擴散思考相關聯的是想像力。豐富的想像力是想法活躍者的財富、創新的泉源。在想像力中，最主要的又是空想與聯想。

　　義大利的天才藝術家、科學家達文西，曾遐想過人類也能像飛鳥一樣翱翔天空，這種遐想在當時被認為是空想，因當時沒有任何人認為是可行的，也沒有任何人做過這樣的遐想。然而達文西卻就此事做了種種空想，並畫了草圖，其中之一成了現今的日本航空公司社標。未過多久，達文西的其他的一些空想圖便具體化了，變成直升機、進而發展為噴氣飛機、火箭。

　　創新對企業經營的意義，如同新鮮的空氣對生命的意義。經營者應該不斷的在管理上創新、產品上創新、技術上創新、企業形象上創新，以確保企業歷久不衰。做一個有著天才思考的創富者吧！

品牌與宣傳篇

第十三計 / 先聲奪人

富士的成功之路

富士公司於 1982 年開始進入亞洲市場。海外辦事處首席代表近藤陽一曾在記者採訪時說：「大量的公關活動，使我們的產品獲得良好信譽，開拓了成功之路。」

競爭之中，妙用公關。競爭是企業活動的重要方面，如何處理好和對手的關係，也是富士公司開展公關活動考慮的重要內容。目前，富士公司在亞洲的主要競爭對手是美國柯達公司。從整個世界底片市場來看，柯達公司占 60％的占比，富士公司占 25％。但在亞洲，富士公司占優勢。

富士與柯達的競爭表現在各個方面。美國柯達公司也做了許多宣傳、贊助等公關活動，並在海外建立了合資企業。富士的策略是既競爭又合作，與競爭夥伴保持一種公平的技術和品質方面的競爭，在宣傳活動中，突出富士產品的特點和公司在技術上的長處。如：富士底片在綠色上占有優勢，柯達底片在黃色上突出。富士公司就揚長避短，針對亞洲黃種人喜歡綠色的特點，加以宣傳，爭取顧客。在重大活動和銷售領域，則避免正面交鋒，選對方沒有介入的領域開闢新的管道，這樣雙方都能在各自的領域中大顯身手。

從富士公司在亞洲的成功之路中，我們不難看到公關活動在企業生產經營中的重要性。公關活動是一種綜合性的藝術。作為「藝術」而言，「藝」就是技藝、方法、準則；「術」就是技術、學術、方法、手段。所謂公關活動藝術，就是公關人員處理和展開公關活動的巧妙方法、準則和手段。

希爾頓「第一印象」的三個準則

富甲天下的世界「旅館大王」希爾頓，有一次在被問及他成功的祕訣時說：「我並沒有什麼祕訣。如果說有的話，也許就是我生活的準則吧。我叫它為『三個準則』。」「旅館大王」希爾頓的三個準則就是：① 4 公尺；② 由 12 字組成的

第一句話；③ 30 公分。

他的解釋是這樣的：「當你走近到距顧客 4 公尺的地方時，你的衣著、你的舉止就會受到顧客的注意。他（或她）就會從你的頭頂直到你的腳上，從你的外表來判斷你的為人，來評估你是一個怎麼樣的人。接著，會根據你說的最初 12 個字，亦根據你啟齒所說的第一句話來進一步判斷你、了解你。同時，你也以你所說的第一句話的用語、語調、聲音的抑揚頓挫等等，來對顧客表露你的個性以及你的為人。然後，你跟顧客的距離逐漸靠近，彼此之間只相距 30 公分，要面對面說話時，顧客就從你的身體、呼吸以及頭髮、服裝、表情來更一步了解你的為人、嗜好等等。這雖然是被人忽視的小事，但我認為非常重要，時常牢記自勉並以此來改進自己。」

「第一印象」，時常出現在我們的生活當中，因為，我們每天都接觸陌生人。比如說，你去參加第一次面試，「第一印象」就表現得更為重要。但是，能夠像希爾頓那樣把這一常識銘記在心，時刻以此自勉、作為改進自己的準則的生意人，恐怕真正是寥若晨星。

生意場上的後起之輩，若要像希爾頓那樣從小旅店老闆平步青雲，成為全球「旅館大王」，首先就應該學習他的這種精神，為自己及自己的生意培植一個深得人心的形象。

「賓士」巧打看板，懸賞萬金找故障

西方發達工業國家，汽車數量趨向飽和，汽車工業普遍不景氣。一些汽車製造商紛紛在「顧客要求第一」、「必須讓顧客滿意」的口號中找出路。

世界著名的德國賓士汽車公司打出廣告：「如果有人發現賓士汽車發生故障，被修理車拖走，我們將贈送您一萬獎金！」如此承諾，令人不得不信服賓士汽車的高品質。

為了貫徹「品質第一，顧客滿意」的原則，賓士公司不斷開發出安全行駛、堅固耐用、乘坐舒適、外型美觀的汽車。1950 年代，他們研製改造了安全系統，製造出世界上第一個安全車身 —— 矩形底盤承載式焊接結構車身。當發生車禍

時，這種車身不會被擠扁，套管式方向盤轉向柱在汽車受到撞擊後，能夠自動推攏，不至於傷害司機。1960 年代，他們研製出 ABS 煞車系統，用電子控制輪胎，當汽車遇到緊急情況出現急煞車現象時，不管地面狀況如何，車身都能平穩停下，不會因為失去控制而滑向一邊。1970 年代，他們又改進了車軸，使其達到了別的廠商難以達到的精確度。使用這種車軸後，汽車直行時又快又穩，轉彎時特別靈活，耗油量也比一般車輛降低了 12% 至 20%。現在，他們在製造中貫徹「按顧客個性提供超級服務」的原則。賓士公司生產線上未成型的汽車上，常常掛著一些小牌子，上邊寫著顧客姓名、車輛型號、樣式，車廂內是否要安裝空調、電視、答錄機和汽車電話等特殊要求。簡言之，顧客的任何一項要求，都會在賓士公司得到滿足。

賓士公司之所以能夠成為世界知名的最大汽車產業之一，與其在爭取顧客信任，提高企業聲譽這方面的策略是分不開的。

商業標誌勝在一鳴驚人

現代公司將公司商標看作是公司經營的生命，好的商標和好的產品具有著密切相關的連結，因此，公司在創業時就要從長遠角度來考慮商標的獨特設計，避免使用那些標識不清沒有特色的商標設計方案。

例如日本的魅力公司「安妮」衛生用品，用商標名表示商品做到了極致的地步。該公司分析，女士們對於買生理期用品，心理上總有一種難於啟口的感受。「安妮」所以暢銷，是它有一個優雅的名稱，成了衛生用品的代名詞。女士們到商店只要講買「安妮」，店員自然明白了，這樣可以消除那種心理的躊躇感。日本公司成功的祕訣就在於懂得像安妮這種婦女衛生用品，要使用一種比廣告宣傳更有效的促銷手段來經營。而在這一點上，他們又成功的使用了「安妮」這樣富有女性化形象的商標。

專家認為，好的企業商標應該從如下幾個角度加以精心設計：

1. 功能商標：將產品主要功能顯現在商標上，如飲料商標，使人目睹以後，有渴的感覺；食品商標能使人垂涎三尺；化妝品商標激發人們對

美感的強烈追求；機械製品商標能給人堅固、快速、精確的印象。

2. 象形商標：以動植物、花草、人物、著名建築物等形象作商標，如熊貓、牡丹、華佗、金字塔等，但此形象必須與產品有內在關聯。

3. 附加商標：在註冊商標以外的自訂商標，增進產品的印象，它具有很大的靈活性。

4. 專利商標：搶先將一些著名事物冠之於產品之上，並申請專利，如純羊毛標誌。

5. 祝福商標：富有吉祥如意、安康福氣之意，愉悅主顧心理。

6. 反醜商標：利用顧客的反彈心理和路人皆知的醜名作商標，會產生特定效果。

7. 符號商標：不用文字和圖案，而用容易聯想、記牢的物體符號作商標。

8. 模仿商標：利用其他類知名度極高的商標，作為自己產品的商標。

好的商品名稱是銷售的最好催化劑

事實證明，對於許多小型企業來說，一個好商品名稱是銷售最好催化劑。從這個角度來說，避免給新產品亂加一個沒有銷售前景的名稱是十分必要的。

在日本，有個叫「桃屋株式會社」的小企業，是生產用海苔製成的一種傳統食品的公司。此產品銷路一直不太好。

有一天，經理休假在家，突然向廠裡的討論會撥了電話。他說：「我想出一個叫『開飯羅』的名字，不知怎麼樣？」大家一討論，都覺得這個名字不錯，最後就定了這個名字。原來那天早上，經理正在家中盥洗室裡，突然聽到他的女兒在喊：「爸爸，開飯羅！」這親切的喊聲使他感到非常溫暖，轉而又發怔：這不就是個好名字嗎？就急急忙忙撥了這個電話給廠裡……不久，印著「開飯羅」大字的「食品」就上市了。產品推出後，果然不同凡響，人們趨之若鶩，銷售金額高達 80 億日幣。「這麼熱銷，看來完全是託了好名字的福啊……」

由此可見，廠商給商品命名要很慎重，如果替開發出的商品隨便用個地名，

既表現不出商品的特性的優點，又不易喚起人們的購買欲。所以好的廠商每研製出一樣產品，在銷售之前，平均要給它起上 300 至 500 個各式各樣的名字，然後再從中逐一篩選，反覆推敲，擇出最滿意的一個，可謂千呼萬喚始出來。

茅臺酒一摔成名

商業競爭是十分公平的，對於任何企業來說，它一視同仁。因此，不管是著名企業還是小企業，都要以一種實力競爭的策略對謀求成功。要知道酒香也怕巷子深，如果沒有良好的宣傳方法，也有可能使自己陷於被動。

茅臺酒早年在巴拿馬國際博覽會上首次參展時，因為包裝不及洋酒漂亮，在展場裡無人問津。銷售人員靈機一動，在參觀人數達到高峰之時，裝作失手當眾打破一瓶酒，結果酒香四溢，使顧客聞香大驚，忙來查詢。茅臺酒一舉成名，成為國際酒業的美談。這種競爭策略以濃烈的酒香先聲奪人，因而獲得了良好的效果。

先聲奪人，「野馬」車購者如潮

廣告的推出與產品的生命週期有著十分密切的關係，由於產品的生命週期短，每一個階段的廣告重點也是不相同的。新產品即將上市，它還未被消費者所認識，商店還不敢貿然進貨，企業也不敢大量生產時，廣告企劃者在這個時機應該進行集中宣傳，以引起消費者的注意。

美國野馬車之父艾柯卡推出新產品野馬車，所做的一系列廣告宣傳可稱是「先聲奪人」的典型。其廣告企劃的實施步驟大致如下：

第一步，邀請各大報紙的編輯到迪爾伯恩，並借給每個人一部新型野馬車，號召他們參加從紐約到迪爾伯恩的野馬車大賽，同時還邀請了 100 名記者親臨現場採訪。這是一次廣告宣傳活動。事後，有數百家報紙雜誌報導了野馬車大賽的盛況。

第二步，野馬車上市之前第一天，根據計畫，讓 2,600 家報紙用整版篇幅刊登了奔馳中的野馬車，大標題是「真想不到」，副標是「售價 2,368 美元」。這一

步廣告宣傳是以提高產品的知名度為主，進而為提高市場占有率打基礎。

第三步，從野馬車上市開始，讓各大電視網每天不斷播放野馬車的廣告。廣告內容是一個渴望成為賽車手或噴氣式飛機駕駛員的年輕人正駕駛野馬車在奔馳。選擇電視媒體宣傳，其目的是擴大廣告宣傳的涵蓋面，使其家喻戶曉。

第四步，選擇最顯眼的停車場，豎起巨型的看板，上面寫著：「野馬車」，以引起消費者的注意。

第五步，竭盡全力在美國各地最繁忙的 15 個機場和 200 家假日飯店展覽野馬車，以實物廣告形式，激發人們的購買欲望。

第六步，向全國各地幾百萬小車主寄送廣告宣傳品，此舉是為了達到直接促銷的目的，同時也表示公司忠誠的為顧客服務的態度和決心。

廣告，鋪天蓋地、排山倒海，僅一週內，野馬車便轟動整個美國。據說，野馬車上市的第一天，就有 400 萬人湧到福特代理店購買。原本的廣告指標是年銷售量 7 萬部，後來銷售增加到 20 萬部。

第十四計 / 巧設懸念

勾起顧客好奇心，煤氣廣告大獲成功

美國人是世界上最好奇的民族。美國煤氣聯合會的董事認為：這正是他們可利用的特點。

「我們要充分激發起他們的好奇心來！」

他對廣告人員說：「要把廣告建立在這種有個性的基礎上！」

可要讓美國的普通人對煤氣感興趣又太困難了，因為他們不具備了解它的基礎知識，那麼就從煤氣的使用方面來作文章吧！

燒一大桶熱水，無疑是最費時、費燃料的！要是從這裡說起，也許會有好的效果。於是，這句廣告語誕生了。

「為什麼這煤氣能向你提供一大桶一大桶的熱水，而且速度比煤火要快

3 倍？」

　　這則廣告做出之後，首先打動的是天天得為家人燒水洗澡的家庭婦女。她們被好奇心驅使，要親手試試，是不是「快 3 倍」，而且要弄清楚它是「為什麼」？

千呼萬喚始出來，「野狼」上市即暢銷

　　有的在一個廣告中製造懸念，引人入勝；有的則透過一組懸念廣告，引起人們普遍的高度關注。臺灣「野狼」125 機車的銷售廣告就是採用後一種方式。

　　1974 年 3 月 26 日，臺灣的兩家主要報紙同時刊出了一則圖像式廣告。圖上畫的是一幅漫畫式機車，沒有註明廠牌，圖下端寫著幾行字：「今天不要買機車，請您稍候六天。買機車您必須慎重的考慮，有一部意想不到的好車就要來了。」

　　第二天，廣告繼續刊出，內容只換了一個字：「請您稍候五天……」

　　第三天，又只改一字：「稍候四天」。

　　第四，廣告寫的是：「請再稍候三天。要買機車，您必須考慮到外型、耗油量、馬力、耐用度等等。有一部與眾不同的好車就要來了。」

　　第五天，已被吊了幾天的懸念獲得了「實際補償」，廣告出現了實質性內容，「讓您久等的這部外型、衝力、耐用度、省油都能令你滿意的『野狼』125 機車就要來了。煩您再稍候兩天。」應該說，此刻消費者懸念引發的衝動已加快。

　　第六天，千呼萬喚欲出來，但「猶抱琵琶半遮面」，廣告寫的是「對不起，讓您久候的『野狼』125 機車，明天就要來了。」

　　第七天，「野狼」終於衝進市場，立即成為暢銷產品。

製造懸念的廣告妙術

　　我們知道：好奇之心，人皆有之。「製造懸念」就是利用人們的這種好奇心，引起他們的注意與興趣，促使他們尋根究底，從而達到推銷的目的。

　　1931 年，著名京劇演員梅蘭芳，受上海丹桂戲院老闆之聘，到上海演出。雖然梅蘭芳在當時平津一帶，早已家喻戶曉，聞名遐邇，但慣聽滬劇和紹興戲的

上海人，對梅蘭芳是有些陌生的。梅蘭芳初次來上海演出，怎樣能更有效提高他在上海人心目中的聲望和地位，使演出獲得圓滿成功，從而提高上座率，謀取最好的票房價值？丹桂戲院的老闆十分聰明。他利用人們的好奇心理，用「製造懸念」的手段，不惜重金，將當時滬上一家有影響力的大報紙的頭版版面買下，用整個版面，一連三天，刊登了「梅蘭芳」三個大字。上海市民看到了報紙，十分驚奇，疑團滿腹：「梅蘭芳，莫不是舉行花卉展覽？」「莫非要出特大新聞？」一時之間，「梅蘭芳」三字，成了上海人街談巷議的主要話題。人們紛紛打電話去報社詢問，得到的答覆是「無可奉告」，這就是越發引起人們的懷疑。到了第四天，報紙頭版依然登著「梅蘭芳」三個大字，但在下面加了一行小字：「京劇名旦，假丹桂大戲院演出京劇《彩樓配》、《玉堂春》、《武典坡》。××日在××處售票；歡迎光臨。」三天來，人們的驚奇困惑消失了，轉為先睹為快的心理欲求，第一天的戲票被搶購一空。又由於梅蘭芳的卓越表演藝術，群眾為之傾倒。結果，梅蘭芳第一次來上海的演出獲得極大的成功，響滿滬上，演出場場爆滿，丹桂戲院也收到很好的經濟效益。

年輕貌美的漢娜，為一家出版社推銷《大英百科全書》，創造了令同行矚目的好成績。她總是在夫婦兩人同時在家的時候登門拜訪。見面之後，她把丈夫拉到一邊，盡量壓低聲音，述說《大英百科全書》的內容品質如何豐富可靠，說明購買此書的價值。妻子對漢娜的那副神態既覺詭祕又覺奇怪，用心傾聽所談內容，卻又聽不清楚；忍不住走過去問個明白。這時，漢娜又向妻子述說《大英百科全書》的內容豐富，品質可靠，以及購買此書的價值等等，並說明丈夫對購買此書的態度。就是這樣，妻子十有八九很爽快的答應漢娜的推銷要求，填寫了購買訂單。漢娜推銷《大英百科全書》，也是利用人們的好奇心理，故意放低聲音和丈夫談話，使妻子感到好奇，激起她的注意，喚起她的興趣，促使她趕在丈夫之前同意購買，從而達到銷售的目的。

「製造懸念」法，這是一種有心理學依據的巧妙的宣傳和推銷手法，是打動顧客的技巧和藝術。

「製造懸念」法是推銷人員具備的能力與技巧。

奇思妙想的「鬼」屋商店

一般的店鋪都是挑選個好地點，再選個黃道吉日開業，以求大展鴻圖，萬事順利。然而在日本偏偏有人挑選有「鬼」出現作怪、別人望而卻步的地方開店，而且還選定別人最忌諱的日子開業。這位先生就是當過火災保險公司經理的久保田一平。

某日，有個人前來對他說：「有一棟可以做為店鋪的房屋，價錢非常便宜，大約是時下價錢的三分之一，你有意買嗎？」

神戶市有很多人知道這棟房屋，但是沒有一個人敢買。這棟房屋發生過命案。聽說，還有鬼魂時常出現，十分陰森恐怖。

然而久保田卻有些心動了，「把它廉價買下後，動些腦筋，開個店，利用鬼魂出現的謠言好好宣傳一番，那麼一定是有利可圖的。」

不久，他果然孤注一擲的拿出退休金，把這棟房屋以廉價買下。

人家嘲笑他，而他卻默默的在準備開飲食店，他又選定 11 月 13 日星期五開幕。這天正是日本航空公司發生大空難的週年紀念，也是被日本人視為一年當中最不吉利的日子。這一天一般人都盡量不出門的。

開張那一天，這位不信鬼的仁兄明知沒有鬼，偏用「鬼」招商，就利用眾人信神怕鬼的心理大肆宣傳。他邀請了數百名親友來觀禮，又邀請五位道士前來唸經，大作捉妖、驅鬼的道法。

請道士捉妖、驅鬼的事十分吸引人。消息一傳開，不久就遠近皆知，引起社會各界人士的好奇，大家都紛紛前來一睹這個曾經鬧過鬼的飲食店的廬山真面目。就這樣，他熱熱鬧鬧開始做起生意，不知有多少人前來光顧。

7 年後，久保田已成了一個大財主，在神戶擁有 16 家分店。

吊足胃口的美女脫衣廣告

1981 年 9 月 1 日，剛從海濱度假村休假回來的一群法國公民開始上班了。突然，他們發現在他們的工作區四周，貼滿了 3 公尺長的大海報，一位穿著比基尼泳衣的漂亮女郎，雙手叉腰，向著來往的人微笑。身旁寫著：

「9 月 2 日，我把上面的脫掉！」

人們都等待 9 月 2 日的天明，這一夜似乎特別長。

第二天，上班的人發現海報上的女郎依然叉著腰微笑，但是「上面的」果真不見了，露出健美的胸部。女郎身旁又有一行新的說明：

「9 月 4 日，我把下面的脫去。」

人們開始竊竊私語，究竟是怎麼回事？新聞記者四處打聽，也探不到內情。

9 月 4 日，人們起得特別早，住處向著看板的人，一早便起來向外張望。映入人們眼簾的是一個轉了身的女郎，一絲不掛，她修長的身材在晨光中閃著健美的光芒。「下面的」果然沒有了，身旁寫道：

「美國海報廣告公司，說得到，做得到。」

這則海報竟使美國海報廣告公司家喻戶曉，名聲大噪，錢財滾滾而來。

第十五計 / 瞞天過海

寓廣告於電視劇的日航公司

許多電視觀眾至今仍記憶猶新的日本電視連續劇《空中小姐》，實際上是日本航空公司精心策劃的一個高級廣告。

《空中小姐》的情節再簡單不過了，貫穿始終的無非是一個顯然虛構的愛情故事：一群充滿青春活力的「空中小姐」實習生，加上一位嚴厲而又富有人情味的年輕教練為人物主體，他們在共同相處的環境中學習、訓練、發展友誼、產生愛情……編導緊緊抓住了觀眾的共同心理……經過精心加工的「永恆主題」是從來不會令人厭煩的。因此，劇中沒有直奔主題的嘮叨說教，沒有令人肉麻的調笑媚眼，觀眾只是順著一個跌宕起伏、悲歡離合的愛情故事津津有味的看下去，直到劇終。

然而，驀然回首，你會「啊」的一聲發現，日航公司的廣告竟無所不在，始終融會於電視劇的藝術過程：日航每一位普通的空中小姐都要受到幾十種嚴格、

苛刻、近乎殘酷的訓練，這種訓練甚至使最缺乏悟性、性格最懦弱的人都能被培養成出類拔萃的航班服務員。

本來，《空中小姐》這部「廣告電視劇」的廣告訴求，用一句話就能概括——「請搭乘日航班機」。但是，當這一訴求被賦予豐富的內容並進行藝術處理後，它就成為一種有形有色的感受進入觀眾的心：日航的世界一流服務品質不是吹牛的，它對服務人員的訓練品質是無可比擬的，因而它的服務品質同樣也是無可比擬的。這樣，如果哪位觀眾要乘坐國際航班，都一定會帶著希望享受這種服務的心理，和對《空中小姐》電視劇的親切感選擇日航的班機。至於「請搭乘日航班機」這句廣告訴求，連提都不必提。

日航公司利用一個美麗的故事把觀眾吸引住，藉電視為公司做宣傳真可謂別具一格。

積壓品搖身變為暢銷貨

有些積壓品成堆堆積著，無人問津，即使是降價處理，也沒有銷路。但如果能動動腦筋，在這些積壓品上作花樣文章，迎合人們的某種心理與需求，就完全可以變廢為寶。這樣，低價的產品變成了高價，其間的利潤極大，保證你能賺到一筆錢。

某針織廠的主要產品是男性汗衫，隨著生活方式的變化，這種老式的汗衫越來越無人問津了，到後來只有退休老人才穿它，因此人便稱其為「老頭衫」。

該廠的倉庫裡「老頭衫」積壓嚴重，以致發不出薪資給工人。他們想要轉型，但缺乏資金，困難重重，工廠面臨破產的境地。

這時，有位年輕的技術員提出一個建議：將積壓的白汗衫，在其後背和前胸部位印上一些美術字寫的句子，例如「朋友，請自尊」、「喂，別煩我」、「忍一步，海闊天空」等等。作如此小改，或許能打開銷路。她的理論根據是：年輕人有求奇求新的心態，而在衣服上印上漂亮的句子，正符合他們追求新奇的願望，這樣做，「老頭衫」有可能成為時裝衫。但是廠裡很多人不同意她的意見，認為款式不改變，僅印上幾個字想讓積壓品變暢銷，簡直是笑話。只有廠長很重視這

位年輕人的建議，決定先試印一小批投放市場。

很快，一批印有句子的汗衫投放市場了，美其名日「文化衫」。令人吃驚的是，銷售情況出乎意料的好。第一批文化衫上市備受青年人的青睞，成為熱銷貨，不久便被訂購一空。第二批、第三批印有句子的汗衫源源上市，大量傾銷，一時間老頭衫變成了時髦衫。風靡市場，以致掀起了一股文化衫熱。該廠倉庫裡的積壓品全部拋售一空，當年獲利達百萬元。

用「流行文化」作促銷「瞞天彩幕」，引渡積壓品「過海」，這招數雖簡單，但關鍵是有沒有經營者拿來為我所用。

形同死敵的背後

美國費城有兩家廉價貨商行 —— 紐約廉價貨商行和美國廉價貨商行，兩家正好是鄰居。有道是同行為冤家，兩家店主猶如死敵，他們之間經常爆發舌戰和價格戰。

當紐約商行窗口推出看板「廉價的愛爾蘭亞麻布床單僅有些小瑕疵，愛荷華州的貝蒂‧里巴太太（一個以挑剔聞名的人）都發現不了。絕對低價，每條6.5美元」兩小時後，街坊鄰居就看到美國商行的回擊，只見它的看板上寫道：「里巴太太就是戴上眼鏡也找不到毛病，我行的床單如同羅密歐配茱麗葉，十全十美，堪稱一流，每條僅售5.9美元。」兩位店主還經常到店外大吵大嚷，有時甚至拳腳相加，但最後總有一方軟下來，除指責對方太瘋狂、不講理外，自己則退避三舍。此時，顧客們便會潮水般湧進得勝的那家商行，買走床單、枕套和其他商品。

過了幾年，兩家商店相繼停止營業。新主人在清理房屋時，發現兩店之間有一條祕密通道，商店樓上兩位前店主的臥室之間還有一扇連接門。經過進一步調查，人們發現兩位狡點的「敵人」原是一對親兄弟，先前的那些爭吵、威脅和人格凌辱都是兄弟倆設計出來的「煙幕彈」。這種「瞞天過海」的目的是推銷其次等貨和滯銷商品，大賺其錢後，便變賣了房產，逃之夭夭了。

儒商智購景泰藍

　　香港景泰藍大王陳玉書有「儒商」之稱，他在功成名就之後，感慨萬端，筆走龍蛇，寫出自傳《商旅生涯不是夢》。他是一位印尼歸國華僑，1972 年開始遷入香港，成就了一番事業。

　　陳氏真正發達，是做景泰藍生意。平常除了賣景泰藍工藝品，還把景泰藍工藝運用在打火機、鋼筆、手錶、燈罩等日用品及常見禮品的製作上，生意時好時壞，僅能度日而已。突然在北京的好友，傳來一個驚人的消息：北京景泰藍，準備降價大清倉！若在平時，想打它個七折八折的，磨破嘴皮也難。他馬上直飛北京了解實際情況，發現按批發價足足有 1,000 萬元的貨物囤在倉庫裡。摸清底牌後，陳玉書大喜過望，但他不露聲色的進入了談判。他問北京工藝品公司的負責人：「如果我買 100 萬貨物，可以幾折賣給我？」對方回答：「八折」。「500 萬呢？」「七折。」「全買呢？」「六折。」「付現金買呢？」「可以對折。」陳玉書就這樣用「瞞天過海」的手法，輕而易舉的獲得了貨物，把北京的景泰藍倉庫搬到了香港，從而登上了世界的景泰藍大王的寶座。

「以高襯低」的經營手段

　　有一家地處僻靜小街的服裝店，該店有兩個門面，服裝的品種不少，也趕得上潮流，價格適中。可是這一切都不能使得這家店的生意興隆起來。原因是服裝業同行太多，競爭太激烈，而這家服裝店的地理位置先天不足。要使生意興隆，非得有特殊的促銷方法不可！這家服裝店的馬老闆挖空心思尋找妙計。終於想出了一個計策。

　　一天，幾家報紙同時登出一則廣告：佳麗服裝店新近進了一批超豪華男女服裝，一經著身，頓使你擁有貴族風度。每件價格 5,300 元至 3,200 元不等。像一顆炸彈引爆一樣，使當地人為之咋舌。為了一睹超豪華服裝的風采，眾多人以及來旅遊的外地人都慕名紛紛擁向佳麗服裝店以飽眼福。僻靜的小街喧鬧起來。

　　在馬老闆的精心布置下，小店已裝潢得金碧輝煌。店的一邊掛著超豪華服裝，真絲手工繡花女式套裝，男式毛料西服套服，款式新穎，做工精緻，用料

考究，確是高級服裝，但不管如何高級也難值 5,300 元啊！客人們露出懷疑的眼光。5,300 元，對於收入頗豐的當地人來說也不是一筆小數目，於是超豪華服裝成了展覽品。店鋪的另一邊，與超豪華服裝面對的衣架上掛滿了仿名牌服裝，其中也有仿製超豪華的服裝，款式與對面掛著的 5,300 元、3,200 元一套的服裝一個樣，只是用料、做工遜色一些，但一眼看去也能以假亂真，而這種仿製品的價格只是真品的零頭，每套 300 元至 200 元。

那些慕名前來參觀超豪華服裝的人飽了眼福後，都順便在不大的店內轉了一圈，幾乎大多數來者看了仿製品後都萌發了購買欲，與超豪華真品相比，這些仿製品實在太便宜了，帶一套仿製品回去，也不枉走一趟。仿製超豪華服裝很快脫銷，最高紀錄是女式仿超豪華套裝每天售出 2,500 多套，男式西裝每天售出 2,000 餘套。名不見經傳的小小佳麗店從此名震當地服裝銷售界。

經營中運用了常人不易想到「高價襯托」法，並因此發了財。「高價襯托」法的妙用並非為了某項商品能出售謀利，而是以此勾起消費者的好奇心，從而達到招徠顧客的目的；同時「高價襯托」法又發揮了襯托一般商品價格的作用，與高價的商品相比，一般商品的價格就顯得不足道了。

用「高價襯托」來瞞天，透過一家店兩門面的一唱一和，達到了過海的目的，仿製品店日進斗金是順理成章的事。

醉翁之意不在酒的音樂教育

1950 年，川上擔任日本樂器公司的董事長。他認為，要在競爭激烈的企業戰中求勝，就必須先鋪好制勝的路。

川上曾一度異常熱衷於開辦山葉音樂教室，做積極的推廣，收了數百名學生，且為這個教育意味濃厚的事業投入 20 多億元的資金，這是一項虧本的事業，但是川上仍持續不輟的原因何在？

川上極力主張這是一項純粹推行音樂教育的事業，希望不要沾上商業色彩，所以聲明在課堂上，絕不做山葉樂器的宣傳。

雖然講師在課堂上絕不做山葉樂器的宣傳，但是他們會將學員名單送到

日本樂器公司業務員的手中，很顯然，這些名單就成為所有業務員促銷的主要對象了。

而且，電子琴的教育課程是由音樂振興會（山葉財團的一部分）編排的，課堂內容如果不用山葉的電子琴就無法彈奏出來，而等級越高的班級，越需要用山葉的樂器才能演奏出符合該階層的水準。

所以，川上表面上雖然對外宣稱純粹是音樂事業，實際上卻對日本樂器公司裨益良多。

川上先在音樂教室鋪好通往成功的途徑，巧用「瞞天過海」，實在是老謀深算的贏家。

第十六計／明星效應

明星舊衣商店

全世界影視明星燦若銀河，明星們演出時所穿的衣服更是數不勝數，而這些衣服，明星們演出過後就都沉睡在衣櫥裡，好不可惜。

美國好萊塢的女明星蘇西看到這些東西，她想世人崇尚明星，如果把它出售，一定會有不少明星的崇拜者願意買去作紀念或穿用的。於是她就在洛杉磯大膽開創了一家明星舊衣專賣店，取名為「天邊的星星」。

這個商店外觀並不太起眼，但人們踏進去，四處金碧輝煌，大幅的劇照，配以實物 —— 劇照中明星們所穿戴的各種衣物 —— 全是一些巨星們的行頭，非常吸引人。

在她的店裡，明星的崇拜者們絡繹不絕。

有的粉絲甚至專程從外地趕來，指名要買某某在某劇中所穿的某件衣裳，不論成色。蘇西也不抬價，以分享顧客購得的快樂為樂。這真是一樁富有詩意的浪漫經營。

蘇西化廢為寶，給予仰慕者喜悅，而她又從中獲得了可觀的收益。

蘇西本身作為好萊塢的明星，得到一些明星用過的舊衣服只不過是舉手之勞。然而這舉手之勞滿足了眾多追星族的需要，也為她本人帶來了極大的成功。

明星效應帶來滾滾財源

所謂明星效應法，就是利用人們所熟悉和崇拜的名人、明星的聲譽和愛好，與所經營的產品或服務項目的種種關係，來引起購買者和顧客的注意與興趣，促使成交，擴大銷售的方法。

為什麼名人和明星會有這種作用呢？這是因為，在現實生活中，人們常常會產生一種認知偏差的傾向。當人們對某個人或某件物品有了整體上的好感之後，就會對這個人或物品的缺點「視而不見」。人們認知中的這種現象會影響他們對事物本身的正確認識，出於對名人明星的崇拜心理，做出一些超出正常思維範圍的決策。

例如：

倫敦一家曾經門可羅雀的珠寶店，為了擺脫岌岌可危的困境，利用人們對黛安娜仰慕、傾倒的心理，對顧客們介紹說：「這是黛安娜王妃前天選購的那種項鍊。我想，你一定也喜歡它。」那些「愛屋及烏」的黛安娜迷們，立刻搶購「黛安娜王妃」所賞識的首飾。老闆滿面春風，親臨櫃檯，面帶微笑，熱情的為每位太太和小姐介紹「黛安娜王妃」喜歡並購買的那種項鍊，那些愛趕時髦的「黛安娜」迷蜂擁而至，使得一家珠寶店一時門庭若市，車水馬龍。僅幾天的營業額就超過了開業以來的總營業額，發了一筆大財。

明星效應法是一種很有效的方法。但是，使用這種方法應當注意所提到的明星，必須是大眾公認的。而他確實與產品相關，只有這樣才能真正發揮引起注意和興趣的效果。如果這種方法使用不當，也就是說，如果你所提到的明星是過時的或者與你推銷的產品關係很牽強附會的話，只能引起顧客的反感和否認，從而因此影響銷售量。

布希總統騎上腳踏車

企業積極發展和培育與名人的關係，巧妙的利用名人的知名度展開商品推銷工作，已被大多數企業所熟悉。一般來說，社會上的各種名人都有許多的崇拜者，名人的舉手投足，穿衣戴帽等都是崇拜者追求的目標。同時，名人的活動又具有很大的新聞性，更具宣傳媒介價值。因此，與名人有關聯的產品常常會有較好的銷路。

不少人知道布希夫婦喜歡騎腳踏車，有次，布希造訪某國，某國決定選送腳踏車。當布希夫婦收到兩輛腳踏車時，他們非常高興。布希還跨上腳踏車騎了起來。這個情景被 130 家報紙做了報導。不久，一些外商專程前往該國看樣訂貨，法國一家公司一下子訂了 3 萬輛。送腳踏車獲得了宣傳、推銷雙重最佳效益。

英國王室為 SONY 增輝

SONY 公司董事長盛田昭夫，利用一次天賜良機，成了威爾斯親王等英國王室顯貴的座上賓。

1970 年，英國威爾斯親王到日本參加國際博覽會，英國大使館託 SONY 公司在親王的套房裡安裝一臺電視機。SONY 公司以其高品質的服務使親王大為滿意。

在使館舉辦的招待會上，盛田昭夫經人介紹認識了親王。親王對 SONY 公司提供的方便深表感謝，並提議若盛田昭夫決定在英國開辦工廠，不要忘記設在親王的領地上。

不久盛田昭夫果然去了英國。經過調查了解，他決定把企業擴展到這裡。在公司的開工盛典上，盛田昭夫請威爾斯親王大駕光臨。為了感謝親王的光顧，他讓人在廠門口樹起了一塊紀念區，以示永遠銘記。

1980 年代伊始，這家工廠決定擴大生產，盛田昭夫再次邀請威爾斯親王前來助興。親王因排程已滿，派黛安娜王妃前往。王妃此時正有孕在身，盛田昭夫更是鞍前馬後照顧周到，讓王妃巡視工廠時戴上了工作帽，帽子上卻用大字寫上「SONY」字樣。

隨著攝影師的拍照聲，英國各界和世界各地都知道 —— 王妃參觀了SONY在英國的分廠。

從此以後，世界各地到此一遊者，都可以透過「匾」和「照片」了解SONY公司的歷史，活生生的再現其主人與英國王室的友誼，如此一來，對王室的尊重不就帶給了SONY嗎？

就這樣，SONY公司藉英國王室成功的進入了英國市場。

深諳明星效應的時裝公司

巴黎各大高級時裝公司每天都在電視上做「活廣告」，這「廣告」就穿在每一位節目主持人的身上。

活躍在法國電視臺的明星們的「包裝」，幾乎全部被巴黎的時裝公司承包下來：有「歌壇夜鶯」之稱的女高音出現在電視晚會上，必定身著皮爾卡登的最新款式服裝，近來名聲大振的女明星喜歡穿伊夫‧聖羅蘭的套裝來主持電視新節目，著名女記者安娜則由巴黎最負盛名的Dior公司為她安排出場的禮服。男明星們也不例外：最受歡迎的電視新聞節目主持人在主持「星期二辯論」節目時，穿著Lanvin的新款套裝顯得格外瀟灑……。

幾乎法國所有知名度高的電視明星全都有固定的時裝公司為自己設計和製作服裝，而巴黎30多家著名的時裝公司，都有專門的預算撥款為活躍在螢幕上的明星們治裝，有的公司還派出公關人員四處打探、尋找正在走紅的新秀，為之提供服務。

時裝公司對電視明星們如此慷慨，當然不是沒有所圖。對公司來說，主持人在節目中向觀眾提一句自己的服裝是由誰提供的，這就足夠了。而且很多電視節目也必定在結束時，特別註明某某公司向本節目中的演員提供了全套服裝。

第十七計 / 以名求利

動聽的商標易於進入市場

商標策略代表了一種商品的品質、信譽、知名度，人們選購商品，往往先看商標。對於出口商品，商標選擇是否適當，直接影響在國外市場的競爭力。

如果將出口商品在當地市場使用的商標直接音譯或意譯成外文，有可能造成誤會，鬧出笑話，從而影響出口量。

選擇出口商標一定要根據外國消費者的實際情況來考慮。下面舉例說明：

借用國外的名牌商標，推銷自己的產品，這是上上策。有的企業想出一個好辦法，與國外的企業聯合銷售，掛他們的名牌商標。然後分一部分利潤給他們，事實證明這個方法很靈驗。例如，新加坡的家電產品是借用荷蘭「飛利浦」商標來銷售的；南韓的電子產品是借日本的「日立」、「松下」、「東芝」及美國的名牌商標來銷售的。利用國外著名商標來銷售自己的產品，除了能促進產品的銷售外，還可以避免進口國的貿易保護主義的衝擊。

選擇一個受進口國人們喜愛的洋名商標，也能產生較好的效果。例如臺灣光男企業生產「光男」商標網球拍，當出口美國時，就取了一個具有美國特色的商標名「Kennex」（肯尼士），這個產品後來暢銷歐美。後來到香港推銷時，商標採用了音譯中文名字「肯尼士」，這個譯音頗具洋味，以致許多人誤認為是歐美名牌商品，在香港贏得了市場。

在選擇出口產品商標時，要做到入境隨俗。各國的歷史地理、傳統文化、風俗習慣都相去甚遠，同一個商標圖案、色彩的含義，在各國會產生不同的意思，有時甚至意義相反。例如很多商品都以熊貓為商標，可是伊斯蘭教的國家卻禁止熊貓商標的商品進口，原因是熊貓的形象是禁物。又譬如在東南亞，黃色被視為高貴的顏色，皇室的御用物常常用黃色的，可是這種顏色在信仰回教和基督教的國家裡，卻被視作死亡的象徵。可見，選擇出口產品的商標時，務必要尊重不同國家和民族的風俗習慣。如果用他們忌諱的東西作商標，勢必會使銷售失敗。

美國的可口可樂公司在選擇出口產品的商標時是很有策略的。例如他們的產品進入我們的市場時，選擇了合適的商標名稱「雪碧」。「雪碧」在夏季給人未嘗先涼的效果。可是，其英文商標是「sprite」，意為「妖精」。「妖精」在西方並無貶意，但是中文商標以「妖精」為名卻不能讓人有好感，可口可樂公司深知這一點文化背景，所以另選商標，打開了市場。

以上舉例的出口產品商標都是根據進口國的實際情況另選的。其實對有些出口產品的商標也可以採用意譯或音譯的策略，只要能適合進口國的特色就行。此外，在選擇出口產品商標時還要注意譯文不要太長，盡量簡短、易記、動聽。

以贊助打開市場的 NEC 公司

企業經營與體育事業並無直接的業務關聯，然而隨著體育運動的普及，體育比賽對公眾的吸引力逐漸轉化為諸多工商業獲利的資本。將產品與體育掛鉤，或贊助體育事業，會使企業收到事半功倍的效果。

生產電子電腦及家用電器的日本電氣公司（(NEC)，雖說也是一家老企業，但在國際上的知名度最初也很低，與日立、東芝公司相比，其產品只能在日本國內銷售，大大影響了效益。

為了擴大企業知名度，該公司從 1982 年起開始贊助國際體育比賽，希冀藉國際知名運動隊的大名來壯自己之威。首先他們贊助了大衛斯杯國際網球公開賽，這項世界大賽將該公司的名字傳遍給世界各地的客戶，讓人們留下了財大氣粗的印象，這一年，他們的銷售量上升了 10%。

此後，該公司還贊助了國際女子職業網球聯合會賽，上海國際女子馬拉松比賽，成為英國愛華頓足球隊的贊助者。為此，他們每年耗費 10 億日幣，但是從 1982 年開始的 3 年時間裡，其營業額卻淨增 5,000 億日幣。

日本 NEC 電氣公司透過贊助體育事業，達到提高企業知名度和擴大產品銷路，獲得了良好的效果。

營造品牌優勢

據我們對 IBM 公司、雀巢咖啡、豐田、通用、健力寶等品牌的研究，名牌可以具體的表述為：名牌是優勢強大的「優勢品牌」。因而要創建名牌與發展名牌關鍵在於形成「優勢品牌」，以及在此基礎上，維護與強化「優勢品牌」。

1. **優勢品牌**。是指一個品牌與其他品牌相比所表現出來的，與社會大眾、客戶、競爭對手，上下游企業關係方面所具有的一系列有利條件。顯然「優勢」是相對的，因而「優勢」可分為強大優勢、一般優勢、沒有優勢等幾種形式，其中「名牌」就是具有「強大優勢」的優勢品牌。「優勢品牌」不但是一個相對的概念，而且是一種「關係優勢」即在各方面關係上所表現出來的有利條件。品牌的「關係優勢」主要展現在：

①　與客戶關係，優勢品牌的顧客忠誠度較高，容易得到顧客的信賴與支持。

②　與社會大眾的關係：優勢品牌的社會形象較好，容易在社會大眾中推廣，並受到大眾的保護。

③　與競爭對手的關係：優勢品牌就是在同等條件下，比別的品牌賣得多、賣得快、賣得價格高。

④　與上下游企業的關係：極易得到上下游企業的支持與合作，而且在合作中極易處於有利地位。

任何企業在其成長初期的一定時期內，若不能形成優勢，則在今後的較長時期的發展中，會遇到一定的不利條件，從而不利於創建名牌與發展名牌。因此，任何企業必須爭取儘早的創出品牌優勢，形成「優勢品牌」。

2. **品牌優勢的創造**。要創造品牌優勢，必須要做好以下幾個方面的工作：

①　創造鮮明的品牌特色。這裡的特色可能有多種形式，如工藝配方特色、技術先進特色、品質特色、服務特色、經營策略特色、資源特色、包裝特色等。企業可據自身特點和實際情況，選擇自己的特色。

② 堅持「先謀勢，後謀利」。只要有了「勢」，不但創建名牌與發展名
　 牌有了前提條件，而且「利」自然會「滾滾而來」。若先謀利、後謀
　 勢，則只能保證目前效益，而不一定能保證長遠發展，更不用說創
　 建名牌與發展名牌。

③ 採取合理有效的品牌擴張策略與品牌發展策略。在制定品牌擴張、
　 品牌發展策略上，一方面必須要對現有品牌的情勢進行分析；另一
　 方面必須結合品牌情勢和企業實力制定合理的策略。既不能一味的
　 強調廣告宣傳，也不能片面強調服務。採用什麼行銷組合策略，必
　 須要「先分析，後確定」。

④ 要避免出現重大失誤。在品牌經營中，若有重大失誤必然會影響企
　 業形象以及品牌形象，從而必然會影響到品牌優勢。

⑤ 要樹立「顧客第一」的觀念。不但要有「顧客第一」的觀念，而且要
　 努力採取措施提高顧客的滿意度，正確對待顧客的不滿。所以必須
　 注重品質及全面系統的顧客服務。

⑥ 培育有特色的企業文化。企業文化是企業經營的靈魂，是實施品牌
　 經營戰略的精神動力和精神支柱。因而，要實施品牌經營策略必須
　 注意培育有特色的企業文化。

⑦ 要追求企業規模的擴大和實力的增加。只有規模與實力達到一定
　 的程度，才有可能在激烈的競爭中贏得優勢，提高顧客的品牌
　 忠誠度。

　3. **品牌優勢的強化**。根據名牌的發展規律，不但要營造品牌優勢，而且要
強化品牌優勢。在強化品牌優勢時，可供選擇的策略有擴張策略、發展策略和對
抗策略。擴張策略，是指透過「量」的方面的擴張來強化優勢的策略。如擴大規
模、擴大廣告宣傳、增加產品即多元化經營等策略。這種策略主要適用於品牌
優勢較小的品牌。發展策略，是指透過「質」方面的提高來強化優勢的策略。例
如，改進技術、改善服務、提高管理水準、提高員工團隊素養等。這種策略主要
適用於有一定的品牌優勢但品牌實力相對較低的品牌。對抗策略，是指根據競爭

對手的策略，有針對性的採取措施的策略。例如，避實就虛、人無我有、人有我優、以新制勝、以快制勝等策略。其實質就是根據競爭對手及其措施來表現優勢的一種策略。這種策略任何品牌都可以運用。

　　當然，在選擇了上述整體策略以後，還要結合品牌的情勢分析，制定具體可行的策略，而且，為了保證策略運用的連貫性，還要結合品牌優勢創造中所採取的一系列策略。

打造名牌產品，創立名牌企業

　　公關活動藝術的基本職能是：樹立企業信譽，塑造企業形象。在現代激烈的市場競爭中，公關活動的主要任務之一就是貫徹企業名牌戰略，為企業形象和產品形象做廣泛宣傳。

1. 新、奇、特、優，獨樹一幟。

　　名牌產品，應當是集新、奇、特、優於一體的產品。獨樹一幟的去設計企業產品，服務消費者，滿足消費者需求，已成為今天企業生產中須臾不可分離的宗旨。

　　新：現代生活日新月異，變幻莫測，現代企業的生產經營活動必須符合快節奏的生活步伐，在以「一業為主，多種經營」的指導方針下，不斷推出新產品，以滿足人們不斷變化的新需求。

　　奇：產品要以奇制勝。藥有奇效，食有奇味，物有奇用，出奇制勝是正確把握人們「獵奇」心理的經營策略思想，把具有新奇特色的產品適時的推向市場，並且得到消費者的認可是公關活動的藝術之一。

　　特：產品應有自己的特色。尤其在擁有悠久歷史的國家，各種土特產品更不勝枚舉。在現代企業經營中，更要注意發揮當地土特產品的文化優勢、名人效應，使古老的產品品種煥發出現代文明之光。

　　優：是指同樣價格的產品，品質居於上乘。「優」並非是狹義的「好」，只要能使顧客滿意的便是優，只要能最大限度滿足消費者使用目的的便是優。

2. 雁來先聲，名揚四方。

一個企業有了主打產品，就完成公關活動任務的一半，另一半就是要在高層次上創立名牌企業。俗話說：「雁來先聲，人過留名。」就是說產品未到，企業先聲奪人，產品在消費者期望中誕生。這是一種高階的公關活動藝術。

關愛之心奠定事業基礎

做生意最重要的是給人產生好感，並不是你的風度翩翩且英俊的外表或是漂亮的容貌給予他人的好感，而是對人親切，對人關懷給人的好感。從心底發出來的真誠的微笑，乾淨的衣服、寧靜的能接納別人意見的雅量等等。這些雖然重要，但是更重要的是有能對人關懷的愛心。如果有對人關懷之心，縱然存在別的諸如沒本錢等缺點，你的生意也一定會欣欣向榮的。如果你有別的全部優點，在力求事業上盡善盡美，但沒有對人關懷之心，你的事業就難以拓展，很難成功了。有很多人拚命努力，但都是為了自己的幸福，想讓自己往後的日子及後代子孫榮華富貴。這種自私自利的觀念是大錯特錯了。做生意賺錢並不是為了自己的享受，而是犧牲自己幫助別人對社會有所貢獻，這才是人生最大的享受、最大的幸福。

大倉喜八郎就有這種恢宏的氣度和正確的觀念，所以他年紀輕輕就成為明治時代名重一時的大人物了。

他18歲時來到東京當小店員，21歲自力開了一家小海產店。一年後，東京發生大饑荒，政府便運米到大倉所住的地區救濟災民。災民便爭先恐後排起長龍等候領取救濟米，大倉卻一個人站在旁邊看熱鬧。

有人大覺詫異，便問道：「你為什麼不排隊呢？」

他回答說：「我並不是叫化子呀！」

更難能可貴的是，這位小夥子突然大叫：「我店裡的東西，全部送給你們，你們隨便拿好了。」

想不到在大饑荒的此刻，搶奪也在所難免時，居然也有這種甘願犧牲自己的人，也有這種像天外飛來的好事。

大批的群眾遲疑了一下，就一窩蜂擁進大倉的小店，展開一場激烈爭奪戰。

大倉站在店前看著自己以血汗換來的商品被人搶走，不但一點都不惋惜，反而神采飛揚，沾沾自喜。

20多歲的人就有這樣的胸襟，真令人佩服得五體投地。

當他再從頭做起時，大家對他的為人敬佩有加，他的聲名已遠播。人家看他像一顆光芒四射的寶石似的。因此，生意之好，確是前所未有，不久就奠下了開創大事業的基礎。

確切的說，大倉有目光深遠的商業頭腦，「捨小利圖大財」的深謀遠慮。

「茉莉花」茶改名暢銷南洋

「茉莉花茶」傾銷歐美，在東南亞卻不受歡迎，原來茉莉花與「沒利」諧音，當地人很忌諱。

精明的推銷商靈機一動，替茉字添上兩點，改成萊字後，與「來利」諧音，銷路立即大暢。一字之改，舉手之勞，但在市場競爭的激流裡，此舉如小舟掉頭，由逆轉順。因勢乘便，妙不可言。

一道菜取不同名，有雲泥之別

在商品行銷活動中商品名字的好壞，是會直接影響到銷售效果的。

有位貿易公司的經理曾在一家酒樓宴請幾位港商，特意點了一道「柴把雞」，好讓大家嘗嘗當地菜的風味，不料這道菜的命名卻令港商大倒胃口。他們懷疑的問道：「什麼『柴把雞』？」有類似疑慮的還不乏其人，所以，儘管「柴把雞」肉嫩可口，湯鮮味美，然而食者寥寥。後來，這家酒樓的經營者總結經驗，發現「柴把雞」銷售不佳的原因就在菜名上面。於是，就醞釀替這道菜重新命名。他們注意到，大家都喜歡吉祥用語，講究生財之道，經理說：「我們何不投其所好，把菜名改叫『抱財雞』哩！」大家一致叫好。這一改確實奏效，同是一樣的菜式，「抱財雞」日銷量比「柴把雞」成倍的增長。明智的經營者應善於在暫時失利或受挫的情況下，捕捉機會，藉一切可以利用易於控制的事物來達到轉

敗為勝。

賠本賣膏藥的奧妙

日本已故的松戶市市長松本清，曾經是個生意人，他以開創「馬上辦服務中心」而名噪一時。他還擁有許多家連鎖的藥局，他將藥局的店名稱為「創新藥局」。

松本先生曾將當時售價 200 元的膏藥，以 80 元賣出。由於 80 元的價格實在太便宜了，所以「創新藥局」生意興隆，門庭若市。他以不顧賠血本的方式銷售膏藥，膏藥的銷售量越來越大，赤字也越來越高。但是，整個藥局的經營卻出現了前所未有的盈餘。因為，前來購買膏藥的人，幾乎都會順便買些其他藥品，這些藥品當然是有利可圖的。靠著其他藥品的利益，不但得以彌補了膏藥的虧損，同時也使「創新藥局」的生意做得有聲有色。

第十八計／無中生有

以訴訟為名，行揚名之實

1945 年，雷諾為一樁生意來到阿根廷，無意中看到了一種在美國還無人知道的新奇產品──圓珠筆，而且得到美國篤利製筆公司已經購買了在美國生產這種筆的專利權，雷諾買了幾支帶回國。一到芝加哥，他就請一位工程師幫他設計了一種新型的、利用地心引力自動輸送墨水的圓珠筆。

雷諾深知篤利公司規模龐大，一件新產品要經過許多機構，方能推向市場，自己必須抓住時機爭取捷足先登。於是他舉著自己這支唯一的圓珠筆到紐約金貝爾百貨公司拜訪，他使出渾身解數向該公司宣傳，推銷十分成功，該公司一次就訂購了 2,500 支。金貝爾百貨公司銷售雷諾圓珠筆這一天，顧客反應之強烈震驚了整個零售業，該公司被迫請 50 名警察來維持秩序。而雷諾接到 2,500 支訂單後，又到金貝爾公司的競爭對手梅西百貨公司那裡去登門宣傳，又接到一大筆訂

貨。成本只有 0.8 美元的圓珠筆售價高達 12.5 美元，利潤十分可觀。

在推銷圓珠筆時，雷諾擔心有人還不知道這種筆問世，想擴大宣傳而又缺乏人力財力，雷諾就決定利用法院來「宣傳」。毫無根據的向法院起訴兩家大製筆公司 —— 篤利公司和愛發公司違反了反托拉斯法，因為這兩家公司想方設法的阻撓雷諾公司生產和試銷自己的圓珠筆，要求賠償 100 萬美元。這兩家公司很快提出反控告，許多報紙都報導了這一消息，最後案子不了了之，唯有雷諾達到了宣傳目的。

雷諾確實在是位再精明不過的商人，發明創意時能「無中生有」，操作廣告時也「無中生有」，這樣，又何愁賺不到大錢呢？

靈感中誕生的「米奇」

在我們日常的工作、生活中，常常產生靈感，這些靈感往往是一閃即過，沒有產生什麼價值。其實，捕捉靈感，從靈感中尋求創意是一些創業者創業成功的靈丹妙藥。

下面幾則事例，可供你創業時觸類旁通，可能會給你提供幫助。

迪士尼夫婦因貧窮付不起房租，被房東趕出公寓。這對年輕夫婦坐在公園的長椅上為前途發愁。這時，迪士尼的行李裡，伸出一個小腦袋，原來他平時喜愛的鼷鼠隨他一起搬出了公寓。

迪士尼心動了，他想在世界上像他們這樣窮困潦倒的人，誰不喜歡此刻鼷鼠的可愛模樣呢？如果把牠畫出來，肯定能撫慰人們的心靈。

全世界的人都熟悉的「米奇」正是在這一時刻誕生的。

一隻鼷鼠使迪士尼產生靈感，經過創意，獲得了成功，也使他譽滿全球，成為世界上知名的富翁。

一口熱湯，池田菊苗博士晚餐時用筷子下意識的攪了攪熱湯，喝了一口，抬頭問夫人：「嗯，味道鮮美，用了什麼佐料？」「今天的湯是用海帶熬的。」孩子插嘴。

「爸爸，海帶為什麼有鮮味？」

博士開始思索鮮味何來，自此博士分析海帶成分，發現了「麩胺酸鈉」是鮮味的奧妙所在。一口海帶湯導致味精出現於市場。

日本御木幸吉先生率領滿載烏龜的大船，向大洋彼岸出發，不料途遇風暴，抵港時所有的烏龜已爛，發財的美夢頓時破滅。

前景渺茫，他獨自佇立在海濱，兩位當地人的對話聲傳入耳中。原來他們正在做珍珠交易。他靈機一動，小小珍珠比我成船的烏龜還貴重啊……物以稀為貴……天然珍珠自然有限……為什麼不用人工繁殖珍珠……。

他立即開始尋訪父老，打聽到當地一帶有把佛像放入珍珠貝裡，製造佛像珍珠的故事，他就專心研究起珍珠產生的原理。終於，他找到了將玻璃塞入珠母貝中養殖珍珠的最好辦法。

一動靈機，使他邁向了「世界珍珠大王」的目標。

虛無廣告害人害己

廣告在產品和商品推銷中發揮著積極的作用，這是眾人皆知的。因此，許多商人挖空心思的在廣告中大作文章，有的無限吹噓，有的名不副實，有的掛羊頭賣狗肉，以誆騙廣大消費者。一家電視機廠，掛著香港某公司的牌子，大做廣告，說是外表造型新穎，內在品質敢與日本三大電器公司媲美，而且價格只有日本同樣規格電視的三分之二。這麼好的事，當然被搶購一空，但當顧客抱回家時，色彩不盡人意，音響失真。相關部門對此進行了抽檢，結果發現大量的問題，許多項目超過規定標準，而且輻射線有害人體健康。顧客大呼上當，紛紛要求退貨、換貨，使這家公司很長一段時間陷入危機之中。

在廣告中耍花招的大有人在。一些廠商盡力吹噓自己有名牌產品，可到處也買不著，其目的是推出牌子，兜售其他產品罷了。有的廠商更絕，他們打出廣告，讓人去買，但真要買時，便附加了條件，甚至要搭售其他商品，弄得顧客可望而不可及，耿耿於懷，憤然離去。還有苗條霜、生長素等，又貴又沒有什麼效果，消費者受到廣告的影響，爭相搶購，用了一罐又一罐，吃了一瓶又一瓶，到後來還是那麼胖，還是那麼矮，結果光顧的人就無影無蹤了。

大家常常說，消費者是上帝，作為商人就是要對顧客以誠相待，不能欺騙顧客，一旦顧客受到詆騙，將來包準不會上你的商店去買東西，那你就斷路了。所以，不論是什麼樣的廣告，都不能誇大其辭，矇騙廣大消費者，那樣只會得不償失。

眼光獨到，海報貼進洗手間

在廣告公司遍地開花的今天，誰想在這方面有所作為，就必須別出心裁，敢做別人不曾做過的事情。這對於勢力不夠強大的小公司來說尤其重要。

現在電視、電臺，甚至報紙雜誌刊登廣告，效力不夠大，竟把宣傳海報貼在洗手間內。乍看這像是一個「鬼主意」，但是對於經營廣告公司的理查來說，這是一條花小錢謀大利的財路，有助公司向前跨越一大步。嘗試別人不曾做過的事情，衝破萬難，終於向別人證明：說我鋌而走險，盲目冒進？我才是最具生意眼光的人。

理查是一家廣告公司的創辦人，雖然開業不過兩年，但業務蒸蒸日上，為同業一致公認最具潛力的公司。他今年不過 20 多歲，卻是一名天生的商業奇才，靈光一閃，隨時都會引發生意頭腦，替公司帶來可觀的利潤。

創辦廣告公司要時常研究廣告宣傳的策略，因為要引起人的注意，無論在海報設計或設置的地方上，它都必須與眾不同。

有一天，理查在一間餐廳等候進洗手間時，突然發現裡面的牆壁什麼也沒有掛貼，多麼浪費空間。其實人在洗手間裡，往往是心情最輕鬆的時候，如果牆上出現任何廣告，人們也樂意駐足細看，對於商品之宣傳，極為有效。理查認為機不可失，到處遊說客戶讓他把商品之宣傳海報張貼到洗手間裡，把它們設計得極為優雅，一張張整齊排列，令洗手間也生色不少呢！理查說：「向飯店、餐廳、夜店、航空公司等負責人租借他們的洗手間張貼廣告海報，根本毫不費力。他們做夢也沒有想到這個地方也能夠生財，出租洗手間自是求之不得。」由於消費者對這些「有趣」的廣告反應良好，奠定了理查事業的基礎，過去一年他賺得純利65 萬美元。

真是處處留心皆金錢，問題就是你有沒有具備有心人的素養。

「椰菜娃娃」寓情於物

1984 年耶誕節前夕，儘管美國不少城市朔風刺骨，寒氣逼人，但玩具商店門前卻通宵達旦的排起了長龍。人們心中都有一個美好的願望，能夠「領養」到一個身長 40 多公分的「椰菜娃娃」。

「領養」娃娃怎麼會到玩具店去呢？

其實，「椰菜娃娃」是一種獨具風貌、富有魅力的玩具。她是美國奧爾康公司總經理羅伯士創造的。

透過市場調研，羅伯士了解到，歐美玩具市場的需求正由「電子型」、「益智型」轉向「溫情型」，他當機立斷，設計出了別具一格的「椰菜娃娃」玩具。

與以往的洋娃娃不同，以先進電腦技術設計出來的「椰菜娃娃」千人千面，有著不同的髮型、髮色、容貌，不同的鞋襪、服裝、飾物，這就滿足了人們對個性化商品的要求。

另外，「椰菜娃娃」的成功，還有其深刻的社會原因。離婚給兒童造成創傷，也使得不到孩子撫養權的一方失去感情的寄託。而「椰菜娃娃」正好填補了這個感情的空白。這使它不僅受兒童們的歡迎，而且在中年婦女中也很暢銷。

羅伯士抓住了人們的心理大作文章，別出心裁的把銷售玩具變成了「領養娃娃」，把「椰菜娃娃」變成了人們心目中有生命的嬰兒。

奧爾康公司每生產一個娃娃，都要在娃娃身上附有出生證、姓名、手印、腳印、臀部外蓋有「接生人員」的印章。顧客領養時，要莊嚴的簽署「領養證」。以確立「養子與養父母」的關係。

此後，羅伯士又做出一個有創造性的決定。「配套成龍」——銷售與「椰菜娃娃」相關的商品，包括娃娃用的床單、尿布、推車、背包，以及各種玩具。

「領養」「椰菜娃娃」的顧客既然把它作為真正的嬰孩與感情的寄託，當然把購買娃娃用品看成必不可少的事情。

這樣一來，奧爾康公司的銷售額大幅度成長。

奧爾康公司靠發揮自己的想像力，虛構了惹人喜愛的「椰菜娃娃」。當「椰菜娃娃」成了搖錢樹，它又引發了一系列相關產品的誕生。「無中生有」，使得奧爾康公司受益無窮。

「香頁」廣告魅力不可擋

在美國，自從一家公司以雜誌廣告上的「香頁」來做香水廣告後，已有十幾家廠商仿效，使自 1980 年下跌的香水銷量在過去五年間上升。

這些香頁通常夾在婦女雜誌和家庭、裝飾之類的雜誌當中。其方法是在明信片大小的廣告頁上，鋪上許許多多的微細香油滴，再用特製的方法使油滴不會裂開溢出。撕開廣告，便有該牌號的香水飄出，濃淡相宜，十分誘人。香頁上印有幾百個免費電話，只要打電話去，香水就可以寄來，費用計入信用卡中。香頁宣傳香水的方法使一些非香水行業受到啟發，不久前，勞斯萊斯汽車在《建築文摘》上刊出了香頁廣告，香頁裡傳出的是該車車座上的真皮氣味。廣告刊出後，詢問該公司的電話增加了四倍多。這一事例說明了香頁市場的潛在力量。雖然刊登香頁費用很是貴，如在《小姐》雜誌上刊登一張香頁就需要 3.5 美元，但香水的銷售統計說明香頁廣告是成功的。這情形正如一家化妝品及香水品牌主管所說的：「香水生意的競爭很厲害，所以要把香氣直接送到人們手裡。」

歪打正著，劣等品竟成暢銷貨

一般情況下，說起「偷工減料」，馬上會受到眾人的指責，被罵為有損商業道德。可是有一家廠商，他們製造的出口雨傘正是典型的偷工減料，品質低劣，傘把的骨架上找不到一個金屬件，全用塑膠繩代替，開合幾次就散掉了。事情說來也怪，偏偏是這種劣質傘，卻遠銷歐美，一銷就是十幾萬把。

原來，在許多國家，人們出門從不帶雨傘，遇上下雨就臨時買一把。回到家裡，嫌洗晒麻煩，乾脆丟進垃圾箱。國外有一些大商店，為招徠顧客，遇到下雨天還免費向顧客贈送雨傘，謂之「溫馨服務」。雨傘在國外只不過是一次性商品，用過就扔，無須牢固，所以那家雨傘出口企業，正是看準了這個市場，把產

品成本壓了又壓，降了又降，甚至「偷工減料」，產品反而得到外商認可，銷路大增。正是這家廠商注意觀察事物，「無中生有」這才帶來了他們的滾滾財源。

四

經營與管理篇

第十九計／以小搏大

把眼睛盯在大公司難以進入的市場

公司可分為大公司和小公司。此外，尚有個人獨資的小商店，也具有私人公司的特性。

如果以船來比喻，大公司就像航空母艦，中小公司是驅逐艦，而個人商店和私人公司，就是巡邏艦。航空母艦雖強而有力，但卻缺少機動力，巡邏艦則行動敏捷，狹小的地方也能進入。

現在的大公司不見得穩如泰山，依然在瞪大眼睛尋求新事業。所以，即使中小公司熱衷於新路線，如果不能別出心裁，一旦讓大公司侵入，辛苦開發的市場就會被搶走，而淪為大企業的附庸，甚至被擠出。

因此，想要開發某一和大公司相同的產品，或拓展大公司很容易侵入的行業，一定沒有能力競爭，所以盡力做大公司不易滲入的生意，才是生財之道。

生產大公司不能滲入、特殊而有個性的產品，不但能成功，而且可以長期穩定市場。如生產動物膠、特殊裁截機、碳酸鈣等，這些特殊而有個性的產品，雖然市場不大，但因競爭對象少，是值得一試的行業。

小公司宜重點突破，不宜分散經營

小有成就的經商者，一旦成了強人便飄飄然，除了自以為一貫正確外，還有一種通病，就是認為自己是萬能的。在這裡，萬能不僅是什麼工作都能做，更是做什麼行業都能成功的意思。

大公司分散經營，自有它的道理，那就是要維持成長。分散經營，可避免某一行業某一市場的起落對公司不利的影響。投資別的公司，目的是使資金永遠活躍。要使公司不斷成長、不斷有盈利是困難的，分散經營是解決這些困難的捷徑。

小公司毋須分散經營的發展，如果真的一帆風順的話，最自然的做法是不斷

擴大經營，不斷滲透市場。

當市場上遇到阻力，往往就是小公司分散精力的第一個引誘，在這種情況下，則公司可直闖下去，也可繞過問題，另闢戰場。許多小公司會選擇後者，因為不打硬仗，看來是個聰明的方法，殊不知，無論你如何聰明能幹，步入一個新行業時，必定要重新學習，重新吸取新的知識和技巧，重新培養新的供應商和客戶關係，這都需要很多的時間和精力以及其他人力物力。如果你能狠下決心，將同樣多的資源投於現在的戰場上，其成果未必比開闢新的戰場小。

大公司有時會遇到市場衰老停滯的困境，欲進不能，但小商品市場海闊天空，距離這個困境遠得很，即使處於衰退之際，只須設法降低成本以增加競爭力，改進產品，加強促銷活動，也是可能逆流而上的。試想，在衰退的環境下，開闢一條新戰線，是多麼可怕的一件事！

多角化經營不可貿然行事

多角化經營是多數成熟期企業的共同作法。鋼筆製造公司生產機器人，汽車業者進出不動產市場，意外發現「某某公司在製造某產品」之類事，早已屢見不鮮。

多角化經營是彌補主業發展不足的有效手段。但是，基於「本業產品銷路不好，所以採取多角化經營」的動機，突發奇想的進行多角化經營，日後必有隱憂。

認為某個市場正在成長，貿然加入而失敗的例子很多。與本業相關的市場還好，如果是一個新的領域，就必須從頭開始，成功的可能性也就大大的降低。況且，既然是成長中的市場，其他企業必然也會前來分一杯羹，這就增加了冒險機會，一旦失敗恐怕只會血本無歸。所以，在開發另一個新領域之前，必須做好相當的市場調查，訂立周全的計畫，同時還得適時覺悟才行。

在此必須強調的一個原則，是「不可因本業不振而任意走上多角化一途」。在走向多角化之前，首先必須重新澈底的反省本企業，如果改進之後結果依然不見好轉，才可開始考慮多角化經營。

與眾不同是經商的訣竅

賣同樣東西的商店到處都是，要使顧客上門，非得有一些特點不可。

商店的特色，好比每個人的特點，商店沒有特色，就變得不值得品味。陳列的商品雖然相同，但若服務不同，則會使商品顯得不同，這就是因為發揮商店特性的關係。

商店的特色，當然要配合顧客的需要。至於如何去發揮，則要個別考慮。除了要注意地域性和開店條件，還要考慮該地區的收入水準、教育水準等等。

如果在上班族集中地區，最好在星期天或假日也照常營業。必要時，還可開店到深夜。

但有時候，難免受到空間、人事、技能、資金等現實因素的限制，因此，應該先從可能事項著手，一步步去發揮特色。例如，把重點放在自己比較熟悉、較有競爭性的商品上，由較內行的高階員工，親自介紹給上門的顧客，也是一種很好的辦法。

其實，特色並不限於商品，其他如良好的服務，華麗的店面、誠懇的員工等，只要發揮其中一兩項特點，就足以吸引顧客上門了。

專業化經營，市場縫隙別有洞天

現在的世界，人們對產品和服務的需求日益多樣化，這就為小本生意的發展提供了廣闊的天地。但是，與大公司相比，小公司無論在資金、設備方面，還是在人才、技術方面，都處於明顯的劣勢，如果你自不量力，盲目與大企業爭奪市場，一次蝕本足以使你傾家蕩產。但大企業再大，也無法一手遮天，小本生意只要充分發揮靈活多樣、更新更快的特點，瞄準邊角市場，見縫插針，就可能在大企業的夾縫中生存，在激烈的市場競爭中立於不敗之地。

既然「邊角市場」為你提供了一條生存縫隙，那麼你應採取怎樣的經營戰術呢？很多成功的例子證明，專業化經營是有效的策略。

專業化的形式和內容，視企業各自的實力、經營品種、規模、特長的不同而各異，一般有以下幾種形式：

1. **產品生產單一化**。這種企業只生產一種產品或設立一條生產線。如日本有家公司，只生產嬰兒紙尿布，已成功占領了日本嬰兒尿布市場。

2. **特色產品或服務專一化**。這種企業（或商號）專門生產或銷售某一類型產品，或專門提供某種特殊服務，力求產品（或服務）別具特色。例如專門的「襪子商店」、「鈕扣商店」等。

3. **產品訂製專門化**。這種企業專門生產顧客訂製的產品，如特大尺碼鞋子、衣服等。

4. **特殊顧客專門化**。這種企業專門承做一個或幾個大顧客訂製的產品。在美國，就有很多企業專門為大企業生產零件。

5. **價格品質專門化**。這種企業針對不同消費者階層，或致力於低收入消費者市場，或面向高收入消費者市場，如一間特價舊書店，或一間高級西裝店。

薄利多銷，老套不可輕視

有些人認為，在其推出一個新產品時，其訂價越高，身價也越高。他們把新產品的試製成本和利潤都加在一起把價格訂得很高，想一下子都撈回來。其實事情往往相反，主觀上想厚利多銷，實際上只能是「厚利難銷」，甚至是「厚利滯銷」。你生產的東西再好，由於價錢太貴，無人買，你就一個錢也賺不到。而且生產得越多，積壓也就越多，包袱也就越重。會做生意的人，都懂得「薄利多銷」是一條可取的生財之道。俗話說：「三分毛利吃飽飯，七分毛利餓死人」。這是生意人經過實踐總結出來的經驗。

有一種鐵鍋，從一公尺高的地方摔下來在地上滾三圈，卻不見絲毫損傷，並且耐腐蝕、耐氧化，比一般鐵鍋使用壽命長 3 倍，這本是一件好事，卻帶來了三愁：廠商為積壓貨物而發愁，商業部門為貨源而發愁，群眾為買不到鍋發愁。造成的原因就是因為這種鍋的價格訂得太高，商業部門拒絕進貨。而一些生產鐵鍋的廠商改行生產新產品，致使老鐵鍋供應不足，而新鐵鍋又不能上市，市場上出現了供應吃緊的景象，消費者反應很大。後來經過協商，這種鍋的價錢調到了一個合理的水準，供銷管道疏通了，顧客爭相購買，薄利多銷，皆大歡喜。

由此可見，我們不要希求「一口吃個胖子」，而要一點一滴慢慢累積。薄利也能賺大錢，你若執意要抬高價，追求迅速致富，有時可能會適得其反。

第二十計／開源節流

舉債經營難以為繼

下面 7 種情況是絕大多數中小企業管理困難、舉步維艱的主要原因，而它們主要是由於財務管理混亂所導致的，如果你是中小企業經營者，就要避免蹈其覆轍：

1. 自有資金不夠，舉債經營嚴重。
2. 信用差，銀行方面不給貸款，於是改向民間借貸，利息負擔加重。
3. 存貨處理不好，造成資金積壓。
4. 盲目投資，使短期資金固定化。
5. 會計制度不健全。
6. 股東往來金額龐大，影響財務健全。
7. 財務報表信賴程度差。

合理利用資金，力戒無端浪費

商業投資者一般都是使用自己的資金來進行投資，經不住萬一的失敗。因此，在投資過程中，一定要對自己的資金利用加強控制，避免讓某些內部人士或親友大手大腳的浪費掉。因為這些人不懂得珍惜別人有效資金的利用。因此，必須做到：

1. 對投資別人的專案的資金加強控制，是至關重要的。這是因為，沒有一個人把別人的錢當作自己的錢那樣謹慎使用。你向別人投資，就得控制資金的使用。

2. 進行投資，一定要花大力氣進行全面的調查研究。這種調查即包括對

所有投資的專案本身，也包括對鼓勵你投資的人的調查。

3. 要自己制定投資法則，嚴格限制自己在別人的專案上投資，除非萬不得已的情況，或者確定能保證投資萬無一失。

4. 對於那些與自己不利的投資項目，要堅決、果斷的拒絕。

理財勤用「爛筆頭」

俗話說：好記性不如爛筆頭。在投資理財方面，多用筆頭記錄和計算是所有的家庭理財和商人理財中最常見，也最有效。這是因為金融、經濟都是瞬息萬變的，利息時高時低、保險金的變動以及人口集中在大都市的樓價都是有升沒降，因此，需要借助「爛筆頭」進行記錄和比較的地方很多。舉例說，投資之後，我們的財產便天天增加，在我們計畫公司或家庭經濟時，有必要進行一種簡單的記錄，例如加上借方和貸方的一欄，在借方一欄記錄所持股票、房地產的價值，在貸方一欄則記錄向銀行借入的金額出入資金金額，這樣做的話，自己有多少財產便一目了然了。根據這些數目進行理財，總不會有什麼大錯。

財務核算須準確及時

這一項工作能反映你的資金的運作情況。雖然你可以充分相信你的頭腦，但用筆記下各項收入和支出，還是很有必要的，而且以清楚明白為宜。

事業一旦運作，各種費用往往會超出你先前的估算，就必須修正你先前計算的利潤率。許多老闆在創業之初，感覺到業務運轉正常，認為是該賺到一筆錢了。但經過財務計算之後，大吃一驚，賺到一點錢，全拖欠在客戶手中，甚至嚴重的影響到事業運轉。

準確的財務核算，使你清楚自己的經營狀況和收入。有了財務的明確資料，你才可以正確安排和推進各項事務。可以拖一拖的帳款，心中有數，才知如何應對。

在別人眼裡，你這才像一個正經八百做生意的樣子。從一開始，就要在行業中樹立一個明確的形象，別人才不會忽視你這個新人，為後面打交道鋪平道路。

透過財務核算，知道利潤情況，才會切實體驗到工作的成就感和壓力。

財務狀況了然於胸

做生意其實就是金錢遊戲，你沒有很多本錢，因此必須澈底掌握公司的財務狀況，你需要清楚會計帳目，使你對目前的收支盈虧，看得透澈，有時候，你粗略的估計好像有錢賺了，但實際你並沒有把所有的成本扣除，一些開支並沒有計算在內，結果就不準了。

因此，做生意需要有比較準確的會計系統，才能知道公司是賺是賠，目前的經營方向是否正確。你需要做一財務預算，預計用多少資金進貨，用多少資金做日常營運，不要隨便超出這個預算，否則可能有不必要的浪費開銷，尤其是新開設的事業，更需要嚴格控制支出。

每一個月都要計算賺蝕，每月都做一份損益報表，看看賺蝕情況，如果賺得的金額漸漸增加，就可以相信目前所走的方向正確，相反的，開銷多，收入不理想，就要評估一下目前的營運方針了。

創業者應經常注意以下的項目：存貨數量、存貨欠缺、應付帳款、應收帳款、訂單數目等，想法保持和生意連結，對營業保持敏感度，能對數字敏感的生意人，都能避免虧蝕，增加利潤。

控制開支從小處著眼

在你的企業裡，各種小筆費用加起來，會成為一筆很大的現金流。尤其是當你允許你的員工可以不經你的批准，就可以直接去訂購產品、存貨和辦公用品時，就更是如此。

當然，為了公司的發展，你不得不放手讓你的員工直接去做一些工作，包括一些購買工作。但是，一個令人驚訝的價值幾千元的帳單，從來都不是一件好玩的事情。這裡花 200 元，那裡花 300 元，再買一件新裝備花 700 元，加起來就是 1,200 元。如果把這些項目綜合起來看，你還願意花上 1,200 元嗎？如果還想的話，那麼你這個錢花在刀口上，花得值得。否則，你就需要開始從所有這些項

目對公司的綜合影響上，來考慮超過一定數額的費用花得是否值得了，而不是只看相互分離，彼此互不關聯的購買項目。建立適當的制度，當費用超過一定的限額（比如說 200 元）時，予以追蹤或要求有批准程序。

每個月都檢查一下你的帳目，隨時檢查你的財務報表，以確保你公司的費用沒有大得誇張。保證你的公司財務上沒有問題是你的工作。如果你不能做這項工作，你就應該找一個能夠勝任的人來做，比如會計師什麼的。

密切關注盈虧狀況

小本經營者通常很少對店裡的財務做整體的規畫。小本經營者在開業前很少會預估營業額，也不擬定年度預算和銷售計畫，因此在成本和利潤的控制上，往往不得要領。

只重現金的賺賠，忽略實際經營的盈虧，是小本經營者的經營誤區。以一家花店為例，店主一直覺得花店生意很好，每天都有現金盈餘，所以每個月都慷慨的發獎金給員工，但年終一結算，卻發現虧損不少。探究其中原因，原來是未將當初投入的設備和人力（老闆本身的薪資）費用算進成本。好的財務管理不只可以避免虧損，還可能使原本每個月 2 萬元的盈餘增加為 3 萬元。開店前正確預估所需資金，以便有效控制成本，是私人公司財務管理的第一步。

由於私人公司資金通常不充裕，因此，預估的資金即使只有幾萬元出入，也可能令私人公司經營者焦頭爛額。一般來說，開業資金的基本項目包括裝潢費、基本進貨費、廣告促銷費、店面押金和第一個月租金，其中店面租金往往占相當比例。開店者必須將租金和押金比例控制在總資金的 30% 以下，因為除非營業利潤很高，或對營運十分有把握，否則超過 30%，很可能吃掉大部分盈餘。

除了備妥基本費用外，預留一份準備金也是資金有限的小店不可省略的。小本經營者通常會有三到六個月的虧損期，所以開業之初就要預留至少三個月至六個月的固定支出費用（指每個月的經常性支出，如薪資、水電費、租金）和兩個月的進貨成本最安全。

「雙保險貸款」解除資金困擾

對創業者來說，最難解決的問題是資金短缺，沒有資金只能是紙上談兵。那怎麼辦呢？當然是去借了，用銀行或別人的錢來幫助自己發財致富，這就是「借雞生蛋」的發財方法。

美國屈指可數的大富翁洛維格所採用的集資方法是用抵押的方式向銀行貸款。當時，運油比運普通貨物賺錢，而買貨輪又比買油船便宜，所以洛維格便打算從銀行申請貸款買一艘大舊貨船，把它改裝成油輪，從事石油運輸。但當他來到美國大通銀行申請貸款時，銀行的職員問道：「貸款可以，但是你憑什麼證明，你將來一定能還本付息呢？」

洛維格想到，他手中還有一艘破爛不堪，但勉強能航行的老式油輪，現在正租給一家石油公司，用它作抵押，貸款或許還有希望。他試探著說：「我手裡有一艘油輪，現在租給了一家石油公司，每月的租金剛好可以還上我每月應還貸款的本息數目，所以，我想把這艘船過到銀行名下，作為這筆貸款的的抵押品。銀行可以直接從石油公司收取租金，直到貸款本息還清了，我再把船開走。」

洛維格提出的這種貸款方式，在當時來說還沒有先例。經過一番爭論，銀行家們認為，這個方式可以一試。雖然洛維格單獨一人，沒有足夠的信用，但那家石油公司的牌子很響，信用極好，會按月付油輪租金的。

洛維格這一招的確很靈，他藉著石油公司的信用，提高了自己貸款的可信度，終於從銀行貸到了第一筆資金。他用這筆錢，買了一艘老貨船，把它改裝成油輪，租了出去，然後用同樣的方法，拿它作抵押，又貸了一筆款，如此循環往復，財源滾滾而來。

隨著洛維格腰包的鼓起，他又想出一條妙計，即用還未造好的船貸款，他的做法是這樣的：他準備製造一條油輪或其他用途的輪船，在船還未開始動工時就找好一位雇主，願意在輪船下水之後租用該船。然後，他便拿著這一承租契約到銀行申請貸款。在這種條件下，船未下水之前，銀行只能收很少的本息，甚至一文錢也收不回來，而一旦該船造好之後，租金就全部歸銀行所有。若干年後，洛

維格把貸款本息還清，還可以把船開走。這樣他一文不花就成為正式的船主了。

這種被稱為「雙保險貸款」的方式，使當時的銀行家們始料未及。洛維格就是依靠這種獨出心裁的想法，籌集到了數量相當可觀的資金，使他的生意興旺發達，最後發展到擁有 10 億美元的大富翁。

第二十一計 / 借船出海

品牌聯營一本萬利

商業成功人士指出，聯營經銷借雞生蛋，是一種一本萬利的銷售方法。而這種方法往往可以透過品牌聯營來實現。

國內的商品要想打入國際市場，一般來說並不容易，即使是國內的名牌產品，投入國際市場後，想站住腳也是很難辦到的。針對這問題，聰明的企業家想出了一個切實可行的辦法：這就是名牌商標聯營法。

亞洲的「四小龍」的許多產品都是借用國外的名牌商標來推銷而大獲成功的。利用名牌商標來銷售自己的產品，是促進銷售的好辦法。

但是，在商標聯營時一定要注意保護自己的名牌商標，謹防外國名牌藉機吞併我方名牌，引狼入室自毀市場。

借東風奪戰果

商業成功人士指出，襯托銷售是一種借東風奪戰果的有效方法，已獲得眾多的成功經驗。

日本企業家高原慶開發了一種叫「魅力」的衛生棉，想與名牌品「安妮」競爭。他決定不花一分錢去做廣告，而是在產品包裝上下功夫。他使用了乙烯樹脂薄膜作為包裝材料，又請包裝設計專家為產品設計了精美的圖案印在外包裝上，使它看起來比「安妮」更美觀和更衛生。然後把自己的衛生用品送到銷售「安妮」的商店去，請求商店容許它與「安妮」並排擺放在一起，不動聲色的利用了「安

妮」的顯要位置。這樣一來,「魅力」在櫃檯上顯得與「安妮」同樣醒目。

「襯托法」銷售策略收到了意想不到的效果。女性顧客到商店看見「魅力」衛生用品與「安妮」並列擺放,心裡明白它也是一種生理期衛生用品,禁不住拿來與「安妮」相比較,紛紛購買「魅力」試用。經使用後,發現它一點不比「安妮」差,品質上有過之而無不及,以後更是要購買「魅力」了。這樣,「魅力」的銷量逐漸上升,一舉成為名牌衛生用品。

當然,襯托銷售只用於外觀和品質差不多的商品促銷活動,對於那些其品質比名牌產品相距甚遠的產品,採用這種銷售法反而會弄巧成拙。

1950 年代末,美國黑人化妝品市場被佛雷化妝品公司獨占著。當時這個公司的一名供銷員喬治‧詹森獨立門戶創建了只有 5,020 元資產、3 名員工的詹森黑人化妝品公司。詹森清楚知道,他當時無力把佛雷公司打垮,就集中力量生產一種產品:粉質化妝膏。經過認真思考,他決定靠「襯托法」推銷自己的產品。

詹森在廣告中宣傳說:「當你用過佛雷公司的產品化妝之後,再擦上一次詹森的粉質膏,將會收到意想不到的效果。」

這一招果然很靈,消費者很自然的接受了他的產品,市場占有率迅速擴大。

在美國金融中心華爾街,一位商學院的實習生,利用一點小技巧在短期內發了大財。

在他辦公室的牆中央掛著美國石油大王洛克菲勒的照片。雖然他從來沒有見過這位石油大王,但照片使人聯想到他與石油大王也許有密切的關係;更有人認為,他是一位知道經濟界祕密情報的靈通人士。這位學生利用人們的心理錯覺將計就計,與很多大富翁來往,在他們的幫助下,生意走紅也就不足為怪了。

但日本的日產汽車公司卻能夠借助競爭對手的廣告而戰勝對手,這可稱為是競爭中的天才之謀。

日本的日產汽車公司,為了開始生產「9AIVI」汽車,不惜動用大量的人力物力在全國公開尋求車牌,花大錢做推銷宣傳,獲得了極大的成功。這一成功也使得豐田公司欣喜若狂。原因何在?因為日產汽車的大宣傳在日本全國激起了人們對汽車的興趣。這對豐田公司來說,日產的工作,為它鋪就了一條通向成功的

康莊大路。藉著人們對汽車著迷的熱潮，豐田公司充分研究了日產「Sunny」汽車的優缺點，製造了比這種車更好的「Corolla」車款。投放市場後，使豐田公司獲得了比日產公司更佳的經濟效益。

「閣樓」緊跟「花花公子」

BobGuccione 在 1964 年創辦了一種跟《花花公子》雜誌完全相同風格的《閣樓》雜誌，並開了一家和享有盛名的「花花公子」俱樂部一模一樣的「閣樓」俱樂部。他的這種模仿手法實在平常，你有啥我有啥，實在可說是高超之舉，沒幾年時間，《閣樓》雜誌銷售量日漸提高，名聲變得越來越大。

這一切迫使原先並不以為然的《花花公子》老闆海夫納不得不設法反擊，以扼制《閣樓》雜誌咄咄逼人的上升勢頭及威脅。經過深思熟慮的海夫納在報刊上刊登了一則廣告：「親愛的《花花公子》雜誌讀者們，感謝你們多年的愛護和支持，我們特地以最誠摯的敬意和謝意告訴你們：號稱世界第一的《花花公子》雜誌僅此一家，並沒有第二家《花花公子》雜誌。祈請舊友新知多加指教為幸。謝謝！」

BobGuccione 先生不甘示弱，又使出老辦法：照樣來一番模仿。他也刊登了一大張《花花公子》中了《閣樓》的子彈倒下來的圖畫。這樣的反擊，又獲得了讀者由衷的歡迎。《閣樓》雜誌正是如此製造恰如其分的「渾水」，在眾人難辨真偽之時，擺脫競爭對手而發展自己。

「燈泡大戰」

1935 年，中國的工業正值艱難起步時期，美國奇異燈泡廠為了窒息中國的工業，在上海採取了一系列手段。

這年，美國奇異燈泡廠生產了一種新牌的電燈泡，商標為「日光牌」，英文名稱 Sunlight；每只售價銀元 0.1 元，給零售商的放款期長達 6 個月。當時上海市場上的燈泡批發價為每只銀元 0.2 元多一些。奇異廠的日光牌燈泡，批價低，放款長，意在使當地燈泡廠無法推銷產品，迫使窒息關廠。

面對這一情況，上海的燈泡企業在同業公會的領導之下，發揮團結的力量，在全部燈泡廠每天的產品中，按產量抽成捐獻燈泡，將捐獻出來的電燈泡，也同樣的加上日光牌 Sunlight 的中外文商標，並遍登全國各地報刊廣告，每只以銀元 0.05 元出售。

　　之所以這樣做，是因為他人探得當時美商奇異廠蔑視中國，沒有將「日光牌」的商標在中國商標局註冊，待發現兩個「日光牌」燈泡的時候，奇異廠就無權提起保護商標的訴訟。

　　上海的燈泡企業採取「以假亂真」的策略，以少數擾亂多數，造成市場上價格有相差一半的同樣「日光牌」電燈泡的雙包案，引起了全國各地販賣商的疑慮，對這糾紛複雜的「日光牌」燈泡不敢進貨。

　　這一招妙在不但美國奇異燈泡廠措手不及，而且美商除用外國律師登報恫嚇以及致函當地燈泡廠，製造一些麻煩之外，毫無其他有效對策。

　　經歷了這一場爭奪市場占有率之戰，上海的燈泡企業揚眉吐氣。

領先一步，「蓋斯門」不輸「吉列」

　　蓋斯門公司生產安全刮鬍刀的歷史不算長，更不是該產品的創始者，其生產的「普洛貝」刀片比這種產品的開創者慢了一大截時間，而且是從本行創始者的產品改良出來的。然而，蓋斯門刀片經過多番精心策劃和對產品的改良，居然一躍而上，戰勝了曾稱雄世界的刀片創始公司「吉列」，其經營之道引起商界關注。

　　美國的吉列刮鬍刀公司在本世紀之初首先開發出安全刮鬍刀，幾經周折，產品在第二次世界大戰期間才風行全球。吉列這個牌子亦開始名揚四海。公司從此亦財源廣進，不久便成為資金雄厚、規模宏大的企業集團。

　　十多年過去後，吉列刮鬍刀遇到一件貌似開玩笑的事，一家叫蓋斯門的公司在市場上放出一個訊號，大登廣告說：「本公司可供新改良的安全刮鬍刀，刀片可兩面使用。」

　　吉列公司的產品此時已成名快 20 年了，論技術設備和牌子知名度，在當時世界市場上絕無僅有。該公司的老闆看見蓋斯門上述的廣告，根本不放在眼裡，

甚至嗤之以鼻。

當時吉萊特的安全刮鬍刀使用的刀片上有三個洞，以此安裝在刀架上。而蓋斯門改良的刀片設計，既能用於蓋斯門刀架，亦適用於吉列刀架，乃至適用於其他國家生產的安全刮鬍刀架。這樣的刀片適用性超越了吉列的刀片局限性，為此大受廣大客戶歡迎，一下占據了吉列刮鬍刀很多市場。

吉列刮鬍刀公司受到了毫無準備的襲擊，措手不及，在銷量急劇下降時才想方設法迎接蓋斯門的凌厲進攻。

經過精心的技術改進和投入新設備後，推出了一種新的安全刮鬍刀和刀片，使蓋斯門的刀片不適合使用。這時，吉列公司滿以為萬事大吉了。豈知不到一週時間，蓋斯門也改進了普洛貝刮鬍刀，使之又適用於吉列的改進刮鬍刀架，繼續贏得廣大消費者樂用，使吉列哭笑不得。

蓋斯門公司經營有方，它雖不是新產品的發明者，但它是新商品的優秀改良者。再加上它善於經營，善於捕捉資訊和市場動態，應變能力強，所以它的得益甚至勝於創造者和開發者。如其第二產品的改進，其實它早已預料到吉列將要採取對策行動的，它透過內線掌握到吉列的內情，及時採取了相應的對策，所以當吉列改進產品一上市，它幾乎同時又推出新的通用性產品，總是顯得計高一著。

在經營活動中，緊隨對手跟進是一種經營策略。

蓋斯門正是借用了吉列開創安全刮鬍刀之勢，精心改進，終為我用。當然，借勢借力不是抄襲和專利的侵權，它必須改進和提高別人的產品，這樣才是商法容許的，這樣才能贏得市場。這種借題發揮的經營手法，日本人是很有水準的。當今國際市場數不清的暢銷主打商品，首先開發的不是日本人，但經過日本人借題發揮，改進提高，以後發制人的攻勢，占領了市場。

甘居人後，「柯達」反擊「富士」

現代照相技術誕生在美國柯達公司，是世界上最大的攝影器材廠商。

柯達公司壟斷著美國市場的 80%，其他國家市場的 50%，但自 1960 年代以來，柯達公司日益受到西方其他國家攝影器材公司的競爭，柯達公司面臨嚴重

威脅。在攝影器材中，彩色底片的利潤率最高，因此各攝影器材公司在這方面競爭最激烈。

有彩色底片市場上，日本富士公司對柯達公司的威脅最大。「富士」底片以價格便宜、品質好的優勢，有力的衝擊著柯達公司在世界市場上的老大地位。

1984 年，富士公司不惜花費巨額美元，爭取到洛杉磯奧運會組織委員會確認的指定產品標誌，並獲得在奧運會新聞中心設立服務中心的權利。奧運會期間，富士公司繪有奧運會的 5 環標誌和富士公司標誌的綠色飛船一直飄揚在奧運會賽場上空。柯達公司在自己的家門著實被羞辱了一次，富士公司的底片由此搶去了美國市場的 15% 的占比。

市場競爭的挫折，使柯達公司不得不重新調整競爭戰術。柯達公司緊緊盯住富士公司，密切注視著它的行蹤。富士公司的每種產品，都被柯達公司收集，送到實驗室進行分析研究，以發現其中的奧祕。

柯達公司的一些員工不滿的稱它為「老二」戰術：富士怎樣做，柯達公司就怎樣做。這對稱霸市場很久的柯達公司來講，豈不太具諷刺意味？

但這一招卻使柯達公司受益不小。如富士公司的底片沖出來的照片比柯達的產品鮮豔得多，從嚴格的專業角度看，顏色有些失真，但卻受到普通顧客的歡迎。1986 年，柯達公司學習富士公司的作法，也推出新型柯達底片，顏色比老產品鮮豔了許多。

柯達公司不但在產品上積極學習富士公司，而且經營管理上也學習富士公司的作法，在公司上下積極推行日本式全面品質管制方法，也獲得了很好的效果。例如，在相紙上光部分，只要出現人的頭髮十分之一寬的線條，整個大捲的相紙就得作廢。另外，底片部門在 1985 年以前，產品合格率只有 68%，而展開學習富士公司的活動以後，產品合格率在 1986 年達到 74%，1987 年又提高到 90%。

在產品銷售活動中，柯達公司敢於學習富士公司的作法。1986 年 8 月，柯達公司把日本唯一的一艘大型飛船租了下來，塗有巨大柯達公司標誌的飛船日夜飄浮在東京上空。在 1988 年漢城奧運會上，柯達公司以 8,000 萬美元的價格買

下了漢城奧運會標誌的使用權。至此，柯達公司總算報了一箭之仇。

　　柯達公司放下架子，模仿緊逼對手的競爭策略，使富士公司感到巨大壓力。富士公司在美國的子公司副總裁查普曼說：「我希望柯達公司還像以前一樣，不把我們放在眼裡。現在這種討好方式，真叫人受不了。」

第二十二計 / 步步為營

理性面對價格競爭

　　在為產品訂價時，很多人為了能使產品暢銷，把售價降得很低也在所不惜。當然，如果你只要把售價訂得稍高於成本價，用於薄利多銷的方法就能獲得高額利潤，那自然就謝天謝地了。

　　但是，這種想法只有在企業開始騰飛以後，才可能成為現實。否則，就只有一廂情願了。

　　目前，你只有盡可能的把價格定得有競爭力，但是不能把價格定得太低，否則，當顧客的數量小時，你連最低的收入也維持不了。

　　隨著企業的發展壯大，可以給一些大客戶打一些折扣。

　　這樣做的結果可以把市場上的競爭對手擊潰。

　　但是，在開始時千萬不要期望有大額銷售，也不要依照這一期望定價。

　　如果強有力的競爭對手以降價來誘惑，切記不可捲入，應採取獎勵等辦法，來保住你的老客戶。

　　可能有時候你會感到完全絕望 —— 原因是你看到有人推出的產品與你的產品極為相似，而價格卻更低廉，品質和外形似乎更完美。實際上，你沒有必要因此而太悲觀失望。如果你的產品定價合理，而且富於競爭性，就不必讓這種情況擊垮你的意志。

　　別人的商品定價比一般低，可能是臨時用來吸引顧客的權宜之計，也可能是「失之東隅收之桑榆」的商場策略。

為了使你的產品擺脫因此而造成的困境，你可以設法不讓價格太引人注目，而是突出別的方面。

　　很多成功的企業家都刻意避開競爭者的強項，而專攻競爭者做得不好的方面。比如選擇更好的顏色、送貨上門、特殊包裝、在產品上刻上購買人名字等等各式各樣的辦法。

　　透過這些辦法，他們繞過了價格不利造成的障礙。

培植自己的「當家」商品

　　做生意有一個「80：20」的規律。也就是說，門市經營業績的80%來源於20%的商品。這也是做事情抓重點的表現。

　　仔細分析一下門市商品的銷售資訊，就會發現特定時期內，有幾種商品特別暢銷，幾乎每天都是門市銷售排行榜上的前幾名。如果缺貨，一些顧客還提前訂購。

　　這些暢銷的商品就是門市的「當家」商品。經營門市只要把握這些「當家」商品，就可以維持門市基本的營業額與利潤，門市生意就可以平穩進行。

　　特定階段門市如果沒有「當家」商品，很快就會陷入麻煩的境地。門市一切都很好，就是賣不起來，幾乎找不出經營業績下降的直接原因，各種促銷措施也沒有太大的作用。如果出現這種情況，多半是門市沒有「當家」商品。

　　牢記一點，「當家」商品一定要有，而且貨源還必須充足。

精打細算降低成本

　　做生意的成敗，不以顧客多少論成敗，最重要的是有盈利，成本越少，利潤越高，那就越是成功，換言之，成敗與否，要看利潤和成本之間的關係而定。因此，計算成本方面，任何一家公司都要計算得準確，以成為作為利潤賺蝕的準繩尺度。

　　最直接的成本，是貨品的進價、員工薪資、店鋪或辦公室的租金、公司設施、水電費等，把毛利扣除這些開銷後，還有剩餘，那就是利潤。但計算下來，

若毛利不足以支付成本，就是有虧損。

每家公司都想買入一些銷路佳的貨品，低價買入高價賣出也好，或是薄利多銷也好，最重要是有錢賺。不過，一家店購入各種貨品，也不能保證每種貨品皆有好銷路，成衣如此，唱片、書籍亦如此，如果能拉上補下，暢銷貨的銷路甚至能抵消滯銷貨的損失，那還是可以繼續經營下去，但吃一塹，長一智，知道哪些貨種滯銷，以後就不要進這些貨，或是減少進這些貨了。

位卑懷遠，積微成多

海之所以成為汪洋，是由於一點一滴的積聚；高山之所以巍峨，是由於一抔抔的泥土的堆積。經濟競爭也是如此。成功者都是從一點一滴做起，積少成多，積小勝大。在市場角逐中，有時要「見小利不動，見小患不避」，但切不可疏忽大意。如果小的較量屬於策略中的一個環節，就要每利必爭，每戰必勝。許多企業家正是採取「避實就虛，化整為零，積少成多」的策略，最後戰勝強大的對象。

實行積微成多的謀略，必須做到位卑而心懷大志，對前程充滿自信，如果自慚形穢，怯戰卻步，胸無大志，很難躍過龍門。

實行積微成多的謀略，還要具有堅韌不拔的意志和扎扎實實、埋頭苦幹的精神。

摒棄一夜暴富的心態

現在許多下海自立的人，普遍有一種傾向：總想做一夜暴富的生意。

結果呢？因人而異，情況千差萬別。但不論個別的情況如何，大凡要想一步登天的薪水階級，終究會付出不必要的賭注。不但沒有賺錢，反而血本無歸，一敗塗地。

由於虛榮心作祟，一些人下了海後只要稍微賺一點錢就想裝修門面，擴大營業，當然這是人之常情，但結果往往是弄巧成拙。公司沒有一點以備不時之需的錢，一遇到生意不振，就無法支持下去了。

一年的生意好壞，並不能決定生意的利與不利，也許恰巧進了流行貨物，也許附近還沒有競爭的店，也許……原因很多，一兩年的生意實在看不出應如何擴大投資。貿然把資金全部投入，甚至還舉債投資，對小生意來說是非常危險的。

做生意千萬急不得，充實實力，細水長流，穩紮穩打的前進才是正確的做法。棒球九局之中，第一局得分而以後各局都吃鴨蛋的很多。人生是漫長的，何止九局？只要每一局都保持得分，就算沒有全壘打，總分合計起來，也還是會贏的。

小錢不肯賺，光想大錢，到頭來不但大錢沒賺到，甚至連小錢都賠精光。奉勸「門外漢」，做生意切忌操之過急。

構築堅固的經營「水壩」

維持企業的穩定成長，是天經地義的事。為了使企業確實能夠穩定的發展，「水壩式經營」是很重要的觀念。

修築水壩的目的是攔阻和儲存河川的水，適應季節或氣候的變化，經常保持必要的用水量。如果公司的各部門都能像水壩一樣，一旦外界情勢有變化，也不會大受影響，而能夠維持穩定的發展，這就是「水壩式經營」的觀念。設備、資金、人員、庫存、技術、企業計畫或新產品的開發等等，各方面都必須有水壩，發揮其功能。換句話說，在經營上，各方面都要保留寬裕的運用彈性。

譬如生產設備。如果使用率未達 100％ 就會出現赤字，那是很危險的。換句話說，平時即使只運用 80％ 或 90％ 的生產設備，也應該有獲利的能力。那麼，當市場需求量突然增加時，因為設備有餘，才可以立即提高生產量，滿足市場的要求。這便是「經營水壩」充分發揮了功能。

另外，經常保持適當的庫存，以應付需求的急增，不斷開發新產品，永遠要為下一次的新產品做準備，這些都應該考慮到。不管怎樣，如果公司能隨時運用這種水壩式經營法，即使外界有變化，也一定能夠迅速而適時應付這種變化，維持穩定的經營與成長。這就好像水壩在乾旱時能藉洩洪水來解決水源短缺一樣。

各種有形的「經營水壩」剛才已經說過，而比它們都重要的則是「心理的水

壩」，也就是要先具有「水壩意識」。如果能以水壩意識去經營，就會配合各企業的情況而擬定不同的「水壩式經營」方法。只要能遵循這種方法，隨時做好準備，能寬裕的運用各項資源，企業不論遇到什麼困難，都能長期而穩定的成長。

盡量避免發生意外

一失足成千古恨，這不單是交通安全或體育運動的經驗，也應是經營者的座右銘。經商者特別是小商人，受不起意外的打擊，一次失足即致命。

這裡不單是說火災、工傷等意外，而且包括在毫無準備的情況下，出現周轉不靈。

經商者一定要眼觀六路，耳聽八方，杜漸防微，防患於未然，在問題尚未發生時，或尚未為患之際，就把它解決掉。

財政上的問題，往往出於會計系統不完善，資料不足或不及時，的確有很多小商人都有這樣的缺點，就是討厭會計數字，這樣的人一定會吃不少虧的。希望你早為之計，每月都整理好經營情況的資料，起碼要知道哪裡賺，哪裡蝕。

與人相關的問題，不論供應商、顧客還是職員，通常都是由於小商人們忽略了他們，忽視了他們的需求而引起的。人的態度通常不會一下子改變，問題必定累積了好長時間才爆發。許多情況，其實明擺在我們眼前，只不過我們視而不見。

問題發生後，除了趕快解決外，更重要的是建立一個制度，以防止同樣的問題再發生；並且要有一套應付同樣問題的辦法，以免問題一旦重演時，手忙腳亂。

時刻保持危機感

睿智的創業者應該時刻保持危機感，具有憂患意識，對明天可能出現的不利因素有所警覺。對於意識到的問題，要及時處理，絕不拖延。創業者應該時時刻刻處於臨戰狀態，箭在弦，彈上膛……。

面對激烈的競爭，面對殘酷的淘汰機制，每一位創業者都要有危機感，有憂

患意識，同時也要有所準備，隨時處於臨戰狀態。商場上只有積極進取的常勝的贏家，沒有固步自封、恃才傲世的常勝的贏家。胸無憂患意識，掉以輕心，很可能要栽跟斗。經營之神松下幸之助曾感慨的說：「今天商場上的勝者，誰都不敢保證他明天還是贏家。睿智的創業者應該時刻都保持危機感，警覺到明天可能出現的不利因素。對於此刻就能充分準備以應付競爭的任何工作，都要立刻去做，不要猶豫。須知延誤片刻工夫，就可能造成莫大的遺憾。」

追求奢華享受是經商的大敵

大家都知道投資回收額（利潤）等於銷售總量減去費用，利潤和費用是呈反方向運動的。如果費用低，利潤就高；如果費用高，利潤則低。費用與資金控制緊密相關，而現在許多老闆腦子裡不知道如何管理資金，忽視對資金的控制，造成費用節節上升，而利潤卻不斷下降，直接影響了老闆的艱苦創業，以致半途而廢。

一位著名的風險資本家說：「我的『定律』之一是：成功的可能性與經理辦公室的大小成反比。」一味的追求豪華舒適的辦公室、辦公桌，乘坐豪華汽車，在高級飯店裡宴客，再加上一些名譽性的花費，開銷龐大，將寶貴的資金用在消費而不是用在生產上。資金管理盲目，成本高，銷路縮小，利潤不可能提高。

一位老闆在她第一次創業失敗時說：「我如果再次創辦企業，駕駛的會是一輛小型貨車，而不是賓士。」簡單的話語中卻包含了一個道理：節約資金是創業的第一步。

牢記古訓，不可露富

生意場上的成功通常是寂寞的成功，很少有人會講真話實話。老闆剛剛獲得創業成功，一定要牢記「不可露富」的古訓，因為這個階段的老闆，儘管創建了一個開始賺錢的事業，但並沒有真正賺到多少錢。如果過於張揚，將使自己處於十分不利的位置。

首先，企業內的員工會提出自己的利益要求，因為他們通常會根據老闆的

情況來判斷企業的情況。這樣，老闆就失去了低成本累積現金的機會。同時，漲薪容易降薪難，甚至會使一個可以賺錢的事業因為大幅度提高成本變成一個虧損事業。

其次，張揚的老闆會在個人私事方面大量投入，追求一步進入中產階級，這個行為也會抽走企業大量的現金，影響剛剛獲得立足之地的事業。

第三，張揚的老闆容易頭腦發昏，做出一些費力不討好的事情。一個老闆在第一次賺到 200 萬元時，居然僅僅接聽了一個電話，就答應參加一個花費 20 萬元的公關活動，而這個活動對公司的事業毫無意義。要知道，社會上有一大批賺張揚老闆錢的人，什麼公關活動、公益活動，每天都會有新的名目。

老闆應當隨時牢記自己的身分，僅僅是一名事業有成的老闆，而不是富豪排行榜上的風雲人物。

第二十三計 / 知人善任

建立以人為本的管理模式

當代管理的趨勢是什麼？是將管理的「柔性」和「剛性」結合在一起的方法。

企業管理逐步由以物為中心的剛性管理，走向以人為中心的柔性管理。企業要走向人本管理，第一步是學會尊重。

不少的管理者常常感嘆：現在企業中的快樂員工越來越少，其根本原因就是管理者對員工缺乏應有的尊重。許多員工很努力工作，卻總是得不到老闆或主管們的認同。在這種工作環境下的工作效率可想而知。

要經營好一個企業，固然必須擺平自上而下的利益關係，讓處於企業內部各個層級的人，在發揮自己的企業中作用的同時，有一個相應的回報。但是建立良好的勞資關係，獲得相互尊重，享受人與人之間的溫暖和快樂同樣是企業管理的大事。從人性上說這是一種需求，從經濟角度上講，則更加有利於企業獲得穩定的利潤和長久的生存空間。

現代最新經濟理論研究表明，經濟系統的知識水準及人力素養已經成為生產函數的內在部分，而其外在的表現則受到人際關係的制約。

從某種意義上說，企業管理就是人際關係的總和。剛性的「哲商」制度管理和柔性的「和商」親情管理各有所長，而歷來重視人際關係的東方要以贏得對方的尊重為追求的目標。

比如馬來西亞的華商郭鶴年，他的管理控制經驗就是嚴格標準與情感投資的結合，努力做到以法服人，以情感人，把家和萬事興的家訓推行到企業中去。在公司創造一種家庭式氣氛，互相尊重。他認為經營管理不能只靠制度，更重要的是靠人。只在上上下下有感情，合作得好才能激發每個人的才能，發揮他的最大潛能。

工作應該是有趣的、充實的、讓人激動的。這些都存在於人獲得尊重的前提上。樂趣意味著挑戰，也意味著工作的成長、自由與成就。如果你尊重別人，他們將會還你尊重，甚至會以責任來回報你。因此，如果員工因為責任而擁有對企業的一種使命感，他們必須會充滿幹勁。

美國心理學家馬斯洛在《人類動機的理論》一書，闡述了人類生存五大需求層次理論，其中第四層就是地位和受人尊敬的需求，這是人類維護人格的起碼要求。人與人之間的共同語言，只有建立在相互尊重的基礎上，才能產生「你敬我一尺，我敬你一丈」的效應。

一本《第五項修練》，為企業提供了超越混沌，走出雜亂，以人為尊，再造組織的指引。其實，懂得欣賞，既是一種享受，也是一項核心的修練。這裡所說的「欣賞」，有對他人能力和成就的欣賞，也有對自我超越的欣賞。人自賞容易，難能可貴的是懂得欣賞別人。一個組織，一個企業，學會了尊重別人，還只是邁出了人本管理的第一步。懂得相互欣賞，在欣賞中互相激勵提升，則是建立人本氛圍不可或缺的第二步。

從投入的角度看，所有的人都可以成為比爾蓋茲，只要這種投入的方向是正確的。從成功人的經驗來看，每個人的生命不過是與周圍的環境進行交易的過程，如果這個交易的過程好，那成功的機會就大。因此經營好一個人的工作和生

活空間對一個人的事業成敗至關重要。如果經營者只重視現在的勞動力，而忽略他們未來的發展布局，那經營者永遠都在尋找勞動者，當然最後的結論是企業缺乏人才。

欣賞你的下屬吧，千萬不要吝惜你的語言。去真誠的讚美每個人，這是促使人們正常來往和更加努力工作的最好方法。因為每一個人都希望得到稱讚，希望得到別人的承認。在人們的日常生活中，你會驚奇的發現，小小的關心和尊重會使你與群眾關係迥然不同。

假如你的同事或下屬今天氣色不好，情緒不高，你要是問候了他，表示你的關切，他會心存感激的。再推進一步，假如你的同事或下屬感到你在真誠的欣賞他，他會以最大忠心和熱忱來報答你和你的企業。

對一個組織來說，感情留人、事業留人、待遇留人，這三點缺一不可，但感情更為重要。雙方只有在感情上能融合溝通，公司員工才能對管理者有充分的信任，這是留住人才的最大前提，也是企業邁向人本管理的核心所在。

多角度考察員工

當你需要新鮮的血液補充公司機體的血脈時，徵才的面試就成了你所必須的工作。面試時，你的每一提問就該有針對性，盡力獲得應徵者的個人資訊，了解他們到底是一個什麼樣的人？是否滿足你的要求？至少你可以從以下幾個方面去了解他們：勤懇還是懶惰？忠心耿耿還是自私自利？是否十分機警？心胸開闊還是固執己見？積極主動還是只按指令行事？是否滿懷熱情？為什麼他離開了過去的工作等等。

當然，求職者的外表著裝，個性特徵等也都是重要的考慮因素。外表整潔，儀態端莊也是我們對求職者的一個基本要求。求職者在面試時穿著整潔，大方得體，這顯示了他的自信，並表明他以後的工作也如他的衣著一樣令你滿意。另外個性特徵對個人發展和公司的協調十分重要。固執己見、死板苛刻的人都是難以駕馭的劣馬。因為你無法促使他們進步，並做出改變。試著問一些他們事先無法準備的問題，看看他們是否緊張。有些情況下這點似乎無關緊要，但有些時候卻

舉足輕重。另外，對性別、年齡，是哪裡人，不要過於挑剔。

　　一個成功的公司，應該找到最好的員工，一個成功的管理者，應該擁有傑出的助手。作為一名領導者，必須不惜重金去找一些最好的員工，這當然需要花費一定的時間、精力和資金。這種付出的結果是極為有利的。換句話說，你不能在僱用員工方面削減開銷和保持節儉，否則，你僱用的只是那些不大中用或根本無用之人。招募員工是一件具有很高風險的事情，不要完全指望第一次面試。第一印象往往具有某些欺騙性。你可以帶上你挑選的候選人員，帶他們參觀一下公司，觀察他們對公司的興趣程度，詢問他們一些問題，讓他們介紹一下自己所做的事情，讓他們每個人表述一下自己，最後，你就可以知道哪些人員是合適的，哪些人可能比其他人更合適。

企業管理工作日趨重要

　　隨著科學技術的發展和社會的進步，科學管理的地位越來越重要。科學、技術、管理已被公認為發展經濟的三大要素，管理則占有重要地位。現代科學管理已經成為發展國民經濟和科學技術的關鍵因素，已形成一門新的學科。整體來說包括兩大趨勢：

　　其一，管理越來越專業化。

　　管理人員是實施科學管理的決策者和執行者，是科技團隊的重要組成部分。經濟和科技方針、政策的確定，國民經濟和科學技術規劃和計畫的制定和執行，物資的購置、保管和調配，人才的培養和使用等等都離不開管理人員的努力。因此，從某種意義上說，管理工作者才是科技團隊的核心。這批人員的素養好壞，他們作用發揮的程度，對國民經濟和科學技術的發展，具有重大的影響。

　　其二，管理方法要不斷更新。

　　在近代管理史上，隨著生產的發展，管理者所發揮的作用日益顯著，管理者的組織功能越發重要，上層管理者在組織功能的實現過程中是不受下層制約的，隨心所欲，肆無忌憚，對組織可以「毫不猶豫的改組」，對人員可以「馬上解僱」，而被管理者只能俯首聽命，唯命是從。隨著社會大量生產的發展，生產分

工的深入，科學技術日新月異，現代管理組織功能日益重要，其組織分工更加明確，組織環節更嚴密，同一個組織內部的各個環節、部分的影響更強烈，更加密切相關。管理者僅是組織中的一個組成部分，再也不是主宰一切、橫行不羈的太上皇；被管理者再也不是管理者手中的工具，再也不是管理者頤指氣使的奴隸；被管理者在組織中的主動性、自主性越來越大，管理者受到的制約越來越多。從表現組織功能的組織形式看，從終身制向任期發展，從單一的薦舉、任命、選舉、考核等制度，發展到各種制度相結合，取長補短，相得益彰。高層管理者的組織形式，由個人發展到集團，越來越重視「智囊團」、「智庫」的參謀作用。精明的管理高手將會發揮出更大的潛在能力。

創造良好環境，激發員工潛能

你小組裡的每一位成員都有各自不同的才能和資質。如能讓他們發揮各自不同的潛能，將可以做出更大的貢獻。

1. **你只能把工作分派給你的直接部屬。**要求你的上級主管也同樣不把工作分派給你的工作人員。

2. **工作應分配給個人而非幾個人。**事實上，讓幾個人共同負起一個問題的責任，也是一件不可能的事。

3. **不要只把工作分派給小組中那幾個能力較強的高手。**不要低估人員的能力，要與你小組的每一位成員保持密切接觸，以了解他們承擔多大的責任。

有些能力很強而且富有野心的人，天生就很保守，你要有慧眼才能看出他們的潛在能力。不要讓他們沒有發揮的機會而離開你的公司，然後在別處一展長才。女性管理階層的比例至今偏低的原因，大半是由於許多女性不願出風頭，而她們的主管又沒能看出她們的潛能之故。

4. **對那些懷疑自己能力的人，你要加強他們的信心，並逐漸增加他們的責任，但是不要強迫他們接任太過繁重的工作。**很多有能力的人選擇在他們的能力範圍內，做好他們的工作，如果他們已經排定某項決策事項後，你在此時優先指派他們去執行別項工作的話，那是很不公平的。

5. **不要擔心你小組人員的工作負荷會太重，但是如果你的小組人員正處於一種不合理的工作壓力下時，你就要向你的上級主管請求增加新的工作人手**。你千萬不能去做那些應該由初級人員負責做的工作。

6. **不要為了讓你自己上班的日子好過些，就壓制那些能力強的工作人員的發展**。你如果讓有能力的員工眼睜睜看著能力不及他們的人來指揮他們的話，你是在自找麻煩，總有一天這個問題會爆發出來。

7. **對你自己的繼任人員要加以訓練，但是不要承諾他一定能獲得晉升**。如果你確信沒有人能接任你的工作，那麼你不妨想想看，你能接任上級主管的工作嗎？你的答案幾乎百分之百是肯定的；尤其如果你早已磨拳擦掌準備要接任他的工作的話，那更是沒有問題。因此我們大概可以肯定的說，在你的小組工作人員中至少必定有一個人可以接任你的工作，而這一個事實也使得公司在考慮提升你的工作職務時，更加容易處理。

有的放矢選擇領導方式

所謂「適應屬下性格能力」，換句話說，就是要依照個人的性格來加以領導。

領導方法有專制的、民主的、自主的這三種型態，這是眾所周知，你必須針對對方的情況，選擇適當的領導方法，才能提高員工的士氣。

(一) 針對性格加以領導

「因材施教」是最佳的教育方法，管理者在領導部屬時，也要依照部屬之性格來斟酌領導方法。個性軟弱與剛強的人，如果一視同仁，對士氣一定毫無效果，現就舉一個性格領導的例子吧！

1. 面對性格軟弱的人時

① 傾聽他們的意見，令其自由發言。

② 稱讚他們的長處，使他們深具自信。

③ 不要老是嘮叨、責罵。

④ 當他不安時，安慰他。

⑤ 先賦予責任輕的工作，並不忘稱讚他。

⑥　時常與他們在一起。

⑦　在未培育自信之前，絕不讓他們決定自己的工作。

⑧　對於艱難之事應有「慢工出細活」的心理，勿過分催促。

2. 面對強硬派人物

①　以指示命令性之方法，吩咐他工作。

②　對方有草率現象的，以斷然的態度對待。

③　隨時注意他，勿使搗亂。

④　使他高興、心甘情願的從事事務性工作。

⑤　令他從事有責任性、較艱難的工作。

⑥　對方爆發不滿情緒時，應和氣說明，設法解決。

⑦　幫忙安排工作。

⑧　無須隨便徵求他們的意見。

⑨　勿逢迎他們，也無須過分客氣。

3. 怠惰型 ── 這種人一定別有原因，設法了解原因

①　令其負起某些責任，使其對工作有興趣。

②　誇讚其長處。

③　令其從事有興趣的工作。

④　令其明白自己的怠惰。

⑤　指示目標，使其完成工作。

⑥　令其單獨完成工作。

⑦　命令嚴格。

⑧　使其從事腦力工作，發表對工作的意見。

這裡列舉了上述三個例子，每個人都有不同的性格，最好依照他們的性格研究對待之道。

(二) 針對能力來領導

現在再來談談針對能力來領導的方法，這又可區分為下述各種方法：

① 對工作未致熟練的人採取專制的領導作風。

　　② 對不很熟練的人採取民主領導作風。

　　③ 對那些資深、工作標準化、士氣高昂的人則採用民主的領導方式。

　　這種方法主要是決定於個人對工作的純熟度。在能力發展上而言，要使他由倚賴心漸轉變為獨立性。不論個人或團體，先要由指示、專制的作風轉變為民主、自由式作風才好。

（三）斟酌情況改變領導作風

　　除了以性格、能力的管理外，更要學習斟酌情況改變領導作風。

　　① 一旦決定了某項判斷，發個命令即可，若自以為具有民主作風，事事要徵得部屬的同意，很可能得不到結果。

　　② 開會無法獲得最後結論時，此時無論如何商量都沒用，管理者應以自己的理想做最後的決定，但不能讓人說閒話。

　　③ 發覺錯誤時應盡量舉出實例，使其強制改善。但若當事人已察覺並能加以檢討時，令其做自主性的改善就可以了。

　　④ 欲培養員工們之責任感時，最好採用自主性的領導法。

　　⑤ 在緊急情況下處理罕見問題棘手的事情時，必須採用專制的領導作風。

　　⑥ 要變更已決定了的工作程序，或者修改法規時，或是呼籲遵守安全規則時，須以強制性的命令來執行。

　　以上是分別就當時情況及所遇對手的不同而說明了各種應急的處理方法，但也勿過分拘泥於專制或民主，過於意識化也不好，只要啟發部屬能自動自發與你合作即可。只要秉持著這種想法，無論何人、面對何事都能處理得井然有序。

　　話雖如此，在領導方式上絕不可胡來，仍須有個強而有力的領導方式。

　　最重要的領導方式，必須尊重部屬的意見，自己也須有準確的判斷以決定意志，也就是說要用一個明確的指示來領導部屬。

管理中的激勵程序

管理中的激勵要有一定的目標與計畫，制定可行的實施程序。激勵一般要按以下程序進行：

第一，了解需求。管理者必須要知道員工有什麼要求、需求的強度如何，才能採取相應的激勵措施。否則，激勵措施便沒有針對性，難以獲得滿意的效果。

第二，分析需求，制定計畫。對員工需求的性質、結構等因素進行深入分析，抓住關鍵問題，也要對影響個人行為的環境因素進行分析，並據此制定激勵員工的方案。

第三，實施激勵措施，激發員工積極性。

第四，資訊回饋。根據激勵措施實行情況，對員工的需求和激勵的有效性進行分析，對激勵措施進行適當改進，並進一步發現員工的新的需求，為新的激勵準備條件。管理中的激勵是一個不斷進行的過程，透過激勵，原先的需求滿足了，又會出現新的需求，就要進行新的激勵。組織要在不斷進行激勵的過程中提高管理水準，增加組織效益。

激勵的多種方式

在組織活動過程中，能夠影響人的行為的因素多種多樣，管理者可以針對員工的各種需求採取相應的激勵措施。根據激勵方法的性質，管理過程中出現的激勵方法主要有以下幾類：

① 工作激勵

工作激勵是透過工作安排來激發員工的工作熱情，提高工作效率，包括三個方面的內容：

第一，分配工作要考慮員工的愛好與特長。每個人都有自己的優勢和劣勢，水準再高的人也難免有自己的不足之處，水準再低的人也總會有某些獨到之處。分配工作時，要把工作對知識和能力的要求與員工的自身條件結合起來，即根據員工的個人特點來安排工作。每個員工都是一個不同於他人的個體，他們的需求、態度、個性等各不相同。安排工作時要認真研究每個人的特點，用人之長，

避人之短，充分發揮每個人的才能。在使工作的性質與內容符合員工的特點的同時，還應盡量照顧員工的個人愛好，使個人興趣與工作加以結合起來。員工對工作有興趣，才容易發揮情緒智力，去提高工作的技術水準和效率。

第二，充分發揮員工的潛能。工作安排要有一定的挑戰性，能激發員工奮發向上的精神。在工作所需能力與員工能力的配對方面，應使工作的能力要求略高於員工的實際能力。如果員工的能力遠遠高於任務要求，就會感到自己的能力沒有充分發揮出來，日久天長會對工作失去興趣，產生厭倦情緒。如果員工的能力遠遠低於任務的要求，一開始會努力去做，希望獲得成功，但經過幾次失敗以後，便會喪失信心，放棄努力。如果把任務交給略低於要求的員工，只要他積極努力，則既可以順利完成工作任務，又可以在工作中不斷提升自己的各方面能力。

第三，工作豐富化。在行為科學的理論中，諸如挑戰性、成就、讚賞和責任等都被認為是有效的激勵因素。工作豐富化不是職務內容的簡單擴展，而是要改善工作的性質，提升工作與生活的品質，在工作中建立一種更高的挑戰性和成就感來提高員工的工作熱情。可以透過以下措施使工作豐富起來：在工作的各環節中給員工更多的自由，盡可能多的賦予他們解決各種問題的權力；鼓勵下級員工參與管理；讓員工對個人的工作任務有個人責任感；使員工認知到自己的工作對組織所做的貢獻；改善員工工作條件。

② 報酬激勵

報酬激勵是對員工的工作成果進行評價，並給予相應的獎罰。對員工的考評應客觀公正，要有系統的考核指標與嚴格的考核制度，防止管理人員憑主觀印象評價員工工作。應主要從工作實績、態度、個人能力等方面對員工進行考察，以對員工的個人業績和發展潛力等問題得出正確的結論。報酬的內容分兩種：物質報酬與精神報酬。物質報酬主要是指薪資、獎金或物質方面的獎罰；精神報酬是指各種榮譽表彰或批評。物質或精神方面的獎懲都會直接影響人們的行為。

為了持續有效的激發員工的積極性，應正確使用報酬激勵，關鍵是要注意兩個問題：第一，做到合理付酬。亞當斯的公平理論已非常清楚的說明了員工是如

何評價自己所得到的報酬是否是公平的。要使員工感到公平，就必須真正做到按勞分配，將員工的報酬與其勞動成果緊密結合起來。而且報酬的標準應該統一，同樣的工作用同樣的標準來評價成果，用同樣的標準付酬。第二，處罰合理。有效的處罰同樣可以產生明顯的激勵作用。當員工在工作中出現錯誤或失誤時，應及時給予必要的批評指導。對員工的批評要出於良好的目的，對事不對人，要有說服力，使人容易接受。必要時應給予經濟處罰。不管是口頭批評還是經濟處罰，都要注意把握分寸，合理運用技巧；否則，可能出現適得其反的效果。

員工的工作積極性與其自身的素養有直接的關係。自身素養高的人，進取精神一般都比較強，容易產生自我激勵，在工作中表現出較高的工作熱情。因此，透過教育與培訓員工的自身素養，增強員工自我激勵能力，是管理者重要的激勵方法。

員工教育與培訓的內容：業務技能培訓。

業務技能培訓是提高員工素養的重要手段。業務素養與員工的進取精神是相互促進的。強烈的進取精神可以促使員工努力工作，獲得良好的業績，提高業務素養；較高的業務素養能夠使員工有更多的成功機會。因此，應十分重視對員工的業務與技術培訓，提高業務素養，培養進取精神。業務培訓應根據組織的需求和個人特點進行：對管理人員應培訓其現代化管理的理論知識及處理實際問題的能力；對普通員工則需要進行文化知識教育及職位操作技能的培訓，提高作業水準。針對員工特點的教育與培訓切實提高業務素養，有效激發工作積極性。

人才是用之不竭的資源

一個企業能夠獲得龐大的成功，並不僅僅在於擁有高品質的儀器設備和先進的廠房環境，更不在於它擁有暢銷的產品，更重要的是取決於人的智慧。人是靈活多變的，人可以隨機應變，也只有人，才可能在複雜多變的艱險環境中，尋找最理想的對策和解決方法，披荊斬棘，排除萬難，把經營風險、生產風險、盡最大努力減到最低最合理的程度，從而在荊棘叢生、坎坷滿途的商業路上「殺」出一條光明大道，在波濤翻湧、濁浪排空、暗礁林立的商海中乘風破浪，一

帆風順。

日本著名的松下電器公司前任總經理山下俊彥便曾經這樣說：

「歸根究柢，企業是人的集團。無論總經理和一小批主管多麼出色，倘若其餘 90% 的人員只會消極的唯命是從，那麼這家企業就難以發展，若不是人人都有向新事物挑戰的氣魄，企業就不可能前進。」

一個成功的企業領導者，同時也必須是一個開發人才資源的「總工程設計師」，必須具有用才、育才、引才的競爭思維。

不要小看人才的管理，企業是人的集團，人聚集到一起，形成公司，形成企業，形成集團，競爭也便越來越激烈，越來越艱難，人與人的競爭，無非是人的智慧和聰明才智的較量。人的大腦是一個神祕的裝置，掌握了知識的頭腦便成為了神祕的「魔盒」，成為一座取之不盡、用之不竭的「金礦」，成了「聚寶盆」。沒有誰能夠清楚，擁有一個人才，會為企業帶來多大的好處。

無論是白手起家的創業者，還是轉虧為盈的改革家，沒有哪一個是單單靠著先進的機器和設備發展起來的。最根本的便是人，人的智慧。聰明的企業家往往首先認知到這一點，並在這一點上入手，大作文章，掌握這些有形而無價的人才，去發掘他們無比巨大的潛力，必將使企業一步步騰飛起來。

第二十四計／馭下有方

規章制度必不可少

一些人把公司的規章制度視作是官僚作風的標誌，並且極力避免討論這個問題或者把它視若瘟疫。一些見諸於報端的證據表明了有幾家較大的公司儘管沒有規章制度，也一樣可以獲得成功。

儘管如此，如果你沒有制定出一些公司的規章制度，那麼不久你就會發現自己處於這樣的境地——在這樣的境地下，你才知道規章制度對你的重要性。規章制度能使公司的員工知道哪些事是可以做的，哪些是不可以做的。

1. 衣著打扮不能太隨便

如果你在公司裡並不需要接待顧客或客戶，你也許可以穿得輕鬆一些。但你的著裝不能隨便到讓人看起來不舒服 —— 太窄太小的服裝或 T 恤傳達的是庸俗的訊息。當然，這種開明的政策也有可能導致部分員工的著裝打扮達到隨心所欲的地步，但一想到尊重員工的態度為你帶來好的好處，這種作法還是值得的。

如果經常有顧客或客戶到你的公司來，那就對這些要經常和顧客或客戶打交道的員工的著裝訂幾項標準 —— 要穿襯衫而不能穿 T 恤；穿寬鬆的褲子而不能穿牛仔褲；穿鞋面未高過足踝的鞋子而不能穿膠底帆布鞋；可以穿裙子但不能穿超短裙。

2. 遵守上班時間

制定固定的上班或換班時間表。為了滿足某些員工的特殊需求，你可能想讓他們把工作時間安排得靈活一些。例如：某位職員為了安頓孩子，需要上下班的時間都要晚一點。你可以讓他的工作時間安排與別人有所不同。但這只是一個例外，你還得堅持讓所有的員工必須遵守統一的時間表。工作時間安排得合理化，可以表現出你是公平對待所有員工的，同時還可以避免花時間去記大量不同的工作時間表。

即使某位員工加班，你也應要求他每天準時上班。除非情況非常的特殊，否則就必須按所制定的工作時間表嚴格執行。

3. 不許亂打私人電話

沒有必要制定關於私人使用電話、打本地或長途電話的特別規定。沒有關於電話的特別規定的後果會在你的電話費裡反映出來，而有特別規定的後果卻從員工態度裡反映出來。大家會覺得你這人心胸狹窄，沒有肚量，並對你產生不滿。

當然，如果哪位員工卻因此而濫打電話，那你也可以對他採取一些行動。有時發現某個員工在電話裡只是在閒聊，你就可以讓他以後很難再接近電話。當然，如果他在其他方面的表現還不錯的話，那麼解僱此人不是你的選擇。

4. 吸菸的到一邊去

你有必要旗幟鮮明的表明你對吸菸的立場。如果某個人是個老菸槍，你是不會在他隨心所欲抽菸的環境中和他一起工作的。

你要把你對吸菸的政策告知新進的職員。如果新來的人是個老菸槍，他將會驚奇的發現他不能在辦公桌前自由的吞雲吐霧了。而不吸菸的人在發現他們的同事可以隨意在辦公室裡抽菸時，也會覺得心煩意亂的。

如果某人是個老菸槍，而你又宣布了辦公室是禁菸區。那麼這個老煙槍會怎麼做，出去？當然，這是個辦法。但是在寒冷的冬天，在人行道上吸菸那是難得一見的事。在辦公室裡，把他們集中在屋子前面去吸是缺乏吸引力的。那就替他們找個偏僻的角落。因為，無論如何老闆都不容易做到讓吸菸者和非吸菸者都皆大歡喜，但是，如同大多數公司一樣，應該有更多的員工是不吸菸的。

5. 借錢要有個限度

大多數的員工沒有接受過專門的財務知識的教育，缺乏理財的能力。那就幫你出個主意，讓那些在你公司做了幾個月的員工適量的向你借一筆短期貸款。不用他們支付利息 —— 那顯得你太小家子氣了。但要從他們的薪水中扣除應償還的金額，並且讓員工們寫一張簡單的借據，說明借款的數目、還款期限，並要保證不管以任何理由離開公司，都要立即足額償還所貸款項。

在員工向你貸款之前，你規定一個貸款的額度。你遲早會發現，由於某個員工離開了公司，你無法收回給他的貸款而要蒙受一定的損失。儘管有這樣的缺點，但要記住，從長遠來看，對員工的借貸制度將會增強公司的實力。

警惕私人公司的「家族式管理」通病

私人公司在用人問題上，長期以來陷入了「先家族而後企業」的怪現象，不少公司首先考慮的是家族成員怎樣安置，但從不認真考慮這種安置對公司合不合理，對公司有不有利、能不能激發全體員工的工作積極性等。這種用人機制上的僵化性特點，具體表現如下：

1. 用人只講求忠誠而非表現

忠誠成為用人的標準，只要你在公司中對老闆忠誠，對家族成員忠誠，對企業忠誠，你就會得到任用，至於你有沒有才能，工作能力怎麼樣，則是次要的問題。這樣，忠誠而少才的人也就有了走上重要工作職位的機會，成為掌握企業命運的關鍵人物之一。

這種用人準則既是似是而非的，又不是科學的。忠誠固然是一個優異的品質，是公司所必需的，但如果到此為止，除了忠誠這一資本外，就沒有什麼資本可奉獻給企業，才能平庸，空有熱情，而無能力把事情做好，更不用說具有創造性了，那麼，用這樣的人是弊大於利，在某種情況下甚至無利可言。當然，如果能把忠誠和才能結合起來，做到才能優先兼顧忠誠，那就是再好不過的事了。但很少有私人企業能夠好好的做到這點。

2. 人們不敢公開批評老闆，而老闆的指責多於商量

一般說來，私人企業奉行的家長政治、專制作風，家長在企業中享有至高無上的權威，他的命令就是絕對命令，他的主張就是絕對主張，他的話就是金科玉律，就是聖旨，你做屬下的只能貫徹、服從和執行。你必須主動扼殺自己的想法，不能頂撞他、批駁他、指責他，否則你就是大逆不道，不尊重一家之長，因為他任用了你，你就得感激他、服從他，而他批評你、指責你，則是天經地義的，甚至是關心愛護你的表現。

這種狀況的惡果是顯而易見的，在「家長」的壓制下，沒有民主，意見不能表達，堵塞了員工的「進諫」之路，難以激發員工的積極性，難以培植起企業主人翁的責任感和歸屬感，致使人才遭到壓制或人才外流。

3. 注重內部的人際交際、權力鬥爭，而忽略外界的大環境

私人企業最大的內耗是人際關係問題和權力鬥爭。一些老闆為了維護企業的團結與和睦，常常疲於協調、平衡各方關係，解決人際關係上的矛盾和衝突。尤其是家族成員之間爭奪繼承權或要職時，老闆更要分散有限的精力。然而，正當自己的企業陷入人力內耗時，其競爭對手則團結一致、眾志成城的向你「進

攻」，致使你成為競爭中的犧牲品。

因此，私人企業在重視內部人際關係時，也應重視外部人際關係，這樣才能走出「內憂外患」的困境。

4. 人情關係至上，「濫竽充數」者眾

由於是家庭成員，雖然能力不夠，但仍擔任某一高職，工作效果不好也難以請他辭職，於是只好留下成為閒人。這類現象在家族企業中相當普遍，只要是家族企業中的家族成員，不論他的職位或級別如何，甚至也不論他擔任哪種工作，都擁有一種權威和權力的地位。他作為老闆的兒子、兄弟或姻親，就擁有一條通向最高層的內線。不管是什麼級別，他的實際地位都屬於高階管理層。

正確的作法絕不應是這樣的。如果他不能以自己的品德和成就贏得作為高層管理成員所應有的尊敬，他就不應在公司中工作。

也許某位確實應該受到老闆的幫助，但如果他確實不夠進入管理階層的條件，那麼，你寧願給他一份中階人員的薪水，也不應讓他擔任什麼工作，因為這樣做你雖然損失了一份薪水，但卻避免了更大的損失：他如果名不副實的在你的公司工作，對家族的地位、吸引力及留住能人、升遷能人等各個方面，都會產生不利影響。

5. 很難吸收非家族成員進入管理層

表層原因在於管理層職位多數由家族成員所把持，深層原因則往往是老闆或家族成員不信任外人，或對外人缺乏足夠的信任。「安內攘外」可以說是私人企業在用人上的一大痼疾，根治起來非常困難。這需要老闆不斷開闊胸襟，走出狹隘的封閉性思維老套，把自己企業用人機制的建設納入現代企業人才競爭機制建設中去考慮，做到用人不疑，廣納天下賢士，為企業發展注入新鮮血液。成功的家族企業，無一不是重視引進非家族成員的賢能之輩，或在家族企業員工中提拔佼佼者。

6. 不願意放權和放手

「專權」是私人企業的一大特點，是造成用人機制僵化的根本原因。其實，

你作為老闆，儘管你確實能力超群，一枝獨秀，但你也必須承認，個人的能力畢竟是非常有限的，而一個人如果去做能力以上或以下的工作，都容易遭到失敗。

為了避免能力發揮上的缺點，你應當下放一些權力，把自己的權力和責任適度的交給員工分擔，讓員工盡最大努力去獲得好的成績，這才是提高工作效率最科學的方法。但還不能到此為止，放權還不等於放手。有的老闆形式上放了權，把權力授予某人，實際上卻並沒有放手讓他去做，在決策上、具體問題上都去進行干預，結果導致權力放而不到位，當事人並沒有多少自主權。因此，如果你放了權，還應同時放手，盡量能讓他獨立的、自主的去運用手中的權力，為你的公司事業服務。

7. 一般沒有長遠的用人計畫

最集中的反映是沒有人才培訓計畫，不能對員工進行分期分批的培訓，或舉辦參觀、學習和考察，致使企業人才匱乏，員工素養和技能普遍不高，難以達到企業發展所必須的要求，從而導致企業發展底氣不足，在與現代企業以人才為核心的競爭中敗下陣來。

8. 老闆往往不能正確應用自己

老闆的思維定勢通常是考慮怎樣管理別人和任用別人，卻並沒有把自己的管理和任用考慮進去。諸如自己怎樣才能合理利用有限的時間完成盡可能多的任務，並不被一些老闆所重視。他們常常感到遺憾沒有時間去做想做的事情，卻很少關心利用有限的時間去做這些事情。似乎總也忙不完，總被各種事務纏住，千頭萬緒，結果卻莫衷一是。

其實，世界上不少成功人士，短暫的一生卻有輝煌的成就。更有一些人行事有條不紊，從容之間就完成了了不起的事業。

可見，你不能被時間牽著走，應當緊緊抓住並把握住時間才是上策。私人公司老闆要調整思維，不要像你在人群中計數一樣，記住點了別人卻忘記了點自己，結果總數中唯獨沒有自己。因此，你管理、任用他人的時候，也別忘了有效的管理和使用自己，充分發掘自己的潛能，提高自己的工作效率。

以上 10 個方面的問題，私人公司老闆必須正視並加以解決，你的企業才會充分有效的利用人力資源，激發起家族成員，特別是員工的工作積極性，激發起他們的主人翁責任感、使命感和創造欲望。

克服使用人才的種種盲區

韓愈在《馬說》一文中談到：用才不當，原因有三：一是「策之不以其道」，即駕馭千里馬不根據牠的特性，不掌握其所長。二是「食之不盡其材」，因為千里馬能跑能吃，把牠和普通的馬一樣餵，普通馬吃飽了，牠吃不飽。三是「鳴之而不能通其意」，當千里馬發出呼叫，馭馬人也不能理解牠。對馬有種種偏見、誤用和不理解處，對人才何嘗不如此呢？真正做一個能辨才用才的人是何等不易。

1. 克服照顧關係的盲區。

在用人上講關係，是歷代歷朝官場的一大流弊。一人當官，雞犬升天；一人罷官，株連九族；子繼父業，世襲祖爵；夫賢妻榮，光宗耀祖。這種惡習在今天雖然不很明顯，但仍在扭曲著少數用人者心理。在用人時，往往不是以看這個人的能力水準為主，而是看這個人與上下的關係怎麼樣，特別是與他個人的關係怎麼樣，人緣不好關係不行，本事再大也不用。

2. 克服印象感覺的盲區。

企業家如果只靠印象感覺心理衡量人，在選人用人上往往會目光短淺，不能起用真正的能人，還很可能被心術不正的「小人」有機可乘。有這種心理的管理者，一是犯了戴著有色眼鏡看人的毛病，所選用的人都是同一種色彩的、同一種風格的、同一個調子的。這種清一色的人聚合在一起，形成不了有力的群體結構，阻礙著效能的發揮。二是患了選才近視症。以印象感覺看人，就不可能放寬選用人才的視野，從全企業甚至大的範圍內選人才，而只能滿足於從身邊好幾個老熟人中間挑選用人。

3. 克服大才小用的盲區。

據說千里馬從西北沙漠地帶跑到古代江西豐城，其間雖相距萬里之遙，但千

里馬須臾即至。但是如果把千里馬困在小庭院裡，那麼牠只能艱難的緩步行走。出現大才小用的原因有三：一是大才者往往恃才傲人，清高自詡，企業家又沒有「倒履相迎」的愛才之心。二是管理者存有武大郎開店，高於我者不要的心理。三是人才的才能沒有發揮施展的機會，所以不被認識和理解。能夠發現有才能的人並且大膽起用，實在是企業家的必備人素養。美國著名實業家、「鋼鐵之父」卡內基的墓碑上刻著一首短詩：「這裡躺著的是這樣一個人，他深諳如何將自己周圍的人變得比他自己更加聰明。」卡內基敢用強過自己的人，他肯定是不會大才小用的。企業家們要像卡內基那樣，大膽起用能人，必要時，為了企業興盛可以讓賢。切不可壓抑人才，大才小用。

4. 克服用非所長的盲區。

《水滸傳》中的李逵陸上功夫十分了不得，兩把板斧舞動起來，威風凜凜，但被浪裡白條張順誘下水去，別說施展拳腳，連自家性命都難保。一些企業家們往往忽略了用人之道理，經常做出些硬逼「李逵」下水，非要「張順」上岸的蠢事。1979年，德國最大的冷軋鋼廠領導者被西方企業界評為最優秀的女經理人，她曾說：「作為一個經理人，應當知人善任，了解每一個下屬的工作能力和特長。在安排工作時，應將合適的人放在適合他能力特長的職位上。」清朝魏源在《洛七篇》中寫道：「用人者，取人之長，避人之短。不知人之短，不知人之長，不知人長中之長，則不可以用人，不可以教人。」企業家在用人時，若不能用其所長，則不可以用人，不可以教人。企業家在用人時，若能用其所長，則下屬工作積極，管理效能倍增。如果用非所長，使人才勉為其難，即使再做大量的訓練，其效果也不會好。

5. 克服愛而不用的盲區。

人才都有個最佳時期，即學識、閱歷和年齡都處在「黃金時代」。善於駕馭人才的領導者，就乘其精力旺盛，雄心勃勃之際，大膽使用。若等到人才銳氣已盡，稜角已平時，即使委以重任，也不可能有大作為。在很多公司就有這種情況，往往在一個人年老力衰，心力交瘁時，再照顧安排個職務，這確實是一種可

悲的現象。企業對人才不可做「葉公好龍」，口頭上說愛護人才，實際把人才閒置不用，或者用而不當。許多分公司、單位都存在這種情況。人才在總公司、單位招聘、調用時，又不放，這實在是令人痛心疾首的事情。企業家對人才一定要愛用一致，切不要口是心非。

選賢任能效果顯著

企業最高領導者在選擇企業基層領導者和管理者時，應特別注意研究和實行恰當的選人程序和方式。美國汽車裝配工廠在這方面的做法頗為獨到。他們把招賢選才的程序和方法概括為八個方面，對大中型企業很有借鑑意義。

1. **初選**。企業需要哪一類高階主管和管理人員，首先由企業人事部門張貼布告公布。有興趣的員工可「毛遂自薦」，向人事部門提出申請，為了便於全面了解，申請人提供的情況越詳細、越準確、越有說服力越好。

2. **複查**。由申請人所在職位的直屬主管對其工作情況提出評語。

3. **平衡**。人事部門根據申請人的「自述」和其他主管的評語，提出初選名單；同時對被淘汰的人提供幫助，使之在不久的將來能夠成為合格的應徵者。

4. **面談**。由幾個業務領導者和人事高階主管組成選拔委員會，以面談的方式來考察獲得初選資格的員工。並根據每次面談所獲分數的高低決定對該員工的取捨。

5. **訓練**。面談評分達到標準的員工，才有受訓的資格。訓練內容包括：「熟悉公司所有情況，在相關業務科室接受業務指導」。

6. **實習**。訓練結束後，根據工作需求和學員的志趣到相關部門、工廠和廠房實習，由富有經驗的基層領導者負責指導。

7. **課堂實習和案例實踐**。召集學員學習管理理論知識和相關法規（如勞基法）以及各種技術裝備原理。然後根據授課內容分別安排專題案例實踐。

8. **考評**。上述各個步驟完畢，由領導者對其為人秉性、判斷能力、理論水準、機智程度、思想觀念、工作品質、領導能力、服務態度等進行綜合評價。再由接收單位的人事部門複查，正式確定後選用。

上述做法的效果是不言而喻的，有人羨慕美國汽車裝配工廠的高、中、低層領導層人大都精明強幹。的確，以這種獨到的方式推選出的人才，他們在各自的工作職位上，忠實而又全面的履行自己的職責，成為企業名副其實的中堅，不少人還逐步步入了企業高層領導者的行列。

令員工心悅誠服的 40 種細膩手法

如果老闆在日常活動中給人留下馬虎、漫不經心的印象，就會遭到員工的輕視；反之，老闆以精明能幹的形象出現在員工面前，則會增加他們對你的敬畏。想呈現精明能幹，不妨從日常的一點一滴做起，透過一些小技巧來「包裝」自己。以下方法可供老闆參照。

1. 如何給員工精明能幹的感覺

· 開始講話之前，將要講的內容擬定好幾個要點，可以使員工產生老闆頭腦清晰靈敏的印象。

· 凡事歸納成三個要點，可以表現你具有優越的歸納能力。

· 把一件事情在三分鐘內敘述完畢，這是精明幹練的老闆的說話祕訣。

· 在會議的最後做好總結性的發言，可以讓員工留下老闆具深厚才能的印象。

· 使用極其明確的數字，可以讓員工覺得你思維周密。

· 探討自己專業範圍的話題，不使用專門術語比較會使員工對你產生好感。

· 對於一些暢銷書籍可以不必詳看，但必須表示出予以關注的態度，可以讓員工留下你緊跟時代潮流的印象。

· 與員工共餐點菜時，如果猶豫、遲疑不決的話，很容易被認為是沒有決斷力的人。

· 在約定下次見面時，先看看行事曆後再決定時間，可以表現你的細心周到。

· 為了讓人看出自己是個從容不迫的「人物」，盡量放慢動作可以達

到效果。

· 背著光線面向別人時，可以使對方對自己看得比實際上更高大。

· 老闆的業餘特長遠離自己的工作範圍，會讓員工留下深刻印象。

· 為了使員工看出自己能力不凡，在宴會等場合與要人相鄰而坐。

· 坐著的時候，保持挺直端正的姿勢，可以表現你是個「意志堅定者」。

· 一面注視著員工的眼睛一面交談，能使員工覺得你誠懇正直。

· 老闆與人約定時間時，不約定「幾點整」，而約定「幾點幾分」，更容易被認為是有魅力的人物。

2. 如何提高員工對你的信賴感

· 為了表現正直的個性，可故意暴露一些缺點。

· 對自己不知道的事，誠實的說不知道可以得到員工的好感。

· 對群眾發表演講的時候，注意講話速度要比平常慢一些。

· 打電話的時候先詢問對方情況，可以吸引住對方聽話的情緒。

· 對自己不利的事情無須開場白，直截了當的將事件原由說出，可使人注意到你有強烈的責任感。

· 犯了過錯時，與其辯白，不如以彌補過失的行動做出表示，如此較能強調出你的誠意。

· 為了提高屬下的忠誠態度，有時不妨斥責小錯誤，而忽視大過失。

· 會使對方感到不痛快的談話，一開始就事先表明，則可使對方不痛快的感覺淡化，甚至轉化為對你的好感。

· 對一個正在惱怒的員工提出批評意見時，最好是在稍後的「空檔」裡。

· 重述對方所提的問題，可表示對員工的問題抱著相當認真、重視的態度。

· 向員工提出相反意見時，不要對員工造成你持有質問態度的傲慢的感覺。

· 和員工喝酒的隔天早上，比平常更早到公司，可表現你的責任心。

· 對一個情緒低落的員工表現出聆聽的態度，能夠增加他對你的信賴。

- 即使在假日的時候拜訪員工，也要儀容端莊，可向對方強調出老闆的一片誠意。
- 對不在現場的員工表示關心，能讓人留下主管心思細密的印象。
- 當員工向你匯報工作時，即使你不贊同對方的意見，也不可把視線轉移到別處或下垂，以免給員工不愉快的感覺。

3. 如何讓員工覺得你親切隨和

- 強調與員工的「共同目標」，可以表現你是一位很容易親近的老闆。
- 對初見的對方，採取並肩而坐的方式，可以使彼此很快的親近起來。
- 製造機會使自己在不經意中靠近員工，可縮短彼此距離，消除相互的對立情緒。
- 尋找和員工性格中的共同點，並強調一些細微的部分，可以讓人留下坦率爽朗印象。
- 把員工所說過的一些細微小事記下來，日後再提出來，可表示出對員工的關心程度。
- 任何事都事先徵求一下別人的意見，可以表現你的民主作風。
- 指出員工外表服飾上的細微變化，可以表現你對屬下的深切關心。
- 「請教你一個問題」、「想請你幫一個忙」等滿足對方自尊心的話語，可以幫助你樹立親切隨和的老闆形象。
- 經常用「我們」一詞來強調與員工的同樣意識。
- 在會話中頻頻呼叫員工的名字，可以增加你與員工親密感。
- 記住員工的結婚紀念日或生日，很容易讓員工留下好印象。
- 見面的時候不經意讚美一下對方，這是贏得員工好感的最快捷徑。
- 贈送禮物給員工的家人，可以加強員工對你的好感。
- 為了使員工覺得你是個朝氣蓬勃的老闆，偶爾不妨和年輕的屬下一樣，穿著比較時髦的服裝。
- 時常親臨屬下的座位談話，可以對屬下營造你「很好說話」的印象。
- 對於自己的長處，借助「第三者」的說法來表現，則不會讓員工產

生反感。

- 為了表明和公司已融合為一體，在服裝打扮上應與公司的氣氛相配合。

- 即使是普通的出差旅行，回來時也要買一些當地名產送給同事或員工，這樣較容易讓人留下好印象。

- 在談論自己個性的時候，與其宣揚自己的成就，不如談談自己以往的失敗。

五

商戰謀略篇

第二十五計 / 合縱連橫

互惠互利，共同發展

　　商業管理學認為，當貿易的雙方都遵守互惠原則時，就會演變成自由貿易的關係，反之若有一方不遵守互惠原則就會形成保護主義。向對方敞開大門，既有利於吸收對方的有利方面，也有利於發揮自己的優勢，可以說，這是一個十分有效的商業原則。

　　從商業的發展來說，企業結盟的最大一股推動力是市場和技術。在過去，不同的技術各自獨立發展，很少重疊。今天，幾乎沒有一門技術還是這種情形，即使是大公司的研究部門，都沒有辦法供應公司需要的一切技術。所以，製藥公司必須和遺傳學家結盟，電腦硬體和軟體公司結盟。技術發展越快，企業也就越需要結盟。在這種結盟的背景下，技術和資訊的交流，資金和人員的滲透都會為自己的公司和夥伴公司帶來龐大的活動，並極大限度的降低自己的經營成本，所以說，商業合作的魅力就在於此。

商業合作要共享共榮

　　商業合作應該有助於競爭。聯合以後，競爭力自然增強了，對付相同的競爭對手則更加容易獲取勝利。但是，有許多公司之間的所謂聯合，只是一種表面形式，在利益上並沒有達到共享共榮，這種情況往往就容易讓對手從內部攻破而導致失敗。

　　戰國時，魏國在選擇聯合對象時所注意的一點是「遠交近攻」。韓、魏、齊三國結成同盟，打算進攻楚國。但楚、秦乃是同盟，不小心謹慎行事，秦國就會出兵。因此三國先向楚派出了使者，表明了友好的態度，提出進攻秦國的建議。三國的提議，對楚國來說是收回曾被秦國掠奪的領土的好機會。楚國答應了這個建議的情況被傳到了秦國後，韓、魏、齊三國先向楚發起了進攻，但秦國卻坐視不管，於是獲得了全勝。楚、秦二國就是在選擇合作夥伴時不慎，付出了沉重

的代價。

由此可知，商業合作必須有三大前提，一是雙方必須有可以合作的利益，二是必須有可以合作的意願，三是雙方必須有共享共榮的打算。此三者缺一不可。

「本田」捨近求遠建立銷售網

當今世界摩托車銷售中，每 4 輛就是有一輛是「本田」產品，從這個數字裡可以看出「本田」銷售網之大。但如此龐大的銷售網卻是從日本的腳踏車零售商店開始起步的。

1945 年，第二次世界大戰結束。本田宗一郎弄到了 500 個日本軍隊運載機動電臺的小引擎。他把這些小巧的引擎安裝到腳踏車上。這種改裝的腳踏車非常暢銷，500 輛很快就售完了。

本田從這件事上看到了摩托車的潛在市場，成立了「本田技研工業株式會社」，決定開創摩托車事業。

一批批可以裝在腳踏車上的引擎生產出來了，光靠當地的市場是容納不了的。本田宗一郎面臨著如何將產品推銷出去的問題。

本田找到了新的合夥人，他叫藤澤武夫，過去是一位對銷售業務自有一套的小承包商。

當本田與藤澤商量如何建立全國性的銷售網時，藤澤建議說：「全日本現在約有 200 家摩托車經銷商店，他們都是我們這樣的小製造商拚命巴結的對象，如果我們要加入其中，就要損失大部分的利益。」

「但同時，你不要忘記，全國還有 5 萬 5 千家腳踏車零售商店。」藤澤接著說。「如果他們為我們經銷引擎，對他們來說，既擴大了業務範圍，增加了獲利管道，同時又能刺激腳踏車的銷售。加上我們適當讓利，這塊肥肉他們不會不吃吧？」

本田一聽，覺得是個妙計，請藤澤立即去辦。

於是一封封信函雪片般的飛向遍布全日本的腳踏車零售商店。信中除了詳細介紹引擎的性能和功效外，還告訴零售商每只引擎都會給他們回扣。

兩星期後，1,300 家商店做出了積極的反應，藤澤就這樣巧妙的為「本田技研」建立了獨特銷售網。本田產品從此開始進軍全日本。

摩托車經銷商離本田雖然「近」，對銷售摩托車業務熟，並有廣泛的業務網路，但是近而不「親」。

腳踏車零售商距本田雖然「遠」，對本田產品銷售業務不夠熟，大多是腳踏車客戶，但是遠有「意」。

在「本田技研」的起步之初，捨近求遠，以腳踏車零售商為基礎，躋身摩托車市場的策略，獲得了顯著效果。

「阿姆卡」聯姻拔頭籌

現代電氣高科技的迅速發展對電氣材料不斷提出新的要求；大量的新材料應運而生。製造節能變壓器鐵芯的新型低鐵的矽鋼片就是其中一種。

一開始，美國電氣行業執牛耳者的美國奇異公司和西屋公司，以及實力不很強的阿姆卡公司都在研製新型低鐵矽鋼片，而競爭的結果卻被阿姆卡公司拔了頭籌。

這正是阿姆卡公司十分重視資訊情報工作。在研製新型低鐵省電矽鋼片的過程中，發現「奇異」和「西屋」也在從事同類產品的研製。遠在地球另一端的日本鋼廠也有此意，而且準備採用最先進的雷射處理技術。

阿姆卡公司分析形勢後認為，以自己的實力繼續獨立研製，可能落在「奇異」、「西屋」之後，風險極大。若要走合作研製之路，應必須選擇好合作者。

與「奇異」、「西屋」聯手，是「近親聯姻」，未必有利於加快研製過程，再者將來只得與之分享美國市場，還得考慮崛起的日本鋼廠。

與日本鋼廠並肩合作，是「遠緣雜交」，生命力旺盛，研製過程自然會加快，而且將來的市場大，可以太平洋為界。

於是，阿姆卡選擇了日本鋼廠作為合作夥伴，結果比預定計畫提前半年研製成功。

阿姆卡採用「合縱連橫」的策略，最後終於戰勝了「奇異」、「西屋」兩大強

勁的對手。

「一網打盡」的連鎖經營方式

在零售業中，有一種經營方式頗有成效。這就是處於同一地帶的一些商店經營互相有關連的產品，比如你經營成衣，我經營領帶、胸花、襪子、內衣等；或者你專營餐廳，他專營菸酒等，從而形成連鎖經營。

這種連鎖經營的優點就是「關門捉賊」，即能吸引顧客，滿足顧客的各種要求，使顧客在連鎖店控制的區域內，完成購買行為。

生活中，我們都有這樣的體驗：購物都喜歡到商場、能連環購買商品的商業中心。一家商店並不能滿足顧客的所有需求，只有商業區才能吸引眾多的顧客，這種道理是顯而易見的。

例如，顧客在一家服飾店買套西裝，如果能夠在隔壁的鞋帽店買一雙皮鞋，然後再在附近買到領帶、胸針等，不但方便，而且也是易於滿足。當然，幾間商店要熱情的為顧客互相推薦生意。

連鎖經營的幾家商店之間，儘管也會有所競爭，但更多的卻是相互依存。因此，一旦其中一家經營不善時，其他各家需要全力幫助其度過危機。這樣彼此照顧，互相合作，同舟共濟，才能形成一個強有力的購物圈，吸引更多的顧客。

李包聯手，「怡和」痛失「九龍倉」

李嘉誠是香港 1970 年代崛起的地產商，他幾乎把整個香港的每一塊土地、房屋都掌握住了，幾乎把每個上市公司的股市行情都分析透了，加上李特有的挖「牆腳」絕技相配合，他能獲得許多公司的絕密情報。皇天不負苦心人，他終於掌握到一項重要絕密情報：英國在香港最大的英資怡和洋行，果然是九龍倉股份有限公司的大東家，但實際上他占有股份還不到 20%，簡直少得不成比例，這說明怡和控制九龍倉的基礎薄弱。尖沙咀早已成為繁華商業區，其旁邊的大量九龍倉名貴地產實際地價已寸土千金，而股票價格卻多年未動，股票面值低得不成樣子。這些都是爭奪九龍倉的有利條件。如果大量購入九龍倉股，即使脫票也

可與怡和公開競購。持股的百姓，在相同的出價下，當然更願意賣給自己人。因此，有把握早日購足 50% 股票，取代怡和成為大東家，這樣就有權運用九龍倉的名貴土地發展房地產，堪稱一本萬利。

李嘉誠得到這一資訊，當即決定：分散吸進九龍倉股票。從 1987 年起，他悄悄分散戶名，吸進 18% 的股份。

由於李大量吸進股票，使每股 10 港元的九龍倉股票，飛速上漲到了 30 餘元，引起怡和洋行警覺。兩軍對壘，李的實力大大弱於怡和洋行，硬拚實難取勝。

李嘉誠不愧為一流商買，他決定以退為進，化險為夷，他的金蟬脫殼之計是尋找一個代替自己向怡和作戰的人，將全部股票高價賣給他。

1978 年 9 月的一天，李嘉誠與包玉剛在中環文華閣高級隔間裡，進行了一次短暫而神祕的會晤，決定了價值 20 億美元的九龍倉脫離英資怡和洋行的關鍵性交易。

李將 2,000 萬股票全部轉賣給包玉剛。包將幫李從滙豐銀行中承購英資和記黃浦股票 9,000 萬股。

李嘉誠退中獲利的另一招是另闢一必勝戰場。當時在港的頭號英資企業是怡和洋行，第三號是英資和記洋行。李的實力雖不如怡和洋行，但想盤壓和記銀行卻很有可能。包將手頭 9,000 萬股黃浦股份有限公司的股票偷偷轉手賣給李，從而使李如虎添翼，轉身便勝和記洋行。

另外，李嘉誠成功的為幕後的包玉剛打了個掩護，當李被怡和發現之後卻停手不幹了，使怡和誤認為已化險為夷。而包接上來吸收九龍倉股票，怡和又誤認為是有人盲從李，順勢搶購而已，還譏笑他們自找倒楣，料定九龍倉股票不久即會下跌。等怡和發現九龍倉股票持續上漲而不回落，值得警惕時，包已大刀闊斧，僅用一個季度就吸收了另外 1,000 萬股，占有 30% 的九龍倉股份了。時值 1979 年初，股票價格已達 50 港元，怡和才知上當，心急如焚，立即研究對策，出高價回收九龍倉股票，準備決戰，然而大勢已去。

第二十六計／亂中取勝

「商品告罄」，屢試不爽

人都有一種心理：商品越缺貨，購買者就越多；商品越充足，越無人問津。有些商人把握住消費者和客戶的這種心態，人為製造緊張局面，達到了很好的促銷效果。

經營皮箱的法國 LV 公司僅在巴黎和尼斯各設一家商店，在國外的分店也只有 23 家。他們嚴格控制銷售量，人為製造供不應求的緊張氣氛，即使客戶要貨量再大，也不予理會。有一名日本顧客 8 天上門 10 次，每次提出要買 50 只手提包，但銷售員聲稱庫存已罄，每次只賣他兩只，這個公司透過這種限量供應戰術，獲得了銷售上的大成功。有一家商店，起初把購進的 20 多臺某牌洗衣機全部放到門市上，幾天內問津者不少，可僅售出 1 臺。後來，他們參照國外的「匱乏戰術」，把大部分洗衣機搬到倉庫裡，門市上僅擺出幾臺甚至一臺（也掛上「樣品」的牌子之類），很快替消費者製造了一種「緊張」心理。一些本來猶豫不決的顧客購買欲望激增，結果 20 臺洗衣機不到 3 天就賣完了。

為什麼製造緊張的銷售法會如此成功呢？人們有一種變態心理，貨源充足，商店裡到處都可以買到，即時是很需要的商品也不願意立即去買回家。這是由於拖拉、等待、懶散的思想在作怪。反正商店裡有的是，今天沒有買，明天也來得及。另一種就是與之相反的念頭了，某商品現在缺貨，聽說今後不可能再有了，或是今後要限量供應了。一旦這消息傳播開來，不管是否需要這種商品，都會湧進商店，把它搶購一空。例如家電搶購風，幾天時間，全國各地的積壓家電產品一搶而空，有時連肥皂、火柴、蠟燭也毫不留情的統統搬到家裡。故意製造緊張氣氛，從中渾水摸魚，其效果極佳，值得一試。

變滯為俏，布販促銷有手腕

隨著市場消費的變化，一些商品由滯轉俏，一些商品由俏轉滯，都是十分正

常的事。然而有些商人絞盡腦汁，盯住那些滯銷商品，以低價買進，透過精心企劃，再以高價售出。

一天，薩耶下班回家，看見桌上放著一塊布料，他知道是妻子買的，心裡很不高興。因為這種布料自己的店裡都賣不出去，幹嘛還去買別人的呢？

妻子任性的說：「我高興嘛！這種衣料不算太好，但花式流行啊。」

薩耶叫起來了：「我的天！這種衣料去年上市以來，一直賣不出去，怎麼會流行起來呢？」

「賣布小販說的。」妻子坦白了，「今年的園遊會上，這種花式將會流行起來。」

妻子還告訴薩耶，在園遊會上，當地社交界最有名的貴婦瑞爾夫人和泰姬夫人都將穿這種花式的衣服。妻子還囑咐他不要把這個消息說出去。

原來，小販送了兩塊布料給瑞爾和泰姬夫人，不但在她們面前讚美，而且激發她們帶頭領導服裝新潮流，並請了當地最有名氣的時裝設計師為她們裁製。

園遊會那天，全場婦女中，只有那兩名貴婦及少數幾個女人穿著那種花色的衣服，薩耶太太也是其中之一，她因此出盡了風頭。園遊會結束時，許多婦女都得到一張通知單，上面寫著：「瑞爾夫人和泰姬夫人所穿的新衣料，本店有售。」

薩耶暗暗驚訝，他不得不佩服那小販的推銷手腕。

第二天，薩耶找到那家店鋪，只見人群擁擠，爭先恐後的搶購布料。等他走近一看，才知道這個店鋪比他想像的更絕，店門前貼著一行大字：衣料售完，明日來新貨。那些購買者唯恐明天買不到，都在預先付錢。店員們還不斷的說，這種法國衣料因原料有限，很難充分供應。薩耶知道這種布料進貨不多，並非因為缺少原料，而是因為銷路不好，沒有再繼續進口。看到這個小販如此巧妙的利用缺貨來吊顧客的胃口，薩耶從心裡折服。

小販的高明之處在於他故意製造緊張氣氛，變滯為俏，從中漁利。他充分利用了顧客的購物心理。

泡水車竟成搶手貨

1987 年，臺北市受「琳恩」颱風周邊環流的影響，下了暴雨，基隆河河水暴漲，洪水越過堤防，使汐止、南港一帶積水竟達一層樓高，幾個小時後，水勢才退。

幾家汽車公司的新車也慘遭泡水。當年銷售三陽汽車的南陽實業公司，曾致函消費者文教基金會稱：他們有 17 部「泡水車」準備自用。不久，有兩位顧客竟買到「泡水車」。消息傳出，引起軒然大波，南陽公司也承認人為疏忽。對於一向有良好信譽的南陽公司，「泡水車」事件使其信譽受損，影響了以後的銷路。

但是銷售裕隆汽車的國產公司有 300 輛新車也遭受泡水，經國產公司在這些泡水車上做記號以八五折賣出，反而成了搶手貨。

興風作浪的談判策略

談判，是一個系統工程，與許多學科密切關聯。就拿商業談判來說吧，不僅要了解市場行情，貨物等級質地，經濟核算，法律程序，而且要了解策略、戰術，以及心理活動等，才能戰勝對手使自己達到目的。因此，有人在談判中故意興風作浪，讓對方措手不及，使談判獲得成功。

在談判的過程中，人們往往無法忍受突然的情緒爆發，因此這種戰術是非常有效的。在日常生活中，人們早已學會了忍耐，已把憤怒、恐懼、冷漠或者絕望等情緒深深埋藏在心裡，因此當對方將這類情緒肆無忌憚的發洩出來時，人們便不知所措了。當人們自己的行為引起對方的情緒激動時，總是懷疑自己是不是做得太過分了，甚至害怕整個局勢會因此而失去控制。其實，在日常生活中，情感的流露必然會引起對方的共鳴；唯有懂得使用這種策略的談判者，才能隨時獲得主動的地位。就另一方面而言，這種令人措手不及的手段，往往能夠考驗我們的決心，動搖我們的自信心或者強迫我們重估自己的目標或情勢。情緒具有各式各樣的作用：憤怒往往能使對方喪膽而讓步，流淚能夠換得對方的同情，恐懼將人們的心拴在一起，冷漠則表示出漠不關心的態度。情緒好比一個萬花筒，只要加入強烈的字詞，人們就被攪亂了頭腦，弄不清其中的真諦了。有些人利用了人們

這種心理特徵，在談判桌上興風作浪、故意站立而起，破口大罵、口吐狂言，讓對手感到震驚，從而改變了初衷。

對於這樣在談判中興風作浪、把水攪渾的人，最好的辦法是保持一副冷靜的頭腦，讓對方「表演」完，從中探出他的目的，然後固守城池，重申一遍原來的意見，使對方覺得你對此不以為然，視而不見，置若罔聞。倘若被他搞得心慌意亂，繼而與之爭高低，他的戰術就得逞了。

亂中取勝的「攪和晤談」

生活中有渾水摸魚之說，把水攪渾後，魚兒的視力受到影響，分不清哪裡是危險、哪裡是安全的所在，因此常被人逮住。商場談判中，有人盡量提出一大堆煩人的問題，使原來簡單的事變得越來越複雜，如果事先沒有做好充分的準備，極易落入陷阱，被人摸走大魚。

亂中取勝，有人以此為戰略，故意把事情攪和在一起。這種攪和可能會形成僵局，促使對方更辛苦的工作，然後迫使對方屈服或者藉此機會反悔已經答應的讓步。有時候，甚至可以趁機試探對方在壓力下保持機智的能力。雖然談判通常應該以一定的秩序和方式進行，但是懂得亂中取勝戰術的人，都知道沒有秩序的狀況反而對自己有利。攪和可能發生在談判初期或末期。我認識一個人，他喜歡很快就把事情攪和在一起。會談開始了，沒多久，他避開原談判內容，就要討論新的送貨日期、服務、品質標準、數量、價格、包裝等要點的改變，將事情弄得非常複雜。他之所以如此做，乃是為了要看對方是否已準備充分，是否願意重新了解不熟悉的問題。有的談判者特別喜歡在深夜時把事情攪和得複雜，因為這時每個人都已精神不支，寧可同意任何看來還合理的事情，而不願意在凌晨兩點鐘的時候去傷這樣的腦筋。攪和的人常常利用人們困惑時所犯下的錯誤，使他突然間對事情無法加以比較，甚至連成本也無法做比較了。當事情被搞得亂糟糟的時候，大多數的人就想撒手不管，他就乘機撈油水。

怎樣對付那些專門從事亂中取勝的商人呢？最好的辦法是冷靜，冷靜的態度、清醒的頭腦才能透過現象看本質。先讓水澄清下來，沉默一段時間，然後可

以主動提出重新研究，亦可拒絕談論新的內容，重新把原來的內容提出來，把握住會談方向，對於新增加的條款可以使之緩一緩、今後再談。任憑他們怎麼亂都不予理會，只要我方不亂、對方就無機可乘。

獨具慧眼，亂中識商機

抗日戰爭期間，香港滙豐銀行原先發行的、在香港市面上流通的紙幣是所謂「老票」。日軍占領期間，強迫發行了所謂「新票」，藉此套購、搜刮在港物資。隨著日本敗局已定，港幣新票行情一再下跌，最後竟跌至票面價值的20%。「老票」、「新票」之間價差越來越大，誰都想把新票早日脫手，免得成為一文不值的廢紙。企業家王寬誠卻與眾不同，獨具慧眼，另有一番見解。他深思熟慮再三，權衡香港的特殊地位，看準了英政府為了香港的前途，對新票不會撒手不管。主意已定，便傾其所有，並多方集資，暗中陸續大量收購新票。不久滙豐銀行果然為維持信用起見，依法受理港幣新票，並與港幣老票票面價值等量齊觀，十足競換，王寬誠由此使資產增值約五倍左右。王寬誠「渾水摸魚」，從此奠定了他日後成為香港大企業家的實力。

第二十七計／以守為攻

處理人際糾紛的良方

在商場中生存、發展、壯大，除了機遇、智慧和努力外，還要學會預防、抵禦來自各個方面的進攻。對於他人的進攻，有人採取以攻代守，有人則採取以守為攻的策略，同樣可以見效。

有位怒氣沖沖的顧客到一家乳品公司告狀，說奶粉內有活蒼蠅。但是奶粉經過嚴格的衛生處理，為了防止氧化，將罐內空氣抽空，再裝氮密封，蒼蠅百分之百不能生存，這無疑是顧客的過失。按一般的情形，老闆一定強調這個道理。但是十分出乎意料，顧客猛烈批評公司的不是，老闆靜靜聽完後，開口道：「是嗎？

那還得了！如果是我們的失誤，此問題太嚴重了。工廠機械全面停工，我要對生產過程總檢查。」老闆面帶愁容的說：「我們公司的奶粉是將罐內空氣抽出，再裝氮密封起來，活蒼蠅絕不能存在。我深具信心要仔細調查，請你告訴我開罐情況及保存情況。」被老闆逼問後的顧客，自知保存有錯誤，臉上露出驚訝的表情說：「希望今後我不要發生此事！」當別人攻擊自己時，自己有正當理由反擊對方之口實，但此法易使對方激怒，態度更強硬。若順勢誇大，主動稱事態嚴重，對方無力攻擊，此時再展開說服，論證自己正確之處，對方便不攻自破。

　　在無端受到攻擊的時候，首先應當想到的是如何進行防守，以保護自己，這是正確的思維方式。倘若採取以攻對攻，勢必擴大矛盾、惹火燒身。人無完人，金無足赤，再完美的企業也可找出一大堆的問題來。以守為攻，一則削弱了對方的攻勢，二則可以進行充分的自衛，使對方平息怒氣，自討沒趣。

從長計議，玻璃廠巧屈酒廠

　　有一家新開的酒廠，向玻璃廠訂購包裝瓶，瓶子要求高，開價卻很低，且無商量餘地。玻璃廠當時日子很不好過，碰上上門主顧，自是非常珍惜，然而經財務分析，對方開價實在難以承受。但精明的廠長經過仔細分析，發現接上這家關係，不會永遠吃虧，就斷然接受條件，與酒廠簽訂了一年的合約。

　　一年期限將滿，酒廠等著玻璃廠來續簽合約。但左等右等，玻璃廠沒來。酒廠只好主動上門，玻璃廠自是熱情接待。但是婉轉提出，由於原材料漲價等因素，如不能提高瓶價，那就很不好辦了。

　　酒廠的代表起初很不高興，沒有答應對方的條件，但沒過幾天，酒廠代表又來了，全盤接受了玻璃廠提出的方案。

　　這是怎麼回事呢？原來，兩家企業剛開始聯絡時，玻璃廠的廠長就預料到，將來酒廠要用自己的瓶型申請註冊，他們生產的高級酒，一定要用彩色包裝盒，那麼紙盒上不光有瓶型，連顏色也有了。而酒廠指定採用的彩色玻璃的配方、工藝、技術，在當地唯有自己的企業能掌握，一年以後一定可以彌補過來。

　　事情果然如他分析的一樣。酒廠在玻璃廠提出漲價要求後，起初也想轉到

別處，但一聯絡，別的玻璃廠都不做了。這時如果改變瓶型當然可以，但有幾點難處：一是瓶型已註冊，二是倉庫裡還有幾十萬彩色包裝盒，三是經過一年的銷售，已初步讓市場留下印象，如這時改變包裝模樣，損失將不可估計。至此，酒廠只好向玻璃廠妥協。

玻璃廠在不違背職業道德的前提下，深謀遠慮，巧施「以守為攻」之計，終於使自己企業的正當利益得到維護。

先退一步獲得證據的討債高招

人有許多美德，諸如講親情不講金錢等等，因此當朋友或親戚開口借錢時，許多人往往毫不猶豫掏出錢來，卻礙於親情而不留任何憑據，結果為日後要錢帶來無盡的煩惱。不過真遇上這種情況，也不是沒有補救的辦法，你可以透過函件來獲取憑據。

自己做服裝生意的老趙怎麼也沒想到，他當時出於一片同情心，借給表弟 60,000 元做買賣，因是親戚，也沒讓表弟立什麼字據，時至今日已整整 4 年了，雖然經多次上門討要，可表弟總是說沒錢，最後竟賴起帳來。

老趙走投無路，最後請律師幫忙。律師聽後說：

「法律重證據，沒有證據怎會打贏官司？你要想打贏這場官司，只有獲得有力證據。目前你可以寫信去告訴表弟。」表弟沒回信，老趙只好又去找趙律師。

律師想了一下子，說：

「欲速則不達，你也許是太性急了些。我看，不如再故意給他一些讓步，告訴他，60,000 元只要他先還 30,000 元，看看他會有什麼動靜。」

老趙又照律師說的去做了，果然在他寄出的第二封信不久，那位表弟就回了信給他，答應一有錢就還他。

老趙把這封信交給了律師，事情的結果非常簡單，律師以此為證據，幫助老趙討回了全部債款。此類很有現實意義的討債謀略，企業經營者應該拿來學以致用。

縱使有理也不爭辯

在商場上，常看到顧客與店員爭辯，人們不管他們在吵什麼，為什麼吵，都是千篇一律的站在顧客一邊。原因很簡單，他們也是消費者，總有一次也會遇上類似情況的。商人、推銷員應該清醒認知到這一點，遇到顧客有意見時，不論誰是誰非，都不得與之爭辯，儘管你有千萬個道理，也不得開口說一句話，一旦說了爭辯的話，生意做不成是小事，影響名聲，那問題就大了。

舊金山一家鞋店的老闆應付顧客的手段相當高明。可是他給人的印象並不屬於那種伶牙利齒型。顧客對他抱怨說：「鞋跟太高了！」「樣式不好看！」「我右腳稍大，找不到適合的鞋子！」老闆只是點頭不語，等顧客說後，他才說：「請你稍等。」隨即拿出一雙鞋：「此鞋一定適合你，請試穿。」顧客半信半疑，邊穿鞋邊高興的說：「好像是為我訂做的。」於是很高興的把鞋買走了。在推銷員須知中，有一項規則是：別和顧客爭辯！因顧客說的話有其拒絕的理由，難以說服。總之，利用顧客的心理，使他沒有繼續反駁的餘地，就可圓滿達到自己的目的。對方說「這個不好」、「那樣不對」一類的話，不要一一反駁，最重要的是讓對方盡量把話說完，再抓住時機反駁。對方說他喜歡什麼，等於是推出王牌，可以進一步掌握有利勢頭。

自己掌握的情報不要讓對方知道，否則就把自己的優勢讓給了對方。說服勁敵時，不要著急，根據對方的反應，慢慢抓住有利的線索。西方有句諺語說：將所有的資料公開，等於送鹽巴給敵人。

作為一位商人，就是透過商品銷售獲得利潤。作為一位推銷員，就是迎合顧客心理，熱情接待顧客，讓他高高興興的從商店裡買走商品。顧客可以千錯萬錯，而推銷員不得有半點失誤，當忍則忍，切莫爭辯。

壓路機壓出如潮好評

在激烈的商戰中，許多企業紛紛亮出自己的「殺手鐧」與妙計高招，製造「新聞」便是其中的一著。

生產席夢思床墊的廠商有近百家之多，彼此競爭異常激烈。有一家鄉鎮企

業生產的席夢思床墊問世近一年，仍是默默無聞，雖說這種床墊是引進國外最新技術製造，品質上是沒話說的，可是床墊市場上各種牌子的床墊多如牛毛，龍蛇混雜，誰知道你的牌子行不行，彈簧是否堅固抗壓耐用。不少所謂「名牌」床墊吹得天花亂墜，上千元丟出去了，買回的床墊沒一個月就這邊凹那邊凸，一睡上去弄得全身難受，真是花錢買氣受！經過廣泛調查，摸清了顧客這種顧慮心理，廠裡二話不說，一不做廣告，二不依賴名人權威人士，而是將自家床墊鋪在該市繁華的「家具城」前的馬路上，當著密密麻麻觀眾的顧客，租來一輛壓路機輾壓床墊，經過幾個來回，輾壓過的床墊毫髮未損，彈性依舊，令在場的觀眾驚訝不已。這則「新聞」很快被嗅覺靈敏的新聞記者捕捉到，於是當地各家報紙競相報導。由此該企業的床墊名聲大振，廠商借助著製造「新聞」這一招，扭轉了銷售、生產的被動局面，使其產品暢銷各地，真是一齣「此時無聲勝有聲」的好戲。

匪夷所思的「原價銷售法」

不賺錢的生意沒有人願意做。然而，就有少數人專做賠本的買賣，以此來感動賣主和買主，獲得他們的同情和支持，最後才實現自己的願望——賺了大錢。

日本東京島村產業公司及丸芳物產公司董事長島村芳雄不但創造了著名的「原價銷售法」，還利用這種方法由一個一貧如洗的店員變成一位產業大亨。

島村芳雄初到東京的時候，在一家包裝材料廠當店員，薪水只有 1.8 萬日幣，時常囊空如洗。下班後，在無錢可花的情況下，他唯一樂趣就是在街上走走，欣賞人家的服裝和所提的東西。有一天，他在街上漫無目的的散步時，他注意到許多行人都提著一個紙袋，這紙袋是買東西時讓顧客裝東西的。島村芳雄認為將來紙袋會風行一時，做紙袋生意一定錯不了。

島村深知，他的條件比別人差，只有用自己所創的「原價銷售法」才能在競爭激烈的商戰中立足。

島村的原價銷售法很簡單，首先他往麻產地岡山的麻繩商場，以 5 角的價格

大量買進 45 公分規格的麻繩，然後按原價賣給東京一帶的紙袋工廠。完全無利潤的生意做了一年後，「島村的繩索確實便宜」的名聲遠播，訂貨單從各地像雪片似的源源而來。

此時，島村開始按部就班的採取他的行動。他拿購貨收據前去訂貨客戶處訴說：「到現在為止，我是一毛錢也沒有賺你們的。但是，如果讓我繼續為你們服務的話，我便只有破產的一條路可走了。」這樣與客戶交涉的結果，使客戶為他的誠實所感，心甘情願把交貨價格提高為 5 角 5 分錢。

同時，他又找岡山麻繩廠商洽談：「您賣給我一條 5 角，我是一直按原價賣給別人，因此我才得到現在這麼多的訂貨。如果這種賠本生意讓我繼續做下去的話，我只有關門倒閉了。」岡山的廠商一看他開給客戶的收據存根，大吃一驚。這樣甘願不賺錢做生意的人他生平第一次遇到，於是就不加考慮，一口答應他一條算 4 角 5 分錢。

如此一來，以當時他一天 1,000 萬條的交貨量來計算，他一天的利潤就是 100 萬日幣。創業兩年後，他就成為名滿天下的人。

島村「以守為攻」的經營手法說明了兩點，一是先賠後賺也能賺大錢，二是好人有好報，即使在商戰中也是如此。

退貨大方的「大方」百貨店

買貨容易退貨難。君不見「買一送一」、「我買對了」的廣告語滿街都是，可要退貨則難於上青天。「貨品當面認清，離櫃概不負責」。櫃檯內的冷面孔要讓退貨者關在家裡難過好幾天。可是，有一家大方百貨店退貨也大方，用賣出商品一樣自然的笑臉，大大方方的接受顧客退貨。

有一天，一位中年婦女拿著一件疊得十分褶皺的男式襯衫站到了櫃檯前，說顏色不合適，要求退貨。這是兩星期前買的一件襯衫。店員拿起來看了看，仍然笑著說：「希望您以後注意，不要把衣服疊成一小塊一小塊的。」說完就讓她退了。這位婦女喜出望外，又選了一件棉麻女襯衫，滿意而去。「小姐，這襪子剛買回去，兒子嫌太素，讓我退了吧。」「沒問題！」櫃檯內的店員又笑著接過來，

退了這雙僅僅 1.2 元的襪子。

大方百貨，退貨大方，名不虛傳。這消息一傳十、十傳百，久而久之，「大方」的美名不脛而走，回頭客越來越多，慕名而來的新客人也增加了成千上萬。「大方」營業額的成長，一年一個新臺階。

服務行業最核心的問題就是要能招引來顧客。怎樣才能如願以償呢？關鍵就是要讓顧客滿意，因此就要採取些巧妙的經營手段。大方百貨商店的經營者正是深諳此道的高手，掌握了以守為攻之計的精華。

「轉身就走」逼迫對手讓步

美國有一家航空公司，想在紐約建立一座大型的航空站，需要大量用電，他們要求愛迪生電力公司按優惠價格供電。然而電力公司認為航空公司有求於我，自己占有主動地位，便故意託辭不予合作，想藉此機會抬高供電價格。

在這種情況下，航空公司主動中止談判，並故意向外放風，說自己要建立發電廠，這樣比依靠電力公司供電合算。

得到這一消息，電力公司信以為真，擔心失去賺大錢的機會，立刻改變了以往的態度，並託人到航空公司去說情，表示願意以優惠價格供電給航空公司。

在這筆交易中，處於不利地位的航空公司巧施計謀，欲擒故縱，從而使電力公司由主動轉為被動，只好降低條件，以優惠價格供電給航空公司。航空公司不費吹灰之力，便獲得了很大的利益。

在企業之間貿易談判中，時常要用到「以守為攻」之計。比如在討價還價時，當對方不同意你希望成交的價格，你就可以掌握時機，正確的發揮談不成「轉身就走」的優勢，使對方不得不接受你的還價。接下來的談判，對你就會更有利了。

第二十八計 / 坐收漁利

洛杉磯奧運會上的贊助資格大戰

1986 年第 23 屆奧運會確定在美國洛杉磯舉行時，尤伯羅斯便誇下海口：「我個人承辦這次奧運會，不僅不要政府贊助一分錢，而且還要淨賺 2 億元。」有人認為尤伯羅斯在吹牛，正等著看尤伯羅斯的笑話。事實上，尤伯羅斯早已胸有成竹，他看到各國大企業絕不會放過利用這次國際大賽展開競爭的機會，便抓住各競爭對手之間的矛盾和競爭心理，點燃了一場競爭大戰的導火線。

當時，為在奧運會上推銷產品而申請參加贊助的企業有 12,000 多家。尤伯羅斯為了提高贊助費，規定該屆奧運會贊助單位僅限於 30 個，每個單位至少出資 400 多美元，而且同行業的企業只選一家。這意味著，哪一家企業出的贊助費高，哪家企業就能成為贊助單位，從而其產品在同行業中才會獨占鰲頭。於是，各企業唯恐自己被淘汰，都搶先登記，競相提高贊助費數額，使競爭戰火越燒越烈。日產與福特、通用的汽車大戰，「可口可樂」與「百事可樂」的飲料大戰，「富士」與「柯達」的底片大戰等等，高潮迭起，精彩紛呈。

在這場競爭中，出資最多是的「可口可樂」公司，以 1,300 萬美元的贊助費戰勝了競爭對手「百事可樂」公司，報了 1980 年莫斯科奧運會上敗在該公司手下的一箭之仇。其他各行業的諸多企業，也以較高的贊助費獲得贊助資格。尤伯羅斯最後不但籌足了舉辦第 23 屆奧運會的資金，而且真的賺足了 2 億美元。

承包商公司坐山觀虎鬥

有一家花園酒店的音響等弱電設備，原來是準備購買酒店股東之一 T 公司的。這家公司本以為已經穩操勝券，已在廣告宣傳中把意向放了出去，然而他們的最低報價卻高達 490 萬港元，酒店對此很不滿意。

當時，還有另外一家國際馳名的音響電器公司 F 公司也急於做成這筆生意，因為已建成的當地三大飯店的另外兩家，弱電設備均出自他們之手，如這筆生意

搶不到，容易被誤認為是那兩家飯店用過了不滿意，因此也是志在必得。

花園酒店的總承包商根據這兩家公司的情況，做出了延遲開標的決定。於是，兩家公司的代表商天天找他們壓價，不到一星期就下降了 200 萬港元之多，總承包商珠江公司的決策人員看時機已到，便約請他們一起來當面開標，結果，F 公司最後報價是 199.7 萬港元，T 公司是 183 萬港元。雖然最後也是買了 T 公司的，但前後卻相差 300 萬港元之多。

「因利間鬥」的妙招

以小的利益離間對手，使他們彼此爭鬥，自己則隔岸觀火、坐收漁人之利，這是一些高明的謀略家經常使用的手段。

在國際市場上的一些商人，深諳「因利間鬥」的妙用，他們一方面強調一致對外，另一方面極力製造和利用對方國家的內部競爭，從中獲利。

有一家公司，經每公斤 6.8 美元的價格向歐洲共同市場出口糖精鈉，已經占有較穩定的市場，為國家賺了不少外匯。但後來，B 公司和 C 公司都想擠進去。於是，演出了一場「兄弟鬩牆」的鬧劇。

在這場競爭中，先是 B 公司報價每公斤 5.4 美元，接著 C 公司進一步壓到每公斤 5.07 美元。外商利用這兩家公司競相壓價，很快和 C 公司達成 65 噸的貿易，從中獲得了 10 萬美元的利益。

另外，由於歐洲共同市場規定，糖精鈉進口價每公斤不得低於 6.8 美元，否則徵收「反傾銷稅」，結果外貿工作者無此經驗，又白白奉送了一筆稅金。一起競爭的美國和南韓廠商隔岸觀火，坐收漁利，乘機占據了有利地位。

前人種樹，後人乘涼

在美國，有位專門「執死雞」的富翁。名叫保羅，有一次他聽說一家玩具廠因管理不善而倒閉清算，當即找到工廠的老闆，以便宜的價錢買下這家工廠。他首先找出工廠經營失敗的原因，然後制定出了改造工廠經營計畫，於是按照自己行之有效的原因，然後制定出了改造工廠經營計畫，於是按照自己行之有效的計

畫重開工。半年之後，這家工廠由死變活，銷售利潤頗為可觀。

已去世的美國當代石油大王哈默也是個「執死雞」能手。1960 年代中期，他聽說兩家著名的石油公司在利比亞的沙漠扔下不少探油廢井，便果斷帶領大隊人馬開往該地，在被判了「死刑」的枯井上又架起了鑽機，繼續深鑽，很快就打出九口高產量油井！

近年來，也有不少高明的經營者成功的承包了瀕臨倒閉的商店、工廠，這些「執死雞」者不愧獨具慧眼，生財有道。

「死雞」為什麼能變成「鳳凰」？其道理並不深奧：「旁觀者清」，別人經營的生意你接過來，較容易找出他失敗的原因，有了前車之鑑，只要把那些經營的弊病改正過來，自然就會賺錢了。更何況，接手一家破產企業，或別人不感興趣的東西，代價也很便宜。

如果你有一定的經營經驗和解決困難的能力，不妨撿隻「死雞」試試，有朝一日它會變成鳳凰的。不過，你必須先學會「隔岸觀火」的方法。

採用弱勢策略，坐享漁翁之利

對於那些落後大企業的小商人來說，要採用示弱策略以求自存，就是以挑撥離間之計，誘使實力稍強的企業把攻擊目標指向盟主，促使他們火併，鷸蚌相爭的結果才能坐享漁翁之利。例如鋼琴市場的臺灣多年來始終由山葉河合分居第一、二位，這種情勢一時之間很難改變。因此，第三品牌的可麗茲、史密特、福樂、雅歌等的生存之道，就是促使山葉和河合火併。山葉以兒童音樂班促銷鋼琴，河合亦如法炮製。雙方拚鬥越厲害，這些小品牌才會有生存的機會。

「鷸蚌相爭，漁翁得利」這句成語幾乎盡人皆知，可在實際生活中應用起來就不那麼容易了。這需要敏銳的感覺和耐心的等待。首先你要正確判斷何時出現「鷸蚌相爭」的局勢，然後再在最適當的時機出面收取漁利。

有這樣一個故事，一條街上相隔不遠，有三家規模實力大致相仿的綢布店，在這條商業街上幾乎成三足鼎立之勢。正值市面清淡，王家綢布店首先掛出了「賠本大拍賣」的招牌，一時顧客盈門。對門的李家不甘落後，也立即減價。稍

遠一點的周家店幾乎被王、李兩家搶走了所有的顧客，迫不得已也只能「降價酬賓」。但沒多久，王家為了和李、周兩家爭搶生意，再一次降價，李家立即效仿。一時間，王、李兩家競相壓價。周老闆此時心生一計，他放出話來說自己已賠得太多了，再不能支持了，索性先關了店面，不去爭另外兩家的生意了。這一下，王、李兩家更是非要一決雌雄不可。他們不惜血本把價錢大降特降。果然他們的生意出奇的好，顧客不光人多買得也多，很多人都是成捆成捆的買。等到他們的店都快被掏空了，本錢大賠。他們才發現，許多顧客都是被周老闆雇來的。就這樣，王、李兩家，一家倒閉，一家成了周老闆的分號，落了兩敗俱傷的結果，只有周老闆從中得到了大利。

從某種意義上說，像周老闆這樣坐收漁利是符合商業競爭法則的，它依靠計謀運用，而使自己避免成為王、李兩家這樣的鷸蚌，這樣的決策同樣也需要智慧。那些只顧眼前利益，片面的看問題的商家是不可能想到並且採用理智的觀戰之法的。

俄國糧商化整為零的購買術

有一年俄國農業大歉收。誰都知道，這次俄國要大量進口糧食，美國糧商都想吃這口肥肉，等待俄國商人的出動。但俄國商人穩坐好久沒有動靜。當時美國政府對糧食出口未做統一規定，美國糧食的糧價比較亂。摸準情況後，突然間，俄國商人出現在美國，向美國很多公司購買小麥，而每一家公司都認為自己單獨在與俄國做生意，就迅速的大量拋售。不到五週的時間，俄國已向美國多家公司購買了 1,700 萬噸小麥，相當於美國一年糧食出口總量的 45%。等到美國糧商醒悟過來，知道俄國糧商要大批量搶購小麥時，美國糧商才開始抬高糧價，但已經遲了，俄國已買得差不多了。

這次事件後，美國政府做出規定，今後大批量糧食出口必須事先申報到政府那裡，得到批准後方可出口。俄國又改變了策略，採取分期小批量向美國多家公司購買，以便隱蔽需求量。這樣，俄國商人又乘機利用美國糧商之間競相出售。用較低價購進大批糧食，但是從中漁利。俄國商人就是靈活利用了化整為零的購

買策略，從中賺取了高額利潤。

波斯灣的廣告大戰

波斯灣戰爭雖已結束，但是美國利用波斯灣戰爭大做廣告，把商戰推向戰場，至今還令那些死裡逃生的美國士兵記憶猶新。

每天清晨，士兵們等待地平線上揚起塵土，8點鐘時人們就能看到這種情景。他們聽著引擎輕微的轟鳴聲，這聲音意味著部隊的補給品即將到來。這些卡車裡裝滿士兵們最需要的貨物：百事可樂和可口可樂。

卡車還沒有停穩，美國士兵就排起了長隊。他們在冰鎮的可口可樂罐頭上看見了這樣的廣告：「擋不住的誘惑！」

這不是一幅電視廣告，而是沙烏地阿拉伯沙漠中每天的實況。

可口可樂公司發言人在談及這次從國內向沙漠無償供應汽水的行動時說：「幫助一個出門在外的人，就獲得一個終身的朋友。這毫無疑問對每個企業都有好處。」

波斯灣戰爭爆發前，有1,127家美國公司發現「沙漠盾牌」行動，是一個製造輿論的好機會。因此，威爾登體育用品公司向沙漠中的部隊提供了100根高爾夫球棒和1,000個高爾夫球；為了不讓士兵穿著沒有擦油的皮鞋進行戰鬥，一家公司捐贈了一箱箱的鞋油；另外還有的贈送1,000萬副紙牌、1,000只飛盤、2,200萬箱無酒精啤酒和10,000副太陽眼鏡。

出資做戰爭廣告對每家參與的企業都是值得的，在那幾週裡，任何人在電視上出現的次數都比不上美國貨。電視臺日夜在報導「我們在海灣的年輕人們」，人們看見他們拿著可樂、罐頭、萬寶路香菸等等。

第二十九計 / 隨機應變

因勢而異的經營策略

現代商戰，雖然不像軍事活動那樣是生命和鮮血的搏擊，但在商戰中失敗的企業也難以生存下去。

所以，企業的經營也要借鑑軍事上「戰勝不復」的原則，力爭每戰必勝，每項經營活動都獲得成功。商戰策略應貫徹「因勢而異」的原則，根據市場需求和競爭者的情況確定自己的經營戰術。

根據一些企業在商戰中得出的成功經驗，因勢而異的進行商戰，有以下幾類方法：

橫下決心，硬闖難關。這經驗對於大型企業最為合適。

看準行情，隨機應變。企業為了維持較長時期的繁榮，必須時時盯住市場行情，根據市場的變動，隨機應變。做到有困難，能克服；有機遇，能抓住。

在商戰中，「盈利無定法」，沒有固定不變的賺錢方法，要根據時間、地點、行情的不同，確定相應的經營策略。

使用別人盈利的方法，自己未必能盈利；別人賠錢的經營方式，用活用準了也能賺到錢。關鍵在於「因勢而異」。

瑞士和日本的手錶大戰

在競爭日益激烈的資本主義市場上，怎樣從瞬息萬變的市場形勢分析中，進行調查、預測，做出適時的經營決策，已成為企業興衰成敗的關鍵。日本、瑞士圍繞手錶市場的爭奪就是一例。

瑞士素有「鐘錶王國」之稱，年出口量占世界出口總量的50%以上。日本鐘錶商欲取而代之，卻另闢新途，抓住電子石英技術日趨成熟之機，研製發展電子錶。但瑞士手錶工業的龍頭們卻自恃當時瑞士傳統的機械手錶仍控制著市場，對電子手錶這一新手錶品種不屑一顧，斥之為「無足輕重的小玩藝」。就在

這種夜郎自大的情況下，日本的電子手錶悄悄的、迅速的得到發展，並且價格不斷降低，功能不斷增多，製作也日益精細，一步一步奪走了瑞士在世界上的手錶市場。

當瑞士發現形勢不妙時，才趕快改變經營策略，匆忙決定生產低檔手錶以與廉價電子錶抗衡，但由於瑞士勞動力價格較貴，生產成本較高，仍然競爭不過日本的廉價電子手錶。又一次的決策失誤，使瑞士鐘錶業再度陷入困境。

在失敗的打擊下，瑞士製錶業並未屈服。他們重新調整產品開發方向，與日本再決雌雄。在電子手錶方面，瑞士重點發展指標式石英電子手錶，把機械錶的傳統工藝與先進的電子技術結合起來，已獲得一些效果。在機械手錶方面，瑞士正設法把中低檔手錶的生產轉移到低工資的國家和地區，以求降低成本。而在瑞士本國，仍然生產高級名牌機械錶，雖然市場銷售率不高，因售價高，因而市場銷售額仍較高。同時，瑞士還將一些小型分散的零件製造廠合併為大型零件廠，將分別生產零件和裝配成品的工廠合併為全能工廠，提高了勞動生產率。瑞士、日本的手錶大戰仍方興未艾，未見勝負，但從這場商戰中，我們可以在如何制定決策目標、方案等方面，獲得不少有益的啟示。

市場競爭中的快速應變

時間和速度不僅在軍事上顯得重要，而且在現代生活中的作用也顯得越來越大了。「快速應變」法展現了「時間就是金錢，效率就是生命」的實質。換句話說，時間抓得緊，產品可以增值；時間抓不緊，黃金也會貶值。在市場競爭中誰的應變速度快，誰贏得了時間，誰就贏得了主動，誰就能占領市場。「快速應變」法在經營管理中的具體表現是：資訊要快要準，資金有效投入要快，新產品投產要快，出產要快，投入市場更要快。像席捲全球的「魔術方塊熱」、「呼啦圈熱」，從購買技術專利，投入生產到進入市場，時間之短，速度之快，確實令人吃驚。

魔術方塊原來是匈牙利一位數學家發明的。一天，一位美國數學家到他的家中作客，發現了桌子上放著的魔術方塊設計圖紙。這位美國數學家很有經濟頭

腦，他一眼就看出了它的價值，便把它帶回美國，進行技術的諮詢。他在了解工藝、消耗、成本和市場需求之後，確認這是一筆有利可圖的生意。於是他用 5 萬美元向原發明者買下了專利，在美國創建了一家生產魔術方塊的公司，並透過各種宣傳工具大作廣告。他預言：「這東西可以成為在全世界最暢銷的玩具。」果然不出所料，魔術方塊一下子就在全世界風行起來。然而，更令人欽佩的是，他預測這玩具只能風靡一時。於是，在生產了幾批以後，等市場一出現飽和就立即轉型。果然，不出幾年，魔術方塊市場就出現供大於求的局面。但此時，他已經賺了幾千萬美元，並且早已轉型，另求發展。這就是他諳熟「快速應變」法的技巧。試想一下，假如美國那位魔術方塊商不是如此快速決定投產，那麼他就不可能賺那麼多錢；假如他不是那樣果斷決定轉型，那麼，他也很可能在魔術方塊市場出現飽和後陷入被動，從而背上了魔術方塊的包袱，甚至連老本都要賠進去。

新產品投入生產要快速應變，利用原設備轉型要有快速應變的能力。

1982 年，美國政府取消了只有美國電話電報公司才能銷售和出租電話而不允許私人購買電話機的規定。這一來，為了工作和生活方便，美國 8,000 萬個家庭和其他公私機構，都爭相購買電話機。香港廠商獲悉這一消息，立即有針對性的快速應變，把原來生產收音機、電子錶的廠商快速轉型，全力生產電話機並迅速撲向美國電話機市場。結果短期內出口金額一下子達到 1 億 8 千 6 百多萬港元，比前一年同期成長了 19 倍之多，一些廠商由此擺脫了困境，一些廠商著著實實的賺了一大筆錢，充實了實力，提高了競爭能力。

讓我們把握好時間和速度，千萬不要錯過大好良機，而要做到這一點，當然必須借助「快速應變」法了。

日本公司巧鑽漏洞闖入美國市場

在國際貿易中，商業競爭更是你死我活，無所不用其極。許多國家以法律的手段保護本國企業，從而成為其他國家的強大對手。然而有的企業臨危不亂，借用外國法律，巧妙鑽漏洞，使自己的產品仍然能打入外國市場。

美國為了限制進口，保護本國工業，曾做出一項法律規定：當美國政府購買

人發出購物指標後，如收到的美國製造商的商品報價單，則此價在法律上得到承認；收到外國公司的的報價單，一律無條件提高 50%。想以此提高美國人購買國產品的機會。

然而，在美國的法律中，「本國產品」的定義是：「一件商品，美國製造的零件所含的價值，必須占這一商品的 50% 以上。」日本機械製造企業根據這條規定，想出了一個妙招。他們生產一種有 20 種零件的產品，在本國生產 19 種零件，缺少的那一種在美國市場上買最貴的運回日本組裝後再送往美國銷售。

這樣，一方面最大限度的利用了本國的零件和勞動力；另一方面，那個零件因為貴，占整個商品價值的 50% 以上，從而依據美國法律的定義，該產品可以作為美國國內的商品，直接和美國公司競爭。日本公司巧鑽美國法律漏洞，殺進了美國市場。

化工廠穩中求變化危機於無形

某化工廠原先是以生產尼龍 66 產品為主的化工廠，這是一個熱銷產品，產量高，利潤高，必然會引來大批競爭者躋身於尼龍 66 的生產行業，如果死死守住這一產品，將出現被動局面。果然，一家外地工廠不久進口了一套年產 45,000 噸尼龍 66 的裝置，工藝先進，技術優良，品質上乘，使這家化工廠處於競爭的劣勢。化工廠適時展開調查研究，走出廠門，赴全國 20 多個化工廠了解情況，發現糊狀聚氯乙烯樹脂及樹脂加工等，國內需求與日俱增，但糊狀樹脂國內產量很少，每年都要用外匯進口。於是他們主動停止尼龍 66 的生產，利用停產對廠房和電力等方面進行技術改造，並查閱大量外文資料，尋找關鍵設備的工藝資料，僅半年時間，技術改變就獲成功，年產量由 300 噸猛增到近 2,000 噸，滿足了國內市場的需求。

第三十計 / 避實擊虛

玩具商的迂迴推銷術

孩子是世界的歡樂，人類的未來。世上沒有哪一個母親會吝惜為孩子們投資。在美國，兒童玩具的銷售量要居各種日用消費品之首。近幾年各玩具廠商揣摩兒童心理，不斷推出電子玩具、機器人玩具、智慧玩具等深受小朋友喜愛的新產品。各玩具經銷店也愛恨分明展開了爭奪小顧客的競爭。手段不斷翻新，有玩具出租，有以舊換新，有上門推銷，有餽贈推銷法等。在各顯其能的商戰中，一家叫「奇幻谷」的玩具商店別出心裁的創辦了商店托兒業務，成為行銷藝苑中的又一花束。

「奇幻谷」在商店裡布置了一個兒童托幼室，允許那些白天夫婦都上班或臨時有事的家長把孩子送到這裡「入託」，按小時計價，價格合理。兒童活動室商店特別挑選對兒童心理活動有一定經驗的人員來擔任保姆，教孩子們學習一些有益的知識，同時還將商店裡的各式玩具搬來供孩子們玩耍。孩子們在兒童活動室裡，就像到了遊樂園，有這麼多最好的新式玩具，孩子們自然是歡天喜地。

許多家長覺得這裡價格不高，還像個遊樂場，孩子們既有人照管，又有玩具玩，一舉兩得，何樂而不為。所以人們紛紛將自己的孩子送到這個店裡來。誰曾想「奇幻谷」的如此好心，實則是別有用心。隨著托兒業務的興隆，「奇幻谷」的營業額也奇蹟般的增高了。原來兒童活動室裡那些新奇的玩具迷住了孩子們，他們懇求自己的父母為他們購買。在孩子們的眼淚面前和保姆們的輪番勸說下，舐犢情深的父母能不滿足孩子們的要求嗎？

代客保管剩酒的酒吧

現代人變懶了。然而也正因為如此，引來了滾滾財源。人們懶得洗衣服，洗衣機才好賣；人們懶得走，汽車才暢銷；人們懶得動彈，才有了優秀周到的服務行業。

近來，香港酒吧業興起了一個新的服務項目 —— 代客保管剩酒。也就是將顧客喝剩的酒保管起來，陳列在一個精緻的玻璃櫃內，使所有人都看得見，瓶頸上吊有一個製作精美的卡片，標明主人的身分。這個服務項目有什麼作用呢？它雖是一個小點子，卻有著驚人的效果！

顧客來買酒時說只能喝一杯，店員說沒關係，買一瓶，喝不完我們可以替你保管，你下次隨便什麼時候來喝都可以。

顧客會為這種新穎的服務方式感動，同時看到別人的酒被放在那樣顯眼的玻璃櫃內，想到自己的也放在那裡，頓時獲得一種滿足感。

當顧客離去，店家會贈給一種小禮物，類似戒指、手錶一樣可以戴在手上，也可像胸飾品一樣掛在胸前。這種小禮物用來證明顧客在店裡還保留一些酒，同時也提供重要的提示作用。顧客經常看到它，也就在提醒他該去喝酒了。

下次來喝酒，肯定是只選這一家，不會跑到別處去了。

代客保管剩酒不光鞏固了回頭客，還增加了酒吧的光彩。代為保管後，顧客對店家有一種在家中用餐的感覺，這是非常重要的消費心理。

後來，這套點子又發展為代客保管碗碟。因為人們都講究衛生，害怕傳染疾病，不喜歡用別人用過的餐具、碟、筷子、刀叉等。餐廳還實行對來用餐次數多的顧客送一套餐具給他專用，吸引他常來用餐。

這些餐廳向顧客保證了餐具的清潔衛生，對他們服務周到，還讓他們得到了特別照顧。他們都成了這些店家最忠實的顧客。

從表面上看，酒吧、餐廳採取的只是一些新的經營方式，但實際上他們是為了更加吸引顧客。

「全錄」的只租不售經營策略

在全世界，「全錄」就是影印機的代名詞，就好比看到 IBM，就想到電腦一樣。而且其市場占有率高達一半以上。所以，稱全錄公司「影印機之王」一點也不過分。為什麼全錄公司在競爭激烈的影印機市場中能獨占鰲頭呢？原因是，它憑一種獨特的經營策略，那就是只賣服務不賣產品，也就是只租不售的銷

售方法。

全錄公司於西元 1864 年由美國人威爾遜創立，但直到 1960 年，「全錄914」乾式影印機問世後，全錄公司才異軍突起。

傳統的溼式影印機不但在列印時必須使用化學液體，而且必須使用表面塗上感光藥物的列印紙。「全錄 914」乾式影印機則無上述的麻煩，因此大受歡迎。

當時美國法律規定，任何產品的定價超過成本 10 倍時，即不得銷售。然而，每臺成本只有 2,400 美元的「全錄 914」影印機，卻被威爾遜定出 29,500 美元的高價。這樣的高價，不但市場無人問津，而且法律也禁止銷售。但這正合威爾遜的心意。他不想賣產品，只想賣服務。換言之，「全錄 914」只出租不出售。

因為影印機和電腦非常類似，維修相當麻煩，不出售機器，就省去許多維修方面的麻煩了。所以威爾遜乾脆提高售價，採用只租不售的經營方式。事實證明威邇遜的決策非常正確，出租影印機的利潤高於銷售影印機的利潤。「全錄914」就像一隻會生金雞蛋的母雞，為全錄公司賺進大筆的財富。

全錄公司在經營策略上，避實擊虛，利用法律只租不售，卻創下了日進斗金的紀錄。

「三菱」暗中挫敗「三井」

1980 年，三井物產公司的益田與其任職大藏省時的上司澀澤榮一商量，準備自組一個「東京帆船會社」。

當時澀澤榮任第一銀行的總裁，也是三井出資設立的東京股票交易所的幕後主持人。得到澀澤榮的贊同後，益田立刻和當時的政界要員聯絡，私下也和地方上的海運業者聯合，準備設立大海運公司。

在三井公司和財政界的大人物做為後盾，地方上的船主、貨主當然就陸續申請加盟，甚至當時的一些富商，也都陸續回應。

很快，消息傳開了。三菱的彌太郎儘管有把握以其實力來與這家公司正面競爭，但對於他們雄厚的資金來源，以及澀澤在社會上的地位，卻又不敢忽視。

為了替這家新公司的產生設立障礙，或者讓計畫流產，以除去此一勁敵。彌

太郎採取了「調虎離山」的應付措施。

　　首先，彌太郎利用與自己有深厚交情的報界大亨大隈所辦的兩種報紙攻擊澀澤，使澀澤的名譽、聲望因輿論的討伐而跌落，參與新公司的商人心中產生懷疑和不安，漸漸動搖了參與的念頭。

　　同時，彌太郎也派人到各地去進行攪亂，以厚利誘惑最熱衷於新公司建立的藤井，使他脫離新公司，接著去說服其他商人，用低利資金流通、低運費為條件來引誘他們。

　　經過這一系列的行動，彌太郎使地方人士對三井物產產生反感，進而猛烈抨擊東京帆船會社的建立。

　　彌太郎還私下收買了東京股票交易所的股東，撤換了澀澤的親信，斷絕了東京股票交易所支援東京帆船會社的資金。

　　1980 年 8 月 10 日，「東京帆船會社」儘管還是成立了，但由於彌太郎施用的分化瓦解戰術，使中途退出加盟的人太多，不僅資金發生問題，而且失去大宗物資如米、木材等的運送，公司的業務無法順利發展。

　　這種看透了對方意圖之後，並不正面競爭，而用側面迂迴、避實擊虛的戰術，委實十分高明。

汽車推銷員的攻心術

　　推銷商品，有人單刀直入，採取直接了當向顧客介紹商品，少不了自我吹噓一番。也有一部分，在推銷商品中，使用了曲折迂迴的戰術，亦可時時奏效。在商場中，還可以看到賣弄式的推銷方法，他們以不向人介紹自己的商品，而是採用解除心理防禦的「攻心」策略，讓顧客認為該買進自己所需要的商品了。

　　如果有人在考慮買新車時，正好有人來推銷，此推銷員口才好又伶俐，他很可能欣然買下價錢昂貴的車子。因職業而留下某種形象，稱為「任務期待」。它並無好壞之分。對汽車推銷員本身不見得有利，買主可能形成先入為主的觀念，心理上產生反感，因而和對方產生隔閡，採取防禦的態度。一個連續用了十三年車的人，最近有不少推銷員向他推銷各式車了，他卻執意不買。因為那些推銷

員不外都是這些話：「老爺車容易出車禍」、「老爺車修理費太高……」他聽起來很不高興。有一天，一位中年推銷員說：「你的車再用幾年也還可以，換了新車太可惜了……」這句話樂得他眉開眼笑，即刻買下新車。先登門推銷的那些推銷員，對老車挑毛病，思路很正確。但車主會想：「你是因為賣新車才要挑我的車子缺點。」心理上就建了一堵厚厚的牆。但出色的推銷員就不同了，他將車主對推銷員的「任務期待」來了一百八十度的大轉彎，無論多麼牢固的警戒心也會瓦解。這種推銷術看起來很矛盾，賣新車卻誇舊車好，但由於建立了心靈間理解的橋梁，反倒容易達到目的。

推銷員不僅要有豐富的專業知識，向人們展示商品的性能和特點，而且要有敏銳的洞察力，判斷顧客是否需要自己的商品，同時，還要了解消費者的心理特徵和防禦能力，不同類型分別對待，運用避實擊虛的謀略充分贏得顧客的信任和情感。只有這樣方可稱得上一個標準的推銷員。

擊彼之短，打破壟斷

日本的泡泡糖市場，幾乎被「勞特」牌泡泡糖所壟斷。「勞特」牌泡泡糖深受顧客的喜愛，其他企業想要戰勝它談何容易！

日本江崎糖業公司信心十足，決心占領泡泡糖市場，躋身於日本泡泡糖龍頭之列。為達此目的，公司很快做出了一個不尋常的決策：取人之短促銷。

不學習勞特牌泡泡糖的優點，而是全力找出它的缺點來。為此，公司成立了一個新市場開拓團隊，專門負責研究「勞特」的缺點。開拓團隊經過縝密的查訪，雞蛋裡挑骨頭，終於發現了勞特的四大缺點：

1. 沒有看到日本成年人也開始吃泡泡糖，仍然以兒童為服務對象。

2. 沒有注意到顧客對泡泡糖的需求越來越多樣化，仍然幾乎只生產果味型。

3. 勞特產品的形象多年一貫化，總是長條式，缺乏新樣式。

4. 價格定價為 110 日幣，顧客購買時要掏零錢，很不方便。

江崎公司取勞特之短，對症下藥，決定生產出四個品種的功能性泡泡糖。

1. 司機用泡泡糖，配料使用印度薄荷和天然牛黃，可產生刺激，消除困倦。

2. 交際用泡泡糖，有清潔口腔、袪除口臭之功用。

3. 體育用泡泡糖，含有多種維生素，有增強人體機能，消除疲勞之功能。

4. 輕鬆型泡泡糖，內加葉綠素，能改變人的不良情緒。

以上四種泡泡糖的造型和包裝都呈現出新的姿彩，格外迷人。同時價格定為 50 日幣和 100 日幣兩種，免了掏零錢的麻煩。

江崎公司的產品取人之短，巧妙運用避實擊虛的計謀，一問世就像颶風一樣滾過泡泡糖市場，獲得了奇蹟般的成功：市場占比一下子達到 25%。當年的銷售額達到 150 億日幣，創下了江崎公司的歷史紀錄。

利用競爭對手缺陷克敵制勝

研究競爭對手，從中找出其產品的弱點及行銷的薄弱環節，也是企業捕捉商機的有效方法之一。美國的羅伯梅塑膠用品公司自 1980 年高特任總裁起，其業績成長了 5 倍，淨利成長了 6 倍。羅伯梅公司成功的祕訣之一就在於採取了積極參與市場競爭，「取競爭者之長，補競爭者之短」的方式，在競爭對手塔普公司開發出儲存食物的塑膠容器後，羅伯梅公司對其進行了認真的分析研究，認為，塔普公司的產品，品質雖然高，卻都是碗狀，放在冰箱裡會造成許多小空間無法利用。於是，對其加以改進，開發出了性能更好、價格更低、又能節省存放空間的塑膠容器。就這樣，在塔普公司及其他公司還未看清產品問題的時候，羅伯梅公司卻已將之轉化為極重要的競爭優勢了。

行業結合外部的商機

每個企業都有它特定的經營領域。比如木材加工公司所面對的就是家具及其他木製品經營領域，廣告企劃公司所面對的是廣告經營領域。對於出現在本企業經營領域內的市場機會，我們稱之為行業市場機會，對於在不同企業之間的交叉與結合部分出現的市場機會稱之為邊緣市場機會。

一般來說，企業對行業市場機會比較重視，因為它能充分利用自身的優勢和經驗，發現、尋找和識別的難度係數小，但它會因遭到同行業的激烈競爭而失去

或降低成功的機會。

　　由於各企業都比較重視行業的主要領域，因而在行業與行業之間有時會出現夾縫和真空地帶，無人涉足。它比較隱蔽，難於發現，需要有豐富的想像力和大膽的開拓精神才能發現和開拓。

　　例如，美國由於航太技術的發展出現了許多邊緣機會，有人把傳統的殯葬業與新興的航太工業結合起來，產生了「太空殯葬業」，生意非常興隆。再如：「鐵畫」就是把冶金和繪畫結合起來產生的，「藥膳食品」是把醫療與食品結合起來產生的。

尋找大公司的薄弱環節

　　對眾多的中小企業的老闆來說，能否與大公司進行競爭，或怎樣與大公司進行競爭，是經常會遇到的一個令人感到十分棘手的問題。但一定要對此找出合理答案，並且在做出決策之後才能開張營業，否則，難免失敗。

　　有些人認為凡與大公司進行競爭，結果只能是雞蛋碰石頭，死路一條，但現實生活大量事例表明並非一定如此。

　　大家知道 IBM 現在是實力相當雄厚的經營電子電腦的企業。美國無線電公司和奇異公司曾試圖與之進行直接競爭，但沒經過幾個回合的較量便損兵折將，損失慘重。可是，仍然有一些向來就經營電子電腦的企業（如資訊管理公司等）卻沒有因此而破產倒閉。他們之所以能在其中站穩腳跟，主要原因是這些公司的經理能夠清醒採用市場細分法，對於各種不同類型顧客的特徵詳細分析，從中發現IBM公司顯而易見的某些弱點，以及某些現在該公司並不那麼熱心經營的「項目」，因而在確定經營範圍的時候，也就可以找出 IBM 的弱點進行競爭。專營蘋果電腦設備的廠商和商家們正是採用這一辦法，成功的找到了促使生意持續發展的機會與途徑。事實上任何一家企業，即使是「超級大型企業」，也不可能處處無懈可擊，因此與大公司進行競爭並非絕對不可能之事。

　　倘若一旦發現市場上正萌發著某種從未引起過人們極大注意的需求，然而只要能滿足這方面的需求，就可以成就某項事業的話，那就無須為競爭而感到惶恐

不安，只要竭盡全力並且想方設法把那門生意做好就行了。至少大公司已經為你開闢了產品的銷售市場，同時，還透過一系列的宣傳廣告和促銷活動，為你開發了市場上對產品的種種需求。蘋果電腦設備的廠商和商家們之所以獲得那樣傲人的成就，正是利用 IBM 那樣龐大的企業打開了生意的市場，比如透過各種宣傳廣告和促銷活動，最大限度的開發了市場上對電腦設備的需求，並贏得了客戶的普遍接受，為其他電腦設備隨後進入市場消除了多種阻力，迅速打開銷路等等。

有時候，一些小本經營的生意人由此也可以在大公司漏掉的生意中發大財。作為顧客未必都能忍受大公司銷售人員那種缺乏人情味的服務方式，或者為求方便、避免浪費太多時間，於是選擇殷勤待客的小店鋪了。類似情況到處可見。例如，在經營電腦設備或大型機械設備的行業中，某家公司即使是小規模的企業，倘若能做到交貨快捷，及時滿足顧客的急需，同樣可以從那些強大的競爭對手那裡獲得相當的貿易量。類似這樣的情況，在評估市場潛力，分析競爭形勢的時候，是需要充分考慮的。

六

顧客的心理篇

第三十一計 / 顧客至上

真誠禮貌是顧客永遠的需求

相對於大企業來說，小企業給顧客的信任感是較差的。這一方面是小企業的規模問題，另一方面也與小企業的經營作風有關。

為了獲得客戶的訂貨，很多小企業主常有逞強或欺瞞顧客的短期行為，這就使很多人感到小企業的信譽很差。如某高中想買一些電腦作為教學設備，他們趕到電腦商場，挨家挨戶了解行情。一些小公司看到生意不小，在拚命鼓吹自己的銷售品時，極力貶低幾家大企業的產品。恰恰這家高中去採購的人在電腦方面是個行家，當場要求展示，並打開箱蓋檢查，結果其說法和實際大相徑庭。最後採購人員寧願多花點錢買大公司的產品，再也不敢相信舌生蓮花的小公司推銷員了。

去商店採購東西的人都有這種感覺，當你進入商店還未決定買什麼東西時，若店員對你大獻殷勤，會使你渾身感到不舒服，快快離開此店，本來想看想買的東西也不買了。有了幾次這種經驗，就會對店員說：「在我們看東西未叫你時，請不要過來，等選定了你再來幫忙也不遲。」店員會說：「這是老闆的規定。」其實這種規定是再蠢不過了。對大多數人來說，到商店都是喜歡自己選定的東西。店員的推薦對他們買或不買的決定影響並不大。當顧客未選定而店員過分熱情推薦時，如果這個顧客和店員關係不熟，往往會促使顧客下定不買的決心。

取悅顧客的技巧

當一個推銷員不但要有良好的業務素養，而且還必須掌握幾種絕招，才能在商場上遊刃有餘。

首先是微笑。在顧客、客戶面前，流露出自然而甜美的微笑，給人一種親近、友善、和悅的感覺，讓人在心中留下美好的難忘的第一印象。微笑的技巧是要掌握分寸，淡淡一笑、真誠的態度，微微的點頭，既不能做作，也不應過分，

出自內心的笑容才是自然的。一次完美的微笑，常常可以讓對方感到親切，進而對你產生好感，下一步的銷售活動就可順利的進行了。

其次是傾聽。傾聽是對發言人的尊重與禮貌，對其談話內容有興趣，同時表示聽話人的誠意。傾聽對發言人來說，使他滿足了發表欲；對一個心中有苦悶的人來說，使他發洩了積怨，進而產生聽者是知己的感覺。

傾聽對一位不滿的顧客更是重要，推銷員必須誠意的傾聽，才能使顧客心悅誠服，化乖戾為祥和，如此才能掌握顧客。

傾聽的技巧是：

1. 眼睛要注視對方，眼睛除能看物外，還會產生感情，用這種感情與顧客相互交流。

2. 臉部要表示出誠意與興趣，無論對方談話內容如何，必須真誠、有興趣的聽下去，使對方視自己為知己。

3. 對方未說完話不可中途打斷，如有意見或有疑問，不可在對方尚未說完時插嘴，這是最不禮貌且易惹人反感的。

再次是讚美。到一個陌生的環境中，可以環顧四周，然後適當的勇往直前。「哦，您的房間真乾淨、清爽。」「您家裡的擺設淡雅舒心。」「您家富麗堂皇。」「您家古香古色、幽雅大方。」讚美必須由遠而近，從物到人，由衷的發自內心的感慨，不能強裝做作，更不能阿諛奉承。輕輕的讚美，都能感動人。悄悄的一句話，「您這件衣服真漂亮，您真美！」就會使對方心花怒放，接納你的來訪，接受你的商品。

成功的推銷員，共同的特點就是引起顧客的好感，接下去什麼事都好商量。

細膩入微的關愛

下班回家，H 先生坐在沙發上得意的吐著煙圈，臉上帶著掩飾不住的會心的笑意。原來，他那寶貝女兒考上了知名大學！這時，H 先生發現了桌子上有一封信 —— 這是一封某電器行寄來的賀卡。上面寫道：「我們衷心祝賀您的女兒 N 小姐幸運考上大學。為表示賀意，您是否向 N 小姐贈送一臺最有紀念意義的隨

身聽？」「啊，這麼有心，當然應該！」眉開眼笑的 H 先生覺得十分光彩，於是毫不猶豫的掏出腰包。

這是某電器商行以情攻心的一個推銷手段。原來，這商行的經理別出心裁，平時就處處留意顧客，並整理和建立顧客的各種資料檔案。「檔案」中特別設有顧客子女一欄，記錄其姓名、年齡、就讀學校等各種資料。於是，當每年各學校升學考試結果公布後，電器商行即針對子女考上中學或大學的顧客，特地寄一封賀信，並在賀卡上順便推銷最適合作為學生賀禮的各種商品。這一招往往是奏效的。要知道，這一份成本不過幾塊錢的賀卡，其中會蘊藏著心理上溫馨的魔力，當受賀者由此而產生購買行為時，這個數字就是個很驚人的數字了。

M 市某眼鏡店的例子也說明了問題。店經理平時就很注意整理顧客資料。每當一個新顧客光臨時，經理便親切的請顧客留下生日，然後贈送一份小禮物。此後，每當這位顧客生日時，眼鏡店便會寄上一份生日賀卡，並詢問所配眼鏡使用是否舒適，還歡迎隨時到店裡免費檢查 —— 在忙碌的生活環境中，不要說朋友，即便是父母有時也會忘記子女的生日，而眼鏡店的這一招，便大得人心！許多顧客便「忠誠的」成為眼鏡店的老主顧。有一位女顧客，在連續三年收到這生日賀卡之後，竟然在遠嫁到 T 市時，還利用回 M 市的機會，特地到這眼鏡店多配了一副眼鏡。

以上所舉的只是兩個例子。但舉一反三，有心者不是可以一試嗎？比如藥店可以在顧客慶祝雙親的六十大壽時寄上賀卡，順便推銷按摩器、電子血壓計等產品。而鐘錶店的則可以推銷鐘錶等等。當然，運用這一招，對顧客的資料、「檔案」就是一定要準確真實，以免弄巧成拙。

恰到好處的招呼顧客

顧客一進門，店員就面臨著應不應該向顧客打招呼、在什麼時候、用什麼方式打招呼的問題。這應該注意以下幾點：

首先，分析顧客的不同目的。有專程而來的顧客：她知道這裡有賣 A 而來買 A 的；有的是要買 A，而到這裡看看有沒有賣 A 的。對這些顧客，店員都應

主動迎上前去打招呼。也有來逛逛的顧客，他們抱著有合適的東西就買，沒有合適的就不買的心理。對這種顧客，不要主動的迎上去打招呼，如果對這樣的顧客一進門就笑臉相迎，問這問那，反而會使顧客感到不自在。我們說，優質服務應該熱情，但熱情服務並不一定就等於優質服務。不恰當的熱情會變成「笑臉驅趕」。

其次，掌握恰當的時間。向顧客打招呼是一門藝術，微妙之處就在於掌握得恰到好處。招呼早了令顧客尷尬，招呼晚了則怠慢了顧客。有的商家制定了條例，對店員應該在什麼時候主動打招呼做了明文規定，如：當顧客在櫃檯邊停留時；當顧客在櫃檯前慢步尋找商品時；當顧客撫摸商品時；當售貨員和顧客目光相遇時；當顧客之間在議論商品時。這些時候是與顧客打招呼的良好時機。

再次，運用不同的句式。比如，我們常常可以聽到店員說的第一句話是：「您要幹什麼？」「您要什麼？」「您要買什麼？」「您要看什麼？」上述問話中，第一種極不禮貌，含審問口氣；第二種有乞討意味，也不妥；第三種一下子就把雙方置於買賣關係之中，使人際關係稍有緊張；第四種問話最得體：一是您要看什麼，我就幫您拿什麼，尊重顧客；二是問您看什麼，並不強迫您買，顧客沒有什麼心理負擔。

「波音」用真誠換來訂單

成功商業人士指出，客戶至上是企業銷售的不可動搖的，特別應反對那種食言而肥、自毀企業聲譽的錯誤做法。

在商品經濟的激烈競爭中，成功的企業應把「客戶至上」視為不可動搖的法則。但對有的企業來說，這一法則的堅定性卻是隨著企業經營形勢的好壞而搖擺的。產品暢銷時，這些企業就凌駕於客戶之上，銷售困難時，便向客戶磕頭作揖，稱其為「上帝」，以博垂青，這種臨時抱佛腳的方法是錯誤的。1987年12月，義大利航空公司的一架飛機在地中海上空失事，急需一架替代飛機。義航總經理打電話給波音公司董事長，問是否能盡快提供一架波音727飛機。說實在的，要得到這樣一架飛機需要兩年時間。但波音公司變動了計畫，使義航一個月

內便得到了飛機。波音公司的好心得到了報答，六個月後，義航取消了向麥克唐納—道格拉斯公司購買飛機的計畫，改向波音公司訂購了九架 747 飛機，價值達5.75 億美元。

　　義航並不是僅僅因為波音公司及時提供了一架飛機而回報一筆龐大的訂貨。義航知道，一家飛機製造公司改變計畫是件極為複雜的事，但波音公司為了客戶這樣做了。從這件事中，義航看到了波音公司真誠為人排憂解難的愛心。

第三十二計 / 因人而異

合理利用女性的虛榮心

　　虛榮心，人皆有之。舉例說，餐廳裡的餐點分為最貴的 A 餐，一般的 B 餐，便宜的 C 餐三種，大部分顧客都願意去吃 B 餐。為什麼呢？虛榮心在作祟。因此，在一般的餐廳中，總是中間級的食物銷售量多，約占總營業額的 75%。

　　還有一種更有趣的情況，譬如說，有三位女士相偕前來買手提包，手提包的價格有 6,000 元、4,000 元、2,000 元三種。依照上述的說法，應該 4,000 元的賣得最多才對。事實卻是 6,000 元的賣得最多。因為三個女人在一起，每個人都想表現她的優越感，誰也不願意輸誰。所以，三個人都買了 6,000 元的皮包。

　　女性的虛榮心確實比男性來得強烈。女性的心理有兩大極端，一是渴望最高級的東西，一是喜愛貪便宜。

　　如果是能滿足虛榮心的高級飾品，她會一擲千金而不改色；對於日常的用品，則十分節省，而且還會找些便宜貨來替代。

　　一個成功的推銷員，首先要明瞭自己的推銷的商品，哪種是高級品？哪種是廉價品？然後，看準顧客的心理，以高級品滿足有虛榮心的顧客，而推銷廉價品給喜愛貪小便宜的顧客。這才是生財有道的高明作法。

　　利用女性的虛榮心固然能使其掏腰包，但其虛榮心不能濫用。當一個人在店員面前尷尬於為了保住虛榮心必須忍痛付出，為了保住錢包又失去光彩進退兩難

時，她內心是很不舒服的。如果服務品質比別人出奇的好，買了也就罷了。萬一服務態度不比別人好，那麼她會找到理由拒絕購買的。

女性的好奇心不容忽視

女性對於自己未知的事物，具有強烈的好奇心。這裡指的未知事物，並非指遙遠地方或久遠年代所發生的事，而是指她自己周圍的事物。

20 歲的女孩，總喜歡想像自己 22 歲、23 歲時會變得怎麼樣？這種強烈的好奇心，使得她對未來懷著無限憧憬。少女們最感興趣的事就是聽比她們稍大的女性講經歷過的事。

像一個人總是踮起腳尖來看更遠地方的景物一樣，女孩的注意力總在前方。一個還在穿學生制服的女孩，雖然很少有機會穿著時髦的服裝，但她仍然喜歡留意時下時裝流行的趨勢。雖然女人總是朝著未知的領域探索，20 歲的女孩會幻想 22 歲或 23 歲的經歷，但是，一個 30 歲的女性，卻絕不會想像 32 歲或 33 歲女人的情景，這是因為女人渴望青春永駐的心理又勝過了原先的好奇心。

雖說女性比男性更具有好奇心，但是，她們對於自己不利的事情則完全不願意去想。

經營女性商品者，應抓住女孩對未來歲月的好奇和憧憬的特點，設計、生產、推銷能打動她們的女性商品，定會在市場上大出風頭。

利用女性相互攀比的心理

有些女人是短視近利的。這些女人的視野只容得下社會或世界這麼大的範圍，她們只注意身邊小世界裡發生的事，只關心左鄰右舍的芝麻小事。譬如說，隔壁人家買了什麼東西，平常又是怎麼生活的，隔壁先生的收入如何等等。即使和自己無關的事，她也想知道。這種現象在老社區裡表現得最為明顯。

女人本來就有強烈的好奇心，她不知道的事會拚命的去打聽。但是，這也只限於對隔壁人家發生的事。這種過度關心，往往會造成一種可怕的現象。譬如說，隔壁人家裝修了房屋，她也會想盡辦法，哪怕是借錢也要把自己的家裝飾一

新。週末假日，隔壁全家出去旅行，她也不甘示弱的帶著孩子到海邊遊玩。

總之，她處處關心人家的事，以便可以處處和人家攀比，逐漸的就形成了一種為誇示而購物的現象。聰明的生意人就了解女性的這種弱點，利用她們喜歡向左鄰右舍誇示的心理來大做其生意，並把居住社區、樓群區作為推銷的目標。

個性銷售備受顧客青睞

商業成功人士指出，個性銷售是著眼於滿足顧客個人需求的一種銷售方法。在商業銷售中，那種千人一面無區別銷售的方法是不可取的。

現代社會人們生活節奏十分緊張，而人與人的交往卻又日益增多。諸如親戚朋友、同事、同學的生日、住院或有其他喜慶活動，或某些有關係的企業開張誌慶或其他慶祝活動等等，人們都習慣於送上一束鮮花或一個花籃，表示祝賀、慰問。

於是日本開發出一種新鮮業務：送鮮花或花籃的人，只要到郵電局支付相關的錢，自己在一本鮮花目錄上選定花的品種和數量，再交上受花者的姓名和地址，即了結一切手續。

這種電報鮮花生意一出現，迅速贏得廣大民眾的歡迎。各種禮儀之情，有了這種生意的出現後，人們要送個花籃或花束表達心意，只要在當地郵電局付上一些錢就如願以償了。

1984 年耶誕節前夕，儘管美國不少城市朔風刺骨，寒氣逼人，但玩具商店門前卻通宵達旦的排起了長龍。這時，人們心中有一個美好的願望，「領養」一個身長 40 多公分的「椰菜娃娃」。

「領養」娃娃怎麼會到玩具店去呢？

原來，「椰菜娃娃」是一種獨具風貌、富有魅力的玩具。她是美國奧爾康公司總經理羅伯茲創造的。

與以往的洋娃娃不同，以先進電腦技術設計出來的「椰菜娃娃」千人千面，有著不同的髮型、髮色、容貌，不同的鞋襪、服裝、飾物，這就滿足了人們對個性化商品的要求。

因人銷售，個性服務

商業成功人士指出，因人銷售能提高人群針對性購買力，是一種群體銷售的良好方法，特別應該禁忌忽略人群時節因素而影響銷售。如何做到因人銷售呢？在生活中，你可關注下列一些方面：

1. 婦女常利用下班途中購買一些生活必需品；在週末或休假時間集中購買禮物商品；保健品、化妝品、兒童商品、精神生活方面的商品。

2. 單身的女性對流行商品投資的購買力提高；單身男子崇尚運動、娛樂活動；飲食方面的費用劇增。

3. 老年人用於購買維持精神充實和心情愉快的產品費用提高；保健費用增加；看護、救助和醫療費用占大比例。

4. 中學生則多購買新奇、時髦的東西。

說服不同年齡顧客的攻心術

1. 年輕顧客

告訴他你的產品是很流行。

這類顧客是緊跟時代步伐的一類顧客。他們有新時代的性格，是隨著新時代的潮流奔向前的顧客。這類顧客就有一種趕時代性，他們大都愛湊個熱鬧，趕個時髦，只要是現代流行的商品，他們就要買，抓住這一點，推銷員就有必勝的把握。

這類顧客比較開通，比較開放，正是易於接受新生事物的時候。他們好奇心強，且興趣廣泛。這些特徵對於推銷來說也是極有利的，因為可抓住他的好奇心，鼓勵購買，也可以使他們佩服你，抓住時機，與他交個朋友。

這類顧客比較容易接近，談的話題也比較廣泛，與他們交談比較容易，容易交朋友。

由於這類顧客的抗拒心理很少，只是有時沒有閱歷而有些恐慌，只要對他們熱心一些，盡量表現自己的專業知識，讓他多了解一些這方面的問題，他們就會

放鬆下來，與你交談了。

對付這類顧客，要在進行推銷說明時，激發他們的購買欲望，使他們知道這商品很熱門、正符合時代潮流。

面對這類顧客，你可在交談中，談一些生活情況、情感問題，特別是未來的賺錢問題，這時你就可以刺激他的投資想法，使之覺得你這次交易是一次投資機會，一般這些顧客是會被說動的。

對待這些顧客，要親切，對自己的商品有信心，與他們打成一片。只是在經濟能力上，要盡量為他們想辦法解決，在這方面，不要增加他們心理上的負擔。

2. 中年顧客

中年顧客一般都已有了家庭，有了孩子，也有了固定的職業，他們要盡量的為自己的家庭而打拼，為自己的孩子而賺錢，為了整個家庭的幸福而投資。

他們都有一定的閱歷，比年輕人沉著、冷靜，比年輕人經驗豐富、有主見，但缺乏年輕人的生機、年輕人的夢想、年輕人的活躍。

中年顧客各方面的能力都比較強，正是一個人能力達到頂峰的時候，欺騙和蒙蔽對這類顧客是很困難的，不過只要你真誠的對待他們，交朋友則是佳機。他們喜歡交朋友，特別是知己朋友。

對付這樣的顧客不要誇誇其談，不要顯示自己的專業能力，而要認真親切的與他們交談，對於他們的家庭說一些羨慕的話，對於他們的事業、工作能力說一些佩服的話，只要你說得實實在在，這些顧客一般都樂於聽你的話，也願與你親近。

這類顧客由於有主見，能力又強，不怕推銷員欺騙他們，他們都又很實在，所以只有推銷的商品品質好，推銷員態度真誠，交易的達成是毫無疑問的。

這類顧客，對於你的言詞他不會太在意，他們要求實實在在，對他們不需要運用什麼計謀，不過這些顧客都愛面子，所以推銷員可抓住他們這一點進行推銷，可以引誘他們說出某些話，然後讓他收不回去，想收回去就得買你的商品，這樣，這交易就成功了。

3. 老年顧客

老年人大都是比較孤獨的人，他們的樂趣也就來自於過去和自己的子孫們，於是特別愛與年輕人交談，並且交談時間特別長，俗話說：「老婆子嘴，嘮叨個沒完。」

老年人愛倚老賣老，大都偏激、固執、愛面子，即使他們錯了也不認錯，會錯上加錯。特別的偏激，死抓住一個理由來判斷事物的各個方面，並且很固執，自己說什麼就是什麼，死不改口。

老年人腦子已經轉動不靈，有時犯糊塗，他們知道這一點，所以他們對人的做法總是信疑各半。

老年人喜歡別人稱讚自己兒孫滿堂，喜歡別人稱讚自己的子孫有出息，喜歡聽別人稱讚和談自己得意的事。

推銷員要多稱讚老年顧客的當年勇，多提一些他們子孫的成就，盡量說些他們引以自豪的話，這樣可令顧客興奮起來，積極起來，對於你的推銷有一個好的氣氛。

對老年顧客進行推銷時，這些老年顧客如果能對你產生好感，就會對你發出慈愛心，這樣他們的一切疑慮就會打消。

對付老年顧客有兩點禁忌：一是不要誇誇其談，老年人覺得這種人輕浮，不可靠，也就不會信任他們，交易也就會以失敗而告終。二是不要當面拒絕他，或當面說他錯，即使你是正確的也這樣，因為他們人老心不老，總覺得自己還了不起，還像當年一樣，所以不要拒絕和指出他們的錯，這樣會激怒他，使他和你爭吵，這樣他們與你的交易就泡湯了。

說服不同性格顧客的攻心術

1. 忠厚老實型

這種顧客對待每件事都很實在，不到萬不得已他們是不會決定一件事是否該做，還是不該做的。這種顧客對於推銷員都有一種防禦的心理，對於交易也有一種防禦、拒絕的本能，所以這類顧客一般都比較猶豫不決，沒有主見，不知是否

該買，但他們一般又不會加以拒絕。

這類顧客多疑，一般推銷員很難獲得他們的信任，但只要誠懇，他們一旦對你信任，就會把一切都交給你。他們特別忠厚，你對他怎樣他也會對你怎樣，甚至還超過你。

這類顧客很少說話，當你詢問問題時，他們就「嗯」「啊」幾句。平時聽你說話，他們只是點頭，總覺得別人說的都對似的。這種人一般不會開口拒絕別人，甚至別人跟他借了錢，別人不還他，他也絕不開口去要。

推銷員可抓住這類顧客不會開口拒絕的性格，讓其購買，只要一次購買對他有利或者覺得你沒騙他，他就會一直買你的商品。因為他對你實在太信任了，這次信任你，下次也不會錯，這就是一種使他放鬆警惕的方法。

如果推銷員這次騙了他，以後他絕不會再來買你的商品，即使你有十分好的商品，因為他認為你不仗義，不值得與你這種人打交道。

這類顧客還有一種毛病就是有時靦腆得要命，所以對他們說話要親切，盡量消除他的害羞。這樣，他才能聽你推銷，交易也才能更順利。

這類顧客對於這一次的推銷，只要能說上話，十拿九穩這次交易已是定案的了，他們絕不會拒絕你。

這類顧客，有時提理由或相反意見都有些猶豫不決，好像說出來要傷害推銷員的自尊心似的。對於他們提出的理由，一般是等到他詢問之後再進行解決的。

2. 自傲的顧客

自傲的顧客都愛誇誇其談，喜歡吹牛，自己認為什麼都懂，別人還沒說出自己的觀點，他就打斷人家說自己知道。

這些顧客常常炫耀自己，對推銷員總是這樣說：「你們這些業務，我都清楚」、「我和你們公司總經理是老朋友」、「我以前見過你們這些推銷員，他們一個個都從我這裡逃走了，被我說得哼哼哈哈的」，好一陣炫耀，讓人聽了都有些反感。

不過，這些顧客有一個最大的優點，那就是毫不遮掩，心裡有什麼就說什麼，巴不得拿一本專業書來給你讀，「看，我這些都懂。」你如果探詢什麼資訊，

就可以找這些顧客，他們一定會對你炫耀，但你千萬別告訴他什麼祕密消息，否則就沒什麼祕密啦。所以對於這些顧客即使不成交，也千萬別得罪他，留待將來探詢資訊用。

由於這類顧客比較善於表現自己，你就必須在與他交談時，盡量表現自己的專業知識，使他對你產生敬佩，使他服你，這樣他就會對你產生信任，並且交易成功率也就很大。

還有一種方法，就是根據他有一種自誇的心理，抓住他說的話，然後攻擊他，使他進入你所設的陷阱中，他為了顧全面子，就會硬撐著與你成交的。

你就可以這樣對他說：「先生，對於我們的商品，我就不說什麼啦，你都知道了，對於它的優點您就更熟悉了，對於我們的業務您再熟悉不過了，您需要買多少呢？」

這樣一說，由於前面的話是他說的，他不能否定，所以他為了顧全面子，就必須與你成交，否則就會使他尷尬痛失面子的。甚至他連一個理由都不能說，否則他就是一個出爾反爾的大騙子。

見到這種顧客，不要一見他對你的業務都很熟悉，你就膽怯，就不與他說你的專業知識，其實他們只不過挖空心思在你面前炫耀罷了。他們都是紙老虎，你若怕了，他們就更凶，就會看不起你，就不可能與你成交了，即使與你成交，他們也覺得那是他們對你的施捨罷了。

3. 愛炫耀的顧客

有錢的顧客與上一類相類似，只不過他炫耀的不是這方面的知識，而炫耀的是自己的財富。不過都有個弱點就是所炫耀的正是他們所欠缺的。

這類顧客有兩種類型，一種是真正有錢；另一種則不是，他們只不過崇拜金錢而已。

對於第一類顧客，他們有錢，但不希望別人奉承他們，他們的主要方向是要一個好品質、包裝好、名牌的商品。所以對這類顧客要誠懇的把自己商品的優點告訴他，並且對他的有錢有一種並不在乎的神情，這樣顧客會對你的這種神情產生好奇，你也就會讓他知道你也不太喜歡錢，只是迫不得已而已，這樣與他產生

共鳴後，他與你的交易就順理成章了。

　　對於第二種顧客，你就必須對他們進行奉承，恭維他們，使顧客知道推銷員非常羨慕顧客有錢，滿足顧客的虛榮心。最後為了給他一個臺階，又能買你的商品，你就必須在最後做一些處理說明。你可以這樣說：「你就先交個訂金吧！餘款以後交。」這樣他會很感激你的。

　　交易成功後，別忘了說一聲：「請您以後多多光臨。」

　　對於第二種類型的顧客，不要揭露他們的虛假，這樣會傷他的自尊心的，使交易發生困難，白白損失一次機會。

　　但是，如果顧客最後不買你的商品，你可揭開他的虛假而激他一下：「先生，您不買是錢不夠還是沒有能力購買？可以先付訂金嘛！」

4. 精明的顧客

　　有些顧客比較精明，並且都有一定的知識水準，也就是說文化素養比較高，能夠比較冷靜的思索，沉著的觀察推銷員。他們能從推銷員的言行舉止中發現端倪和真誠，他們就像一個有才能的觀眾在看戲一樣，演員稍有一絲錯誤都逃不過他們的眼睛。他們的眼裡看起來空蕩蕩的，有時能發出一種冷光，這種顧客總給推銷員一種壓抑感。

　　這種顧客討厭虛偽和造作，他們希望有人能夠了解他們，這就是推銷員所應攻擊的目標。他們大都很冷漠、嚴肅，雖然與推銷員見面後也寒喧，打招呼，但看起來都冷冰冰的，沒有一絲熱氣，沒有一絲春風。

　　他們對推銷員持一種懷疑的態度。當推銷員進行商品介紹說明時，他看起來好像心不在焉，其實他們在認真的聽，認真的觀察推銷員的舉動，在思索這些說明的可信度。同時他們也在思考推銷員是否是真誠、熱心的，有沒有呼攏，這個推銷員值不值得信任。

　　這些顧客對他們自己的判斷都相當有自信，他們一旦確定推銷員的可信度後，也就確定了交易的成敗，也就是說，推銷給這些顧客的不是商品而是推銷員自己。如果顧客認為你對他真誠，可以與他交朋友，他們就會把整個心都給你，這筆交易就成功了；但如果他們確認你有點做作，他們就會看不起你，會立即打

斷你，並且下逐客令把你趕走，沒有絲毫的商量餘地。

這類顧客大都判斷正確，即使有些推銷員有些膽怯，但很誠懇、熱心，他們也會與你成交的。

面對這類顧客有兩種方法：一就是有什麼說什麼，該是幾就是幾，對其真誠、熱心，商品品質好、自信，使之無話可說，對你產生信任。二是在某一方面與之產生共鳴，使他佩服你，成為知己朋友，他們對於朋友都是很慷慨的。

5. 害羞的顧客

有一類顧客像孩子似的，很怕見陌生人，特別是怕見推銷員，怕別人讓他回答一些問題，他回答不上來有些尷尬。這類顧客有時還有點神經質，見到陌生人心裡就犯嘀咕。

這類顧客也有小孩子的好動心理，不過這是由於怕人問他問題的一種坐立不安。當推銷員介紹說明時，則喜歡東張西望，或者做一些別的事來克制自己安下心來。他們會玩手裡的東西，或者寫一些東西來掩飾或躲避推銷員的目光，因為他們很怕別人打量他，推銷員一看他，他就顯得不知所措。

不過，這類顧客一旦與你混熟以後，膽子就會變大，就會把你當朋友看待，有時還想依賴於你，信任也就產生了。

所以這類顧客極易說服他成交，他很希望快點結束尷尬的局面，很想輕鬆一下。

對付這種顧客的方法就是第一次先與他聊天，也就是說先與他混熟一點，到第二次他就自然多了，他就會把你當作老朋友看待，至於洽談生意就順利多了，交易極易成功。

對付這類顧客，你必須慎重對待，首先要給他一個好的第一印象，這樣他雖然還有些神經質，但對於你卻是很信任放心的，這時再與他談。要細心的觀察他，時不時稱讚他一些實在的優點，照顧他的面子，不要說他的缺點，他對你會更信任，這樣雙方就能建立起友誼，會交個朋友。關於交朋友，推銷員要主動一些，因為顧客是不會先提出的。

在交談中，你可以坦率的把自己的情況、私事都告訴他，讓他多多了解你，

這樣也可使他放鬆一下，使他對你更親近，這時就可能談自己的事情了，但你千萬別問，否則他就會顯得尷尬。更不要在談自己之前談他的事，這樣他更神經質，且不會告訴你。

經過交談後，交個朋友，再洽談交易，這時，十有八九會成功了。

6. 冷淡的顧客

有些顧客雖不多說話，但頗有心計，做事非常細心，並且對自己的事都有主見，不為他人的語言所左右，特別是涉及到他的利益的時候更是如此。

這類顧客表面看起來都很冷淡，有一種對一切都不在乎的神態，使人無法與之親近，其實他的內心卻是火熱的，你只要能與之交朋友，他會把生命的一切都給你。

這類顧客看起來有一種讓人感到冷的感覺，對於推銷員不在乎，對於推銷的商品也不重視，甚至推銷員為他進行商品介紹說明時，他也不說一句話，沒有什麼表情變化，很冷淡，其實他在用心聽，在仔細考慮，只不過不表現在臉上和話語中，而是在他的腦子裡。

這類顧客不提問題就罷了，但他一提就會提出一個很實在，並且很令人頭痛的問題。這時推銷員就不能蒙混過去，而且絕對騙不了他。只要你解決不了他的問題，他就會立即停止談交易，因為他們本身就惜話如金。所以推銷員要小心的為他解決問題，要抓住問題的關鍵所在，只要解答了他的問題，這類顧客就會立即要求開訂貨單，使交易成功。

對付這類顧客，首先在進行推銷時，要小心謹慎，說得全面一點，絕不可大意，並且要表現出你的誠懇，好像是你在問他問題。介紹完之後，顧客會進行一段思考，這時推銷員要閉嘴，等顧客抬起頭之後，他會問一些問題，這時你再回答。從這些問題中，你就可知他的購買欲，如很大，你就可說些商品的優點，使他對商品產生更大的興趣，這樣達成交易的可能就大了。

7. 開朗的顧客

外向型顧客辦事幹練、心細，並且性格開朗，閱歷少，只要與他多交談一

會，他就會與你更加親近，這種顧客極易成交。

這種類型的人做事都給自己留一條後路，並且說話乾脆，讓人對他易產生一種信任之感。他們做事前就已經想好了怎麼做，準備好問什麼，回答什麼，所以他與推銷員交談就有了目的性，這樣對於交易也就順利了。

這類顧客對推銷員有一種微弱的抗拒心理，一見推銷員就馬上說：「我不想買，只是看一看。」其實這話是一種抗拒，推銷員大不可不必理會他，只要商品使顧客滿意，使他喜歡，連顧客都會忘記自己說過這樣的話。他說這樣的話本身就是一種暗示，暗示自己看一看，如果看著好就買。

對付這種顧客比較容易，只要以熱心誠懇的親切態度對待他，並且多與他親切交談，多與他親近，就會消除雙方的隔閡，這合作交易也就做成了。

8. 好奇心強的顧客

還有顧客對待任何新事物都有一種好奇心，就像有某種不可抗拒的力量驅使他，驅使他去了解這些新事物，對於推銷的商品他也會帶著極大的興趣去了解他的性能優點及與之有關的一切情報。

這類顧客態度認真、大方、有禮貌，對於商品所提的問題的情形，就好像一個不懂事的孩子問一個知識淵博的老人，這樣的顧客常使推銷員無法拒絕對他所提問題的解答。這類顧客表現比較積極主動，就好比推銷員與他扮演互換的角色。

這類顧客只要貨物商品滿足他的需要，他喜歡這種商品，則他們就是一個好的顧客，可以驅動他的好奇心而成交。

這類顧客比較單純、閱歷少，只要對他真誠、熱情主動，商品合他意，他就會高興的買下來。如果你再說優惠賣給他，他就會愉快的付款購買了。

9. 彬彬有禮的顧客

有的顧客對於任何人都很有禮貌，對任何人都很熱心，對任何人都沒有偏見，不存在懷疑的問題。對推銷員的話總是恭耳傾聽，從不插嘴。這種顧客使人覺得比較拘泥於禮貌形式，拘泥於各種形式，不過內心相當熱情，有時看起來有

點傻，有時就像木偶，但對這種顧客也不能傷害他們的自尊心。

這類顧客對於別人的誇誇其談或真才實學都相當羨慕，從來也不欺騙別人，對於別人的欺騙也不計較，總以為別人欺騙他是不得已而為之。

但這類顧客對於強硬態度或逼迫態度則比較反感，他們從不吃這一套，在這方面有一種固執態度，你讓他向東，他偏向西，反正與這些強硬態度的人做對，不給他們好臉色看。

這類顧客也不喜歡別人拍馬屁奉承他。他們對於那些彬彬有禮的知識分子特別看重，他敬佩這些人，羨慕他們，時不時的模仿他們。

對付這類顧客，抓住他們的心理就容易了。他們也是一批好顧客。他們總會對推銷員說一句：「你真了不起。」不要以為他們是在奉承你，其實這是真心的，他們佩服有才學的人，佩服勤勞自立的人。

對他們不要刻意討他們喜歡，只要表現出自己的熱情、真誠就可以把他們吸引住，要誠心以待，對於他們要彬彬有禮，並對自己的商品充滿自信，還詳細說明商品的優點，這樣他們就不會說什麼了。

對於這類顧客，最重要的是別施加壓力，只能以柔取勝。

10. 疑心重的顧客

有的顧客由於不信任別人，所以也很狡詐。其實，大多數多疑的人是由於他們都有做賊心虛的一種反應。所以，這類多疑的顧客中有一些狡猾心狠的人物，他們做生意可能就是厚著臉皮，黑著心腸來欺騙別人，否則就不會懷疑別人欺騙他人。

對付這類顧客關鍵就在於消除他們的多疑性，而對於這類顧客來說，在這方面很可能是根深蒂固的、很難消除的頑固分子。對付他們就該以親切、熱誠的態度向他進行推銷說明，不要與他爭辯，只以沉著的態度與他交談，盡量裝出與他交朋友的態度，並且要仔細觀察他，研究他的心理變化，要隨著他的心理變化而改變對他的態度。對於他要心平氣和的與他談，這樣成交率才可能大一些。

對付這類顧客的方法有兩種：一是對他施以強硬態度；二是設誘餌騙他法。

第一種方法就是要對他施加些壓力，否則，如你裝著一種奴才像，一旦一言

不合，他就會拂袖而去，所以還是施加壓力的好，使他心裡發虛，迫使他成交。

第二種方法就是把自己裝成什麼也不懂，是好欺負的人，以此引誘他，然後反敗為勝，也就是最後騙他一下。他絕不會想到你會騙他，他只知要騙你，到了關鍵的地方你對他掛個「角鉤」，到最後就會把他釣起來了。對於惡人就應該黑吃黑。

因人而售是推銷制勝之道

商業成功人士指出，因人而售的銷售方式是行銷員制勝之道，禁忌那種違背他人意願的推銷方法。

因人而售法是指商場只接待特定範圍或層次的顧客進店購物，而不是一般商場廣招顧客不分對象，越多越好的經商法。

1. 有本領的推銷員，當受到顧客的拒絕時，絕不會退卻，應有意的做適度的請求，再逐漸誘導對方，以打破對方的警戒心。

2. 遇到迷惑的人時，要想使對方依我們的意願來決斷，就得有耐心，讓對方在下決斷前有充足時間，以緩和緊張的情緒。

3. 推銷產品故意強調他人的「惡」，指責別人的壞處，使人們的注意力轉移，以爭取顧客的信賴感。

4. 針對猶豫不決的人的期待，應該用他們所能了解的大道理去說服他們，將他們的眼光轉變過來。

一次只接待一位顧客的「Bijan」

有些生意是為大眾而做的，也有些生意是專為權貴而做。為大眾的做生意場所，一般都是燈火輝煌，熱熱鬧鬧的；為少數人做生意的場所顯得陰深隱祕，充滿神奇色彩。一旦貴客來臨，店主就和推銷員一起擁上前去，幾個人來為其提供各項服務。這與一般大眾商店相比真乃天差地別。

在耶誕節購物達到熱潮的時候，美國曼哈頓第五大街，大多數商店都擁擠不堪，但有一家叫做 Bijan 的商店，卻重門深鎖，裡面只有一位顧客。在這家商店

裡，一套衣服至少要賣 2,200 美元，一瓶香水要 1,500 美元，床罩貴達 94,000 美元。所以，一次只要有一位顧客光顧就夠了。

到目前為止，全世界有 50 多個國家和地區的富豪、王公貴人曾把他們的錢花在 Bijan 的服飾上。美國總統雷根、西班牙國王卡洛斯、約旦國王胡笙和一些著名藝人都曾光顧此店。

Bijan 商店是以極為富有豪紳作為消費者來塑造自己的企業形象。該店關於哪位顧客上門都是保密的，這樣就越加抬高了該店的地位和身分。

商人都是為了賺錢，但銷售手段因消費對象不同而各異，有的採取薄利多銷，有的則厚利少銷。每當一位貴賓來臨時，只好閉門不納，因為他們所做的都是預約生意，這可稱之為專為大亨們服務的高級商店。

第三十三計 / 換位思考

從顧客的角度看問題

當然要先衡量自己所經銷的商品，然後信心十足的銷售。

不過，也應該站在消費者或代表顧客採購的立場，去衡量商品的內容，不能採取無所謂的態度。經辦採購的人，通常應該要分別檢查商品的品質如何、價錢是否合理、需要多少數量、該在什麼時候買進等等問題，盡量符合公司的需要。

因此，如果你當作自己是在代表顧客代購，那腦海裡隨時想到顧客現在需要什麼，需要的是哪類東西，這樣才能提供給顧客滿意的建議。例如，一位太太為了做晚飯而到魚店買魚，如果魚店老闆了解她的需求而建議她說：「太太，這種魚現在吃正是時候，而且價錢也不貴。相信您的先生一定喜歡。」這種適當的意見，必定會被她採納，生意也就會成交了。如此，不僅能使顧客滿意貨品，公司的生意也必定不會差。

經辦採購的人，往往會為了公司利益，貪圖便宜而一味的要求減價。這雖是人之常情，但這不是正常的現象。因為，必須以雙方滿意，且互相受益的方式買

賣，否則無法保持交易，結果彼此都不會有好處。因此，應該以替顧客採買物品的態度，一方面必須堅持公道的買賣原則，另一方面也要注重商品的品質。

顧客需要更多的時間

商業成功人士指出，商品銷售時應把更多的時間留給顧客，這樣就會擴大成功的機率，禁忌誇誇其談擾亂顧客思緒。

當商業交易進入成交階段時，若一方人員已向顧客表明成交的意願後，就不再過多的發表意見，而應把更多的時間留給顧客，使顧客盡快拿定主意，拍板成交。避免嘰哩呱啦說個不停，擾亂顧客的思緒，使其感到心煩，以致失去購買的興趣。

一般來說，顧客在他們還未被說服、不想購買時他們的想法和雙手都是閉合的，當他們表現出購買欲望時，緊張的心情鬆弛下來時，他們緊握的雙手也會鬆開。嘴角和眼角的肌肉同樣會表示出想法和態度的轉變。當他們摸下巴、揪耳朵或撓腦袋時，是表示想重新考慮你的產品，此時應嘗試與之溝通，而避免採用冷漠或過於急迫的態度。

消除顧客最後的疑慮

人們常會對某種事件產生懷疑，有不安全感，這是很自然的反應。顧客有時就會對剛剛作的購買決定產生懷疑，產生後悔的心理。必須消除顧客的業務承擔責任，這樣有利於消除顧客的最後懷疑心理，讓顧客感受到他的購買決定是一個明智的決策，也就是說，給顧客一顆「定心丸」。這是推銷員在成交之後應該做的一項工作，並且在向顧客做保證時必須態度認真，語言誠懇，才能促使顧客相信自己。如果推銷員採取敷衍塞責的態度，可能會引起顧客更大的懷疑，從而使交易失敗。

密切關注顧客對價格的敏感度

買主對價格反映的敏感度，是指買主對不同產品的價格在心理上反應的程度不同。對有些產品的價格反應比較敏感，有些則不敏感，推銷員應了解哪些因素

影響買主對產品價格的敏感度，以便做好推銷工作。一般情況下，買主對價格反應的敏感度，主要受以下因素影響。

1. **商品的品質**。品質好，符合心理、生理需求，具有很高的使用價值，買主對價格的高低就不是非常敏感了；反之，若品質差，買主對價格的高低就會非常敏感。

2. **產品的等級**。一般來說，產品的等級高，買主對價格反應的敏感度比較低；產品的等級低，買主對價格反應的敏感度比較高。這是由消費者自身因素造成的。高級產品一般是由購買水準比較高的買主購買，他們往往對價格的高低並不在乎，價格越高，越能滿足他們的自尊和表現自我的消費心理需求。相反，低檔商品的購買對象是一般購買力水準的買主，他們具有求廉的消費心理需求，因此對價格高低較為敏感。

3. **產品的購買頻率**。所謂產品的購買頻率，是指產品在一定時期內被重複購買的次數。一般說來，購買頻率高的產品，買主對其價格反應的敏感度比較高；購買頻率低的產品，買主對其價格反應的敏感度比較低。比如，日常生活用品的購買頻率比較高，買主一般會形成習慣價格，若價格變化就會非常敏感。相反，購買頻率比較低的產品，由於買主不經常購買，只要品質符合要求，價格高一點，也不會太注意。

4. **買主對產品的需求程度**。買主如對產品的需求程度越高，對其價格的反應敏感度就越低。因為買主對產品特別需要時，他所關心的只是能否買到這種產品，而不在乎這種產品價格的高低。

5. **服務的品質**。推銷員在向買主推銷產品時，同時能提供優質服務，如對買主提出好的建議和幫助，讓買主感到非常滿意，即使你所推銷的產品價格高一些，他也願意購買。因為，買主會把任何一種額外的服務項目，都看成是某種形式減價。比如，推銷員在向買主推銷產品時向買主提出一種保證，你所推銷的產品絕對貨真價實，若發現是假冒產品，包退，包換，包賠。這樣做可以使價格顯得相對低一些，買主可能樂意購買。

語序不同給顧客的迴異感覺

「雖說有點貴，但是非常結實。」

「雖說非常結實，但是有點貴。」

這兩句僅僅是顛倒了一下前後的次序，其餘完全相同，但是，給顧客的感覺卻截然不同。

前者因為價格高而強調其結實，但後者卻因其結實而使價錢貴在顧客心中留下強烈印象，這是不利的。

對於顧客來說，假使商品結實就是「賺」，價格高就是「虧」的話，那麼，因為前者是在說完「虧」之後再說「賺」，所以，「賺」這方面在心裡留下的印象較深。

因此，不好賣的商品和價格的商品應當採用這種「虧賺法」來推薦。但是，這個「虧」是在商品價格貴、體積大、分量重等方面的小小讓步，並非致命的商品缺陷。

高度注意顧客的成交訊號

所謂成交訊號，是指顧客在推銷面談過程中所表現出來的各種成交意向。成交訊號的表現形式十分複雜，顧客有意無意中流露出來的種種言行都可能是明顯的成交訊號。成交是一種明示行為，而成交訊號則是一種行為暗示，是暗示成交的行為和提示。在實際推銷工作中，顧客往往不首先提出成交，更不願主動明確的提示成交。為了保證自己所提出的交易條件，或者為了殺價，即使心裡很想成交，也不說出口，似乎先提出成交者一定會吃虧。正如一對有心相戀的情人，誰也不願先說出內心的真情，似乎這樣就會降低自己的身價，顧客的這種心理狀態是成交的障礙。不過，好在「愛」是藏不住的，顧客的成交意向總會透過各種方面表現出來，推銷員必須善於觀察顧客的言行，捕捉各種成交訊號，及時促成交易。在實際推銷工作中，一定的成交訊號取決於一定的推銷環境和推銷氣氛，還取決於顧客的購買動機和個人特性。

下面我們列舉一些比較典型的實例，並且加以分析和說明：

1. **直接郵寄廣告得到反應**。在尋找顧客的過程中，推銷員可以分期分批寄出一些推銷廣告。這些郵寄廣告得到迅速的反應，表明顧客有購買意向，是一種明顯的成交訊號。

2. **顧客經常接受推銷員的約見**。在絕大多數情況下，顧客往往不願意重複接見同一位成效無望的推銷員，如果顧客樂於經常接受推銷員的約見，這就暗示著這位顧客有購買意向，推銷員應該利用有利時機，及時促成交易。

3. **顧客的接待態度逐漸轉好**。在實際推銷工作中，有時顧客態度冷淡或拒絕接見推銷員，即使勉強接受約見，也是不冷不熱，企圖讓推銷員自討沒趣。推銷員應該我行我素，自強不息。一旦顧客的接待態度漸漸轉好，這就表明顧客開始注意你的貨品，並且產生了一定的興趣，暗示著顧客有成交意向，這一轉變就是一種明顯的成交訊號。

4. **在面談過程中，顧客主動提出更換面談場所**。在一般情況下，顧客不會更換面談場所，有時在正式面談過程中，顧客會主動提出更換面談場所，例如由會客室換進辦公室，或者由大辦公室換進小辦公室等等。這一更換也是一種暗示。是一種有利的成交訊號。

5. **在面談期間，顧客拒絕接見其他公司的推銷員或其他相關人員**。這表明顧客非常重視這次會談，不願被別人打擾，推銷員應該充分利用這一時機。

6. **在面談過程中，接見人主動向推銷員介紹該公司負責採購的人員及其他相關人員**。在推銷過程中，推銷員總是首先接近具有購買決策權的人員及其他相關人士。而這些要人並不負責具體的購買事宜，也很少直接參與關於具體購買條件的商談。一接見人主動向要員介紹相關採購人員或其他人員，則表明決策人員已經作出初步的購買決策，具體事項留待相關業務人員進一步商談，這是一種明顯的成交訊號。

7. **顧客提出各種問題要求推銷員回答**。這表明顧客對推銷品有興趣，是有利的成交訊號。

8. **顧客提出各種購買異議**。顧客異議是針對推銷員及其推銷建議和推銷品而提出的不同意見。顧客異議既是成交的障礙，也是成交的訊號。

9. **顧客要求推銷員展示推銷品**。這表明顧客有購買意向，推銷員應該抓住有利時機，努力促成交易。

10. **其他成交訊號**。在實際推銷工作中，顧客可能透過各式各樣的方式來表示成交意向。除了上面所列舉的幾種成交訊號之外，還有其他種種成交訊號，例如，顧客比較各項交易條件；顧客認真閱讀推銷資料；顧客索取產品樣本或估價單；顧客接受電話交談；顧客有意殺價；顧客提示交貨日期；顧客擔心會增加修理費用；顧客接受邀請參加展示會或產品發表會；顧客託辦個人方面相關的事務；顧客無意中對同業人員或其他友人洩露購買推銷品的意思等等。當然，在不同的意義中，推銷員應該善於分析推銷情景和推銷氣氛，捕捉各種有利的成交訊號，伺機促成交易。

觀念推銷，重在新思維

商業成功人士指出，商品推銷的不僅是商品而是一種新觀念，在觀念推銷中，對產品的全新理解更為重要。避免對商品缺乏全面而又得體的認識。

社會處於一個高度競爭的時代，商業競爭更是日趨激烈。要在銷售的商場中立於不敗之地，你必須擁有新思維。新的商品推銷法推銷的不僅是商品而是一種新的概念。著名商業理論家認為，顧客購買商品的實質是接受了一種新的促銷觀念：

1. 顧客購買的是一種能解決問題、能滿足其需求的東西，這就是隱藏在商品中的使用價值。

2. 顧客購買的是商品所帶來的好處。

3. 顧客購買的是某種觀念。

心理促銷，先奪後予

商業成功人士指出，先奪後予做為一種心理促銷方法效果很好。這是因為它使人們心中產生一種親近的感覺，因而更易為人接受。

老齊和小王在同一個櫃檯賣貨，他們受廠商委託向顧客推銷一種醫療保健

品。兩人的態度都很熱情，對商品知識的掌握也不相上下。但一天下來，老劉的銷售額大大的高於小王。這是什麼原因呢？小王很奇怪，他打算弄個明白。第二天，當老劉接待顧客時，小王在旁仔細觀察。最後終於搞清楚了他們兩人的區別所在。

老劉介紹商品時，一般是這樣說的：「要說這東西的價格可真不便宜，但是功能和品質確實是市場上一流的。便宜沒好貨。現在不買，也許過幾天就沒了。」而小王卻是這樣介紹的：「這種東西品質可靠又特別實用，當然價錢稍微貴了一點。」他們兩人的差別就在於老劉先說價錢貴，再說東西好。而小王正好相反。

一般來說，講述者說話內容前後次序的不同會在聽者的心裡產生不同的感覺。以大多數人的心理而言，對後面說出的內容更為重視。

老劉熟知這個現象，把商品的長處放在後面。自然顧客對價格貴一些這一不利因素注意的程度就減弱了許多，所以老劉當然比小王賣得多了。

1956 年型福特汽車上市之後，銷路停滯，尤以費城地區銷路最弱。面對這種行情，在費城當了幾年推銷員的艾亞科卡一邊推銷汽車，一邊進行市場調查研究。他了解到這個地區的居民收入，必須支付公寓租金、伙食及服裝費等。艾亞科卡要他們在這些日常開銷之後再增加一項以日常開銷方式購買 1956 年型福特新車的辦法，即先支付相當於總售價 20% 的定金，以後在 3 年之內，每月付款 56 美元，並大做「一個月只要付出 56 美元，就可擁有福特新車」的廣告。

結果，這樣既醒目又動聽的廣告名句，奏了奇效，打動了千百萬消費者的心理。短短 3 個月內，這種新型汽車在費城的消費量居於全美國各地區之冠，艾亞科卡也由一個普通推銷員一躍成為福特公司在華盛頓的區經理。

艾亞科卡的做法就在於抓住了人們看重近利的心理，而「化整為零」的方法，宣傳一個月只須 56 美元就可買一輛新車對於人們有很大的誘惑力，因而獲得成功。

商品推銷應講究心理學

商品推銷是一門專門以顧客心理為主要研究對象的商業學問，它主張根據顧客心理活動來推銷商品，使顧客在對商品逐漸接近的心理中自覺自願的購買商品，它主要包括如下幾種推銷方法：

1. **習慣推銷法**。有些消費者往往習慣於購買他使用慣了的一種或幾種商品。由於過去常常使用這種商品，他們對這些商品的各種特性、特點十分熟悉、信任，因而產生一種偏愛心理，這些消費者注意力集中且穩定。所以，購買時往往不再進行詳細的比較與選擇，不會輕易改換品牌，能夠迅速的形成重複購買。

2. **理智推銷法**。有些消費者在每次購買前，對所需購買的商品，要進行較為周密的比較與選擇，而且購買時頭腦冷靜、行為慎重，善於控制自己的感情，不容易受廣告、宣傳、包裝及促銷方式的影響。面對這些消費者，推銷員的建議往往發揮不了很大作用，所以應少說多看，要有耐心，讓顧客自己決定，否則就會引起顧客的反感，使銷售活動受阻。

3. **經濟推銷法**。有的消費者富有經濟頭腦，購買商品時特別重視價格的高低，唯有低廉的價格才能滿意。這類消費者在選擇商品時，反覆比較各種商品價格，對價格變動的反應極為靈敏，善於發現別人不易發現的價格差異。面對這種類型的顧客，直銷員往往要在原價上讓點利給顧客，以滿足他的理財心理。

4. **衝動推銷法**。有些消費者屬於感情用事的人，往往容易受產品的外觀、包裝、商標或某種促銷努力的刺激而產生購買行為。這類消費者對商品的選擇以直覺感受為主，購物時從個人興趣的情趣出發，喜歡那些新奇特別的商品，一般不認真考慮商品的實際效用。這類顧客是直銷員比較容易「對付」的顧客，只要能以恰當的產品加上恰當的語言，往往就會有所收穫。

5. **浪漫推銷法**。有些消費者感覺豐富，富於浪漫情調，善於聯想。這類消費者對商品的外觀、造型、顏色甚至品牌都比較重視，他們常以自己豐富的想像力去衡量商品的意義，只要符合自己的理想就樂於購買。所以，這類消費者在選擇商品時，注意力容易轉移，興趣與愛好也容易變換。

6.**熱情推銷法**。有些消費者屬於思想與心理標準尚未定型，缺乏一定主見，沒有固定偏好的消費者。他們選擇商品時，一般是隨遇而購或順便購買。對於這類消費者，直銷員必須態度熱情，服務良好，善於介紹，就較容易說服他們而促成交易。同時要注意不能讓他們和第三者接觸，以免引起不必要的麻煩。

7.**特異推銷法**。有些消費者在商業銷售活動中以自我滿足作為目標之一。根據這種心理，日本青森縣的一些蘋果種植場開辦了一種出租蘋果樹的生意。城裡人只要支付一定的費用，就可以挑選一株蘋果樹，從而在收穫季節得到這株蘋果樹的全部果實。繳費的數目根據蘋果樹的等級而不同。種植者承擔已出租蘋果樹的全部生長和保養工作，並負責把收穫的蘋果按照顧客的地址送到顧客家裡。如果這株蘋果樹歉收，種植場還負責用自己的蘋果賠償。由於這種租蘋果樹的方法比在市場上購買蘋果要便宜，因此很受日本人歡迎。

第三十四計 / 情感攻勢

深情厚意，換來滾滾財源

「顧客就是上帝」這一觀念時至今日已成為許多企業的信條和經營法寶。日本日立公司廣告課長和田可一曾說過：「在現代社會裡，消費者就是至高無上的王，沒有一個企業膽敢蔑視消費者的意志；蔑視消費者，一切產品就會賣不出去。」從這個意義上來說，顧客的確是企業命運的主宰。

然而從公共關係的角度來講，僅把顧客看成是上帝還是不夠的。這是因為一方面，它只是把企業與顧客的關係確定在單向經濟利益的基礎上，只考慮到了企業透過顧客才能獲得利潤，而沒有充分展現出企業應以消費者利益為導向的原則；另一方面，顧客既是「上帝」，企業就只能被動的滿足上帝的需求，而無須主動關心、體貼顧客，甚至引導顧客的消費，也就沒有展現出企業顧客雙向溝通、互利互惠的原則。我們提倡的是，在現代公共關係中，顧客就是企業的「上帝」，也應當是企業的朋友。

與顧客交朋友，首先應當考慮到顧客的利益，以誠懇的態度徵求顧客的意見，了解顧客的需求，獲得顧客的信任。如美國福特和黑貂兩種品牌的汽車在設計過程中，公司都是在徵詢了許多顧客的意見後改進了原設計，結果，新產品連續 5 年獲得加州汽車銷量第一名。美國通用汽車公司汽車引擎製造廠連續虧損幾年，新總裁要求所有的部門經理和推銷員每天親自登門拜訪至少 4 位客戶。根據客戶的建議，公司做出了多項改進服務的措施，結果公司產品的市場占有率增加一倍，不僅轉虧為盈，利潤還達到 2,100 萬美元。

任何企業在與顧客接觸的過程中，難免會出現失誤，也難免會遇到一些不測之事，這時更應當把顧客的利益放在第一位，不能讓顧客因為自己的失誤而遭受損失。這種維護企業形象的關鍵時刻，公共關係工作更是責無旁貸。

美國《亞洲華爾街日報》曾有過這樣一篇報導：一名美國顧客在東京一家百貨公司購買了一臺 SONY 電唱機，回家後，卻發現漏裝了內件，第二天一早，她本打算前往公司交涉，沒想到該公司先行一步，打來道歉電話。50 分鐘後，公司的經理和一位年輕職員又親自登門表示歉意，並送來一臺新的電唱機，並同時贈送一盒蛋糕、一條毛巾和一張著名的唱片。他們還向這位顧客講了發現這一錯誤之後，公司所做的各種努力，這其中包括他們為查找這位顧客，曾打了 35 次國內國際的緊急電話的情景。

可見，與顧客交朋友，還要表現在對顧客的關心、愛護和體貼方面，使買賣雙方不局限於一種商業關係，還要富有「人情味」，使顧客產生一種親切感，在購物的同時，得到一種精神情感上的滿足。

美國有位叫瑪麗・凱的顧客曾講述過她的一次購買經歷與感受。她當時想買一輛黑白相間的轎車，然而在第一家店裡，由於推銷員沒把她當回事，她覺得受到了冷淡對待，轉身就走了。進了第二家車行，推銷員十分熱情，向她仔細介紹各種型號汽車的性能和價格，使她感到十分滿意。當她偶然談到那天是她的生日時，這位推銷員馬上請她稍候一下，15 分鐘後，一位祕書送來一束鮮花，這位推銷員將鮮花送給她，並祝她生日快樂。當時，這一舉動真使她感到萬分！於是，她毫不猶豫的購買了那位推銷員向她推薦的一輛黃色轎車，而放棄了先前的

打算。這位推銷員是個成功者，一束鮮花溝通了買賣雙方心靈的橋梁，使商店裡充滿溫馨的氣息，使顧客產生了深深的信任感。買賣自然能夠成功。

碰到顧客過生日當然很偶然，但這種公關意識值得我們深思。美國一位創年推銷汽車 1,500 輛世界紀錄的推銷員華斯勒說，應當對每一位顧客都盡心盡責，與他們成為朋友。因為每一位顧客都有許多親朋好友，而這些親朋好友又有同樣數目的親友，失去一名顧客就會相應失去幾十乃至上百名顧客；而得到一名顧客情況恰恰相反。人們會用自己的親身感受去影響周圍的親友。如果在推銷時能記住這個原則，就一定能不斷擴大自己的銷售業績，不斷獲得成功。

由此可見，事情不在大小，一句問候，一次微笑，一個動作，都能展現出為顧客著想的公關意識，也就能獲得顧客的理解與回報。

推銷需要口才，更需要熱情似火

推銷要依靠口才，但是口才卻不是憑空而得的，它首先要求推銷者具備一定的素養。試以商品的推銷者為例，這些素養是：

1. **知識**：對於商品、製品、顧客都應有相當的熟悉。當顧客向推銷員詢問時，如果這個又不知，那個又不曉，就會喪失顧客的購買信心。相反，若能掌握較廣博的知識，對商品的尺寸、分量、品質、包裝等方面問題能做充滿趣味的介紹，例如賣一件狐裘，太太說：「只怕被雨淋了會走樣。」店員解釋說：「絕對不會，試想，你什麼時候見過下雨天狐狸打傘呢？」於是生意成交了。這位店員用他的生物知識一下解除了顧客的憂慮。

2. **熱忱**：有推銷熱忱才能有購買熱忱。你具備了「熱忱」這一點，顧客方面再大的偏見和抗拒，也能輕易的克服。接待任何一個顧客，你都要盡可能考慮到自己會讓顧客留下什麼樣的印象。喪失熱忱就等於喪失活力，鬱鬱寡歡是無法有所成就的。

3. **服務意識**：對於有購買欲的顧客你要自忖，你能向他提供哪些服務？顧客也是人，如果你有意為他效勞，你的這種意識越強烈，他越能誠摯的回報你。

4. **想像力**：「想像力支配全世界」，這句名言是拿破崙說的。想像力配合有

技巧的語言，使你可以栩栩如生的向顧客描述商品的價值以及給客戶的利益。要知道，產品設計是死的，而顧客購買標準是活的、可變的，透過推銷員的想像力，可從不同的角度改變顧客的標準。比如某商品是紅的，你可以從不同的角度改變顧客的標準。比如某商品是紅的，你可以說「紅」象徵愛心；黑的，可以說「黑」顯示高雅。究竟如何說，就看想像力了。

5. **建設性**：在推銷談判陷入僵局時，你要善於果斷的提出建設性的建議。這種建議能開拓對方的思路，會使對方尊敬你、信任你。

6. **友情**：講究友情是很重要的。一位英國詩人曾說：「朋友以事相託，勿以事大而躊躇，勿以事小而疏忽。」應樂於完成顧客提出的任何要求。能辦到的事，盡量辦，而且態度要坦率、誠懇。

7. **禮貌**：售貨員與顧客交易時，應採取比較和藹的態度。顧客心理上比較喜歡別人的殷勤、服從和尊敬，因此，務必使你的舉止合乎禮節。只有你心懷誠意，才能自然的表現出你坦誠的語氣。有些售貨員在與顧客交談時，用吵架的語氣與對方爭論，那是不足取的。有些售貨員拒絕回答商品價格，認為「一遍遍重複，煩死了」，但對於顧客來說，往往只是第一次提問題，是應該滿足其要求的。

8. **外交手腕**：一位高超的推銷員，應能夠巧妙的運用外交手碗，在不須與顧客爭吵的情況下，就消除顧客的不滿，這是需要有敏銳深刻的見識和優異卓越的判斷力的。如顧客不滿意的說，拿給他看的商品不是他所需要的，雖然推銷員確信自己沒有錯，但可以做些讓步，說：「對不起，我把您的意思理解錯了。」這比辯解更容易使問題得到解決。

9. **耐性**：為克服顧客的抗拒心理，要有相當耐性。如你覺得對方有意買你的商品，就應鍥而不捨、持續不斷的努力，切勿因難為情而放棄。儘管你已經五六次徵求了對方的意見，顧客正在心中盤算著，但你卻放棄了第七次徵求意見，結果還是前功盡棄。

10. **適應性**：無論處於任何情況下，推銷員均要能隨機應變。因為，工作狀況經常是不穩定的，心理應有充足的準備，以防意外發生，尤其面對一些心神不

定的顧客。如向顧客推薦商品，不要一口氣說出該商品全部優點，因為在購買過程中，顧客隨時可能發生疑慮和動搖。遇到這種情況，若推銷員對商品優點做一些新的補充和解釋，就有助於幫助顧客下購買的決心。

感情交流融入服務之中

日本特佳麗玩具公司 1967 年 7 月推出一種新產品 —— 莉卡娃娃。莉卡娃娃與世界其他國家的玩具並無多大區別，但是特佳麗考慮到顧客不可能在購買了莉卡娃娃之後，還會再買莉卡娃娃，為了和購買莉卡娃娃的顧客建立長期的關係，使顧客腰包中的錢源源不斷的流到公司的荷包裡，他們想出了一個妙計 —— 「藕斷絲連」法。他們在推出莉卡娃娃的同時，配套推出每一個莉卡娃娃的「父母親」及「朋友」，還有幫莉卡娃娃替換的衣服，並且為每一個出廠的莉卡娃娃塑造出一個生動的家庭背景。比如，出廠代號為 10817 的莉卡娃娃的簡歷上寫道：姓名，留香美枝子；性別，女；出生年月日，1968 年 1 月 28 日；血型，AB 型；性格，內向；父親是一名律師，母親是一位小學老師……這些杜撰的簡歷緊緊抓住了小女孩子的心，她們買到這些玩具娃娃之後，就會把她當做一個真正的朋友。

不僅如此，公司還設立「莉卡娃娃之家」，特設「莉卡娃娃」專線電話。任何人在任何時候都可以與莉卡娃娃的娘家談話，談話的內容圍繞著莉卡娃娃的學習、生活與身體狀況，公司設立了「莉卡娃娃之友俱樂部」。凡是購買莉卡娃娃的顧客均可憑藉購買發票參加俱樂部，在這個俱樂部裡，小朋友可以免費參觀，免費參加各種有趣的活動。

20 年來，莉卡娃娃在日本玩具銷售中一直居於榜首，僅 1968 年一年就賣出 98 萬個配套有父母、衣服的莉卡娃娃，總營業額達 58 億日幣。

說起來很簡單，特佳麗之所以憑藉著普通的玩具娃娃而得到巨額利潤，其原因在於特佳麗巧妙的設法與顧客建立長期的關係，在一次性購買行為完成後創造了無數次的再購買欲望。

「藕斷絲連」法這種策略用得最多之處是建立「商品信譽卡」 —— 「凡是在

本店購買貨物的顧客在商品出現品質問題時，都可以憑藉信譽卡到本店退換修補。」還有一種方式是建立「使用者追蹤卡」，在商品售出之後，商店或是廠商按使用者填寫的地址上門服務，徵詢使用者的意見，回饋商品使用的資訊。做得最好的是售出商品後，隨之而進行配套服務。

俗語道：買賣一顆心。買方與賣方除了金錢交易之外，還有一個重要的因素，即感情交流。賣方透過各種方式與顧客建立關係，可使買方感到誠實可靠，以後再想買這個東西時，自然而然會想起你。這就是回頭客，說穿了，就是「藕斷絲連」法的俘虜。

運用這種方法需要慎重，首先你必須不能食言，說到做到。另外還要保證商品的品質，否則這種做法再巧妙，再完備也無濟於事。再次注意宣傳，要適度，過頭會令人產生反彈心理，產生不信任感。若宣傳不足，又發揮不了作用。

所以掌握好「度」是很重要的。

充滿人情味的華人式經商術

西方式的觀念很喜歡將「對人的問題」和「對事的問題」分開處理。在商場上，說穿了就是「生意歸生意」，「朋友歸朋友」。受到西方的影響，東方人的觀念也似乎逐漸傾向於「對事要無情」、「對人要有情」的論調。以經驗而言，兩者之間要求出一個平衡點來，確實不容易！

在東方人的社會裡，「人」與「事」是不容易分開的。其行事準則，其軌道一定是情、理、法，三者順序不易更動，如果把它顛倒過來，事情就很難辦，即使辦通了，也會在無形中得罪人。

在生意場合中，雙方議價僵持不下，如果有一方搬出「面子」問題，而閣下居然還不肯給「面子」時，恐怕買賣就很難做下去了。

例如：「老闆，東西我很滿意，價錢也差不多了，你就給個『面子』少賺一點，把這筆買賣做成算了！」

「做生意就是做生意，價錢和『面子』是兩回事。對不起，少一塊錢就不賣！」

這種回答，保證對方心裡會不痛快！心裡想：「幹嘛！才這麼一點錢，連這點『面子』都不給，又不是『孤行獨市』的，不找你買，總行吧！」

　　一旦搬出「面子」問題，「焦點」會立刻轉移，如果處理不當，不但買賣不成，而且仁義不在。但若換個方式說，效果可能就大不相同了！

　　「既然您這麼講，我就沒有什麼話說了，錢賺不賺其次，但你這個朋友一定得交。一句話，照您的價錢給您！」

　　話雖這麼說，也並不表示大家對「人」與「事」一定會完全混淆不清，而是程度上的差異。「合作是交情，成交是生意」，雖因「交情」而合作，生意則仍應保持有利潤才行。

　　跟人相處，尤其做生意，是一種藝術。運用之妙，存乎一心，很難完全套公式。簡單來說，就是讓對方有「爽」的感覺。越能讓對方痛快，就越可能達到「買賣完成，仁義又在」的最高境界。

友好態度延續至交易完結之後

　　交易商談結束後，推銷員千萬不要讓顧客感覺出你的態度變冷淡了，而要讓顧客常記你的情義，感到買了你的商品是一種幸運，並有一種安全感，而且覺得為家人、為事業、為將來，做了一個聰明的決定。

　　那麼怎麼才能產生上述效果呢？

1.　在商品售出去後，必須穩定顧客的情緒，同時讓他保持平靜。這時，你可找一些別的話題，一定不要再談剛才的商品，只是與顧客愉快的聊天，就能使顧客的心理在與商品無關的輕鬆談話中，漸漸安定下來。

2.　在交易談完後，合約文件上雙方也已經簽字，這時你絕不可只說一句「多謝，多謝」，就算完事，這會使顧客感到你真是個生意人，一旦買賣做成，就開始敷衍了。成功的推銷員應該這樣做：為使顧客覺得你是真誠的在感謝他，你必須上前一步和顧客緊緊握手，表示致謝與道別之意。

喬‧吉拉德的情感推銷祕訣

IBM 擁有最佳銷售成功公司的稱號。他們的推銷員個個都有自己的推銷戰術。但最有代表性的推銷員是喬‧吉拉德。他成功的祕訣也是 IBM 公司成功的祕訣。喬‧吉拉德是一個汽車推銷員，每年推銷出去的產品總量比同行高出二、三位。他介紹經驗時說：「我成功的祕訣在於我認為真正的推銷工作開始於商品推銷出去之後，買主還沒走出我們商店的大門，我的兒子已經把一封感謝信寫好了，我每個月都要發出 13,000 張明信片。」

購買了吉拉德推銷的汽車的顧客每月都會收到他寄的信。信裝在一個淡雅樸素的信封裡，但信封的大小和顏色每次都各不相同。吉拉德認為，不能讓信看起來像個宣傳品，人們對此已司空見慣。拿起連拆都不拆就扔進廢紙簍裡去了，而吉拉德寫的信一拆開就有「我想念您」的字樣，年初信的內容是：「喬‧吉拉德祝賀您新年快樂」，2 月向顧客發出：「喬治‧華盛頓誕辰之際祝你開心幸福」的賀語，在 3 月發出：「祝聖派翠克節日愉快」的賀信，每個月、每封信都有不同的祝賀、問候語言。有的客戶在生日前一兩天會收到一份吉拉德寄來的祝賀信，驚喜之情可以想像，一位普通的朋友能夠記住他們的生日，使客戶產生了一種溫暖感。顧客也非常喜歡吉拉德的信件，他們經常回信給吉拉德。離開了具體內容，吉拉德的 13,000 張卡片，好像是兜售汽車的一個花招，但實際上吉拉德對顧客是傾注了全部心血的。他說：「美國大飯店是以其廚房裡做出來的美味佳餚贏得顧客的……而我推銷的是汽車，一位顧客從我這裡買去一輛汽車時，應當讓心情像在大飯店裡吃得酒足飯飽後，滿意的離開一樣。」的確如此，從吉拉德那裡買走汽車的顧客，當車出了毛病，回來修理時，都會得到他的熱情接待，並得到最好的修理。吉拉德不考慮推銷多少輛汽車，而是強調每賣一輛車，都要做到與顧客推心置腹。正是由於吉拉德良好的售後服務，才使他的汽車推銷獲得了極大的成功。

第三十五計 / 投桃報李

為家庭主婦提供兼職機會收效甚佳

商業經營主要是對人進行有效的管理，並充分利用人心深處的激發點，激發他自覺自願的貢獻才智和熱情。例如日本某公司推出了一項新的業務，專門吸引家庭主婦參加。凡參與者，公司便免費借出一臺個人電腦，讓家庭主婦在家以電腦兼職。

工作內容包括打字、校對文稿、資料記錄和輸入等，參與工作的婦女可以足不出戶，完全由電腦接收指示，完成工作以及呈交工作，並用這臺電腦與公司保持聯絡。

主婦們在兼顧家庭、孩子的同時工作，一星期工作 4 天，每天做 3 個小時，一個月可以賺取 2 萬日幣。

從所得報酬看，數額是很低的，但由於工作的性質很適合因不能離開家庭而感寂寞的家庭主婦，所以參加者踴躍。這一業務之所以獲得成功的關鍵，在於提出了最適合婦女心理的工作方案，滿足了婦女們在家庭中工作的夢想，所以儘管報酬很低，仍然深受歡迎，而許多公司因此節省了人力財力。可見在勞動力市場上多動一下腦筋，能降低不少的成本。

讓利經營造就「洋雜大王」

對於經商，人們一直以謀求利益為經商之目的。所以古語說：天下熙熙，皆為利來；天下攘攘，皆為利往。千百年來，商人們抱定一個宗旨：無利不起早，沒有利潤的事情是商人們所不願意涉足的。

香港房地產鉅子郭得勝以他的憨厚的微笑和細心經營，在創業之初，使周圍鄰居不再感到陌生，生意也日見好起來，他批發的華洋雜貨及工業原料，價格都很適中，街坊都說「他是個老實商人」。

說也奇怪，人越老實，客戶越喜歡跟你做生意。生意做大了，便又向東南亞

拓展市場。1952 年索性改稱為鴻昌進出口有限公司，專做洋貨批發。沒多久，街坊不再稱他郭先生，而是議論他是「洋雜大王」了。

實踐證明，採用讓利法則不僅能夠吸引顧客的購買欲，還能夠招來更多的合作夥伴，使你的財源滾滾出來。

免費廣告招致顧客盈門

廣告收費是很正常的，但也有人用自己的錢幫助別人做廣告，這豈不是有錢沒處花嗎？其實並不是如此，只是利用自己多餘的版面做人情而已。關鍵的問題是他有心為別人提供方便，而不是個傻子，終有一日會投桃報李的。

明治初期，「色葉」牛肉店共有 36 家分店，可算是東京最大的。老闆木村莊平的做法是這樣的：

首先他在東京《時事新報》刊登廣告說：「託您們的福，我們的生意越來越興旺。世間是互相幫助的，我賺錢，大家更應賺錢。因此，如有意刊登廣告的人士，敬請賜予聯絡，我們會樂意替您免費刊出。色葉牛肉店敬啟。」

與自私自利，為了一點微不足道的小事，就爭得面紅耳赤相比，他的這種宏量大度的作風，使人非常佩服，同時也讓他獲得成千上萬的顧客。

木村要刊登一大張「色葉」牛肉店廣告時，總是有很多空間可排字，不好好加以利用確屬可惜。他就主動積極的為別的行業刊登廣告。這樣一來，受他人情的人就不會厚著臉皮一直占他便宜了。

於是，木村免費替人刊登廣告，換來了如山如海的新顧客。

人是有感情的動物，在危險的時刻或非常時期，有人伸出友誼的手，幫助其免費刊登廣告，使其順利度過難關，當然是不勝感激，日後發達了，自然也就想到報答恩人，木村自然而然也就因此獲得了投桃報李的效果。

銷售開始於售後服務

鬻，賣也。馬賣出去以後，並隨之把披在馬身上的漂亮的帶子贈送給買主。企業行銷中的「纓」泛指售後服務。美國企業家吉拉德曾為他的發跡訣竅自豪的

說：「有一件事許多公司沒能做到，而我卻做到了，那就是我堅持銷售真正始於售後。並非在貨品出售之前。」這種始於產品銷售之後的行銷謀略，稱之為「鬻馬饋縷」，也有人稱之為「第二次競爭」。

世界上許多優秀的企業無不注意這種售後服務。如美國的凱特皮勒公司是世界性的生產推土機和鏟車的公司。它在廣告中說：「凡是買了我產品的人，不管在世界上哪一個地方，需要更換零配件，我們保證在 48 小時內送到你們手中，如果送不到，我們的產品就白送給你們。」他們說到做到，有時候為了把一個價值只有 50 美元的零件送到偏遠地區，不惜租用一架直升飛機，費用竟達 2,000 美元。有時候無法按時在 48 小時內把零件送到使用者手中，就真的按廣告說的那樣，把產品白送給使用者。由於經營信譽高，這家公司經歷 50 年而不衰。

再如日本的日立公司，有一次，一名美國遊客在東京日立公司的售貨點買了一臺組合音響，買後發現裡面漏裝了配件。他本打算第二天去退貨，沒想到日立公司的人卻連夜找上門來，為他補了配件，並再三道歉。原來，音響售出後，日立門市部也發現了遺漏的配件，於是連夜向東京各旅館查詢，仍未找到這名美國遊客。他們又根據這名顧客留下的一張美國名片，查詢到他在美國紐約的父母電話號碼，透過聯絡，終於弄清楚了這位遊客在東京探親的地址。國外在售後服務的「第二次戰爭」上，用心良苦，可見一斑。

令顧客難以拒絕的「華泰」茶

經營那些在外型上差異極微的商品，貨物品質的好壞，經營者的觀念與作法，是決定生意興衰的關鍵。

望著那杯清香撲鼻的香茗，臺灣華泰茶莊的負責人林秀峰說，經營茶行，到他這一輩已是第 5 代了，他不只是繼承祖業，更致力於服務品質的改進。

林秀峰說，推銷優秀的茶葉固然重要，但是，如何適應各地人士不同的口味，更是其長遠發展計畫的主攻內容。

因此，凡有新顧客上門，他總要以親切的口吻詢問對方喜愛的口味，即使是不諳茶葉類別的顧客，準備購贈親友時，他也會先詢問對方的口味，或是哪一地

區的人士，然後再選擇合適的茶葉。

然而，茶葉種類儘管不多，其品質卻相去極遠。對外行顧客而言，茶葉質地的好壞，並不是從外形即可一下分辨得出的。有的茶葉色澤青翠，煞是好看，沖泡之後，味道卻極清淡；也有外形並不怎麼好看的茶葉，沖泡之後卻又香又醇厚。那麼顧客又如何得知其中區別呢？林秀峰說，這主要是基於商業信譽的踏實做法了。

茶葉的經營，一向沒有「講價」的情形。那麼怎樣才能使顧客心甘情願掏腰包購買，而沒有吃虧上當的感覺？這位懂得顧客心理的經營者認為，由於茶葉的出售，多半是論斤論兩的賣，所以服務人員可在過秤時，逐量添加，而不要一次添多，再一次次舀減；縱使實在重過許多，而須舀時，要一次舀起較多，再略放一些，至於夠量為止。這樣一來，顧客會有一種東西夠斤兩的感覺，而不致有你在減少他的東西的錯覺。

也因品茗的癖好因人而異，因此，他總力求使服務人員除了親切招待上門新顧客外，更要熟記老顧客的喜好及所需分量，做種種最周到的服務。

他說，通常，有飲茶習慣的顧客，所喜愛茶葉的種類、等級，購買數量多為固定，所以當服務人員能夠熟記後，只要一上門，不用開口，即將一盒包裝完整的茶葉交到他手中時，將是多麼令他感到驚異和親切的事情呀！久之，除非他習慣改變，否則，將一直會是長久的顧客呢！

便利顧客，就要細心揣摩顧客心理。常有許多顧客在路過華泰茶莊或訪親問友中，想買些茶葉自己品茗或送禮，其中不少人是搭計程車前來的。有時，為節省時間，客人並不下車，而等在車中，該茶莊的服務人員除了將以最快的速度把茶葉包裝好外，若是客人買 700 塊錢的茶葉，而拿 1,000 元的大鈔，服務員也會未雨綢繆的先準備好 300 元，免得再回頭找錢，浪費顧客的寶貴時間。

雖然這只是些細枝末節，但是華泰處處以顧客方便為第一的作法，由此可見一斑。

當顧客上門時，總會先享受到一杯香醇的佳茗，這其中也有奧祕。林秀峰說，這杯茶水不僅增加了顧客對公司的親切感，也常由它促進了雙方的感情，交

流彼此對茶葉的研究心得；再者，有許多顧客在買了原先準備購買的茶葉後，喝了這杯香濃甘潤的茶水，也會興起嘗試的念頭，而買回去品茗。若是覺得合乎口味，以後也許會成為這種茶的愛好者，經常來買。誰能小看這杯茶的功用呢？

「金環蝕」中的銀行業競爭

日本電影《金環蝕》裡有這樣一個鏡頭：一位銀行營業員為了完成業績，鼓勵一位農民存款，不惜下田幫助農民插秧，以搏得好感。這就是日本商業銀行之間競爭的真實寫照。為了在彼此的競爭中不失手，日本的商業銀行在各地都設有分行，都想方設法在為客戶服務上下功夫，以吸引儲蓄。

各家銀行都設有自動存款、提款機，只要顧客需要，還可領取自己指定的密碼自動存取提款卡。存款機使用簡便，有聲音指導操作程序。儲戶一般不願讓人知道自己的存提情況，各銀行就在自動提款機旁設置擋板，並備有紙袋。有的存提款機前的地板上用綠漆畫出 2 公尺長的區塊，下一位提款者須站在線框外，與前面的人拉開距離。

如果你在銀行新開戶頭，營業員會送你一點面紙、毛巾、玻璃杯之類的小紀念品。如果要存定期，則有專門人員接待。

存款越多，營業員當然會越加熱情的款待。為吸引有錢的固定客戶，銀行的人員會親自跑到顧客家裡代替辦好一切手續。如果家庭主婦願意，銀行還可以幫助制定「家庭收支計畫」，吸引主婦把暫時不用的錢存入銀行。

在東京生活，人們為瑣事纏身，銀行好像知道客戶的苦衷，會免費提供各種服務，節省客戶的時間。諸如水電費、煤氣費、財產稅、汽車稅、電話費等，都是透過銀行代付，按月從戶頭中扣除，存摺上有明細紀錄。

日本的家庭儲蓄率約為 18%，在經濟已開發國家中是最高的，這與日本銀行細膩周到的儲蓄服務不無關係。

絕妙推銷令顧客笑掏腰包

從某種意義上說，推銷員和售貨員就好比一位演員，扮演好這一角色就會促

進商品的銷售，反之則一事無成。

一位西裝筆挺的中年男士，走到玩具攤位前停下，售貨小姐站起來迎上去。男士伸手拿起一隻聲控玩具飛碟。

「先生，您好，您的小孩多大了？」小姐笑容可掬的問道。

「6歲！」男士說著，把玩具放回原位，眼光又轉向其他玩具。

小姐把玩具放到地上，拿起聲控器，開始熟練的操縱著，前進、後退、旋轉，同時又邊說道：「小孩子從小玩這種聲音控制的玩具，可以培養強烈的領導意識。」接著把另一個聲控器遞到男士手裡，於是那位男士也開始玩起來了。大約兩三分鐘後，展示小姐把玩具關掉。

「這一套多少錢？」

「450！」

「太貴了！算400好了！」

「先生！跟令郎的領導才華比起來，這實在是微不足道！」

展示小姐稍停一下，拿出兩個嶄新的乾電池：「這樣好了，這兩個電池免費奉送！」說完便把一個原封的聲控玩具飛碟，連同兩個電池，一起塞進包裝用的塑膠袋遞給男士。

男士一手摸著口袋裡的錢包：「不用試一下嗎？」邊伸出另一手接玩具。

「品質絕對保證！」展示小姐送上名片說：「我們公司到貴單位辦展示，已經交過一筆保證金！」

一個出色的推銷員或售貨員，必須熟悉自己所賣的商品性能、特徵、優點和用途，同時還要了解消費對象。說實話，許多店員都未能做到這些，站在櫃檯裡，卻不扮演這個角色，有的連殷勤待客都辦不到，如何來促銷呢？

第三十六計／潛移默化

樹立企業形象，貼近消費者

1. **樹立企業形象的第一步驟是制定明確的企業理念及企業策略**。這一步驟也是樹立企業形象的核心。

當前，企業之間的競爭日益激烈，一切與過去的經驗不大相同。所以要想在當今激烈的市場競爭中求得生存，必須具有洞察時機的慧眼和超越時代變化的遠見。只有這樣，才能有助於樹立正確的企業理念和企業策略目標。

2. **樹立企業形象的第二步驟是把企業理念和企業目標活動具體化**。即要透過活動塑造一流形象來表達出企業的理念和所追求的目標。

3. **樹立企業形象的第三步驟是把企業理念視覺化**。所謂視覺化包括兩層內容：一是把企業理念應用於企業基本要素的設計，即使企業的標誌、標準字等內容能反映出企業的理念；二是把基本要素用於應用要素上。

企業的標誌、標準色和標準字等基本要素的設計，應把企業的理念透過色彩、圖案、形狀、聲音等方式，製作成商標和標準字，使人看到這些視覺形象，不僅能加深對企業理念的理解，而且可以做到過目不忘，產生雙重效果。把企業的基本要素用於各種應用要素（如廣告、刊物、辦公用品、運輸工具等）的目的，就是要透過這些媒體來傳遞企業的資訊，這種資訊傳遞的量越大，越持久，企業形象在消費者心目中的地位就越牢固。

含蓄廣告令人回味無窮

藝術欣賞的至高境界不在於你從藝術表現中得到了什麼印象，而在於你在這種印象之後想到了什麼。廣告也是一門藝術，含蓄風趣的藝術性廣告，比起老王賣瓜式廣告或簡單的產品介紹廣告所產生的效果要好得多，因為它能使人對產品的品質產生無限聯想。

臺灣知名醬油的廣告詞：「一家烤肉，萬家香。」通盤不見一個醬油的直接

形象，但是由烤肉而聯想到醬油，由「萬家香」而聯想到醬油的品質，不僅使人似乎已經聞到了香氣，還能使每個人依據自己喜歡的香氣標準去想像醬油的成分，產生非要嘗一嘗的強烈欲望，真可謂是「神韻盡在不言中」了。這句廣告詞被臺灣廣告研究人員當作典型探討，寫進書籍之中，無形的又將其商品名聲傳遍世界。

注重滲透效果的「可口可樂」廣告

一種商品要使它成名，都必須費一番心機，廣告宣傳是必不可少的。除在新聞媒體宣傳外，在許多大中型城市都可見聳立著一塊塊超大型廣告牌，上面畫著商標、產品，寫著簡要介紹或說明，目的是讓人們留下印象。也有的廠商，為了給人留下商品或產品的美好印象，採取了打破常規的做法。

儘管可口可樂公司為第 11 屆亞運會贊助了 300 多萬美元，是主要贊助商之一，不知怎的，它的廣告卻沒被安排在最顯眼的地方。

相形之下，美國 M&M's 巧克力的廣告攻勢則有聲有色，街上的「黃蘑菇」、天空中飄著的黃色飛艇，以及人們身穿的黃色 T 恤……。

身為大公司，廣告宣傳為何競爭如此「謙讓」？人們很快發現，可口可樂公司別有用心，它的大頭放在為亞運會提供服務上。1,500 人的「亞運陣容」中有 1,300 多人直接為亞運會服務，只有極少數人負責廣告。可口可樂的目標是，透過一流服務，使人們一旦喝了一杯可口可樂就不會忘掉它。

在國外，向顧客提供優質服務是企業保持最佳形象的有力手段。可口可樂公司沒有什麼新花招，它的形象百年不衰，不光是靠配方，還在於它時刻想著顧客。在顧客心目中留下了難以忘懷的印象廣告。

購物中心內播放音樂的良好效果

適當的音響會刺激顧客的注意力，將顧客的注意力吸引過來，所以有些賣錄音帶、唱片的櫃位，位置並不太好，可能設在店裡顧客不易走進的角落裡，可以放一些流行歌曲或其他帶子，製造音響，來導引顧客前往購買。

購物中心裡播放音樂的目的是為了減弱噪音，提高消費者的購買情緒，提高店員的工作情緒和效率，因此，播放音樂的內容和時間必須精心安排。由於人的聽覺閾限差異較大，特別是年齡因素影響較大，音樂與廣告的播放的響度，必須根據商店的主要銷售對象而控制，同時要考慮一天的不同時間。上班前，先播放幾分鐘幽雅恬靜的樂曲，然後再播放振奮精神的樂曲，效果較好。因為上班前，人們的情緒往往還陷在家務事和匆忙趕路當中，這種幽雅恬靜的樂聲能使人們的心情寧靜下來。接著再用振奮精神的樂聲鼓舞大家精力旺盛的去開始一天的緊張工作。當員工緊張工作而感到疲勞時，可播放一些安撫性的輕音樂，以放鬆身心。在交班前或臨近營業結束時，播放的次數要頻繁一些，樂曲要明快、熱情，帶有鼓舞色彩，使員工能全神貫注的投入到全天最後也最繁忙的工作中去。商店選擇外國音樂還是流行新歌，是播傳統樂曲還是通俗演唱，要看經營什麼商品，店內風格如何，是在什麼時間，想達到什麼效果。一般情況下，商店宜多用優雅輕鬆的室內輕音樂。樂曲的音量應控制到既不影響用普通聲音說話，又不被噪音所淹沒。播放時間控制在一個班次播放兩小時左右。

利用色彩吸引顧客

馳名中外的麥當勞採用鮮豔的紅色作招牌，而連鎖店的形象 —— 麥當勞的縮寫「M」，則統統用黃色。這是為什麼呢？他們認為，若以交通訊號來看，紅色和黃色都是最明亮、最醒目的色彩。據調查，當地街頭的行人中，只有約25%的人是為了到麥當勞吃漢堡才上街的，而其餘75%的人是有別的目的或隨意閒逛的。一般人上街都有看招牌的習慣。當看到紅色的店牌和黃色的店標時，首先給人一個「停止」的強刺激訊號。「哦，原來這是麥當勞，聽說不錯，是不是也進去嘗一嘗味道……」於是就產生「睹色停步、聞名進店」的效果。借用色彩手段吸引顧客，這家店鋪不愧高人一籌。此後，世界上有不少店家模仿麥當勞，將招牌漆成紅色或黃色，藉以招徠顧客。

有些商店顏色雜亂，花俏古怪，沒有統一的協調色彩，給顧客一種極不穩定的感覺。有的顏色不講對比，綠字上寫紫色商品名，黃面上嵌銀色字條，或茶色

玻璃上貼藍色剪字，這種效果細看尚費眼神，又怎能產生加強顧客遠距離注意力的作用呢？也有的店以藍、綠、褐等冷色調作為店裡裝修的基本色，給人一種冷冰冰的感覺，它好像表示，「我這家商店不需要顧客，請各位別進來！」

　　要掌握好「色彩經營」法的竅門，除了準確搭配色彩，了解色彩在商業中的作用之外，還得明白色彩的各種象徵意義。例如，紅色往往代表著喜慶、吉祥、熱烈、美好，在包裝、裝潢、廣告等領域占據著重要的位置。在華人地區，各種喜慶禮品及其包裝大多是紅色的。紅色的日用塑膠製品始終保持著旺銷的勢頭。近年來，紅色的運動服、腳踏車、電鍋、吸塵器、化妝品及各種裝飾品日漸增多，迎合了現代人追求新、豔、美，更加展現了個性的要求。餐飲店的室內裝潢當然也不少了紅色。粉紅色、橘紅色、紫紅色最能激發人的食慾。

　　橙色表現光輝、溫暖、歡樂的情緒。櫥窗的店門的茶色玻璃上貼橙色紙字，是最好的配色組合之一。不少店家用橙色突出店名和商品名稱，無疑是聰明之舉。黃色是光明和希望的象徵。黃色又是金屬色彩，多用於表示財富和輝煌的效果，因為它使人聯想到光燦燦的金黃色的小店裝潢的理想色彩。在深咖啡色的鋁合金上嵌黃字，能達到較明晰的遠視效果。用柔和的淡黃色做店內裝飾，有溫暖如春、賓至如歸的感覺。

　　黑色顯得莊重、肅穆。西方大禮服，神父牧師的長袍都用黑色。黑色在過去象徵死亡、恐怖、陰森，表現寂寞、荒涼的場景。可現在大為得寵，黑色被奉為宇宙色，人們對之趨之若鶩。黑色的健身褲、黑裙、黑衣、黑胸罩、黑襪子比比皆是，廣受歡迎。近年黑色潮流已擴展到食品上，例如，黑糖果、黑麵包、黑魚子、黑蘑菇、黑啤酒等等都是人們搶購的物品。

　　此外，還有綠色、青色、白色等色彩，每一種色彩都有它特殊的作用和象徵意義。只要我們在經營中利用「色彩經營」法，就一定能夠「以色取利」。

以良好的公眾形象面對顧客

　　「顧客是企業的上帝」，企業若沒有了客戶，產品銷售不出去，那麼企業也就不能生存。單就此一點來說，企業必須緊密連結客戶，小企業比大企業更直接面

對客戶，和客戶的關係如何，對小企業的生存和發展也就更為重要。只是在銷售時想一下客戶，實際上是企業與客戶最低階的連結。可以說最糊塗、最不中用的企業經理也會想到這一點。實際上，企業與客戶連結的管道遠不只於此。

事實上，企業緊密連結客戶早已走出單純向使用者銷售產品的階段。企業滿足使用者需求，在企業經營的每一個角落都引入了使用者意見，比如企業產品的製造、研究開發、花樣品種、價格等都參考了客戶的意見。銷售只是企業產品的最終實現，而要想完成產品的最終實現，那無論是產品的品質、規格還是價格，使用者能接受才行，這也就是要求企業必須在經營的每一個階段都必須密切連結客戶。一方面是滿足他們的要求，另一方面是引導需求，即企業開發某種新產品，因為這種新產品預見到了使用者的潛在需求，因而使使用者的需求朝這方面轉移。這種緊密連結客戶潛在需求的思維是企業新產品開發成功的關鍵。

企業緊密連結客戶，甚至讓客戶參加企業產品的設計、定價，對企業在客戶中的形象是有利的。這一方面給使用者一種認真服務的精神，使使用者與企業建立起信任和感情；另一方面，也使客戶對企業多一份理解。這樣，才能建立起長期互利的關係。小型企業經理對此應有足夠的重視。

1. 品質第一

品質是企業樹立自身形象最關鍵的因素，品質不合格對企業來說，輕則減少客戶、降低信譽，重則導致企業破產。

一家生產啤酒的廠商，啤酒本身的品質並不錯，各項品檢指標都達到了要求。但他們卻忽視了包裝，有些啤酒瓶品質不過關，在運輸和消費者開啟瓶蓋時，酒瓶突然爆炸或破裂，炸傷了人，消息傳出去，人們對該種啤酒望而卻步。產品賣不出去，企業最後自然只得關門。

對任何公司來說，保證產品的品質都應考慮以下幾點：

①　老闆、管理階層對品質孜孜以求，一絲不苟的責任心。

②　一套嚴格有序的管理制度和有效的品檢辦法。

③　對工作品質的嚴格監督和考評。

④　不斷提高品質要求，嚴格控管產品的出廠程序，不讓不合格產品

出廠門。

⑤　聽取使用者對產品品質的意見。

當聽到對本企業的產品或服務的不滿意見時，有些小型企業的經理常有護短的習慣：「我們的產品絕對無問題，那是你不會用。」「你的腳這麼寬，誰做這麼寬的鞋，擠一點，你就將就著穿吧！」甚至翻臉：「我們這裡就這樣，你覺得不行，到別處去。」這種辦法，等於是不再讓顧客上門。

對小型企業經理來說，品質問題實際上意味著兩個方面：一是保證現有產品或服務。在這一點上，很多公司近年來做得是相當出色的。比如一些電腦公司，在賣出一項產品後，都保證以後自動升級。這也就等於是說在本產品提高了等級時，也為已售出的產品提高品質。這就事實上為很多客戶免除了後顧之憂。

很多有名的大企業寧可犧牲效率，也要保證產品的品質。比如說惠普公司很少向市場投放開創性的新產品，當別人將這一新產品投放市場後，惠普公司進行追蹤調查，打聽客戶喜歡這項新產品的什麼，不喜歡什麼，然後根據調查情況推出自己的產品。數位設備公司為了使產品技術可靠，有意識的滯後最新技術水準2至3年，然後根據領頭開發者的情況，研製出自己的更可靠的產品。

2. 可靠的售後服務

任何公司的任何產品都不可能一點毛病也沒有，無論是產品本身有問題還是產品使用方法的不正確，這都需要公司提供可靠的售後服務，為客戶修理出了毛病的產品，教會使用者怎樣使用它，為客戶提供配件。事實上，今後的售後服務早已超過了對出售產品進行維護、使之能正常使用的傳統意義，在很大程度上，它已成為樹立企業形象，為產品促銷的一種手段。為了在顧客中贏得信譽，小型企業對此更應注意：

①　使現在的客戶成為本公司的永久性客戶。

②　用良好的售後服務吸引新的客戶。現在的客戶的滿意程度，對周圍其他客戶是有榜樣作用的。現在的客戶滿意，其他持觀望態度的客戶很快就會進入；現在的客戶不滿意，觀望的客戶也就會迅速打消進入的主意。

對小型企業來說，回頭客更為重要。小型企業是在大市場細分，大的消費者族群細分時，針對一些有特殊需求的顧客做更細和更特殊的服務而維持生存的，這就需要提供優良的服務，以吸引老主顧重新光顧。

3. 和客戶溝通，重視顧客的抱怨

要樹立小型企業的形象，客戶的看法是至關重要的。這一方面可以得到本企業什麼地方做得不錯，什麼地方做得不好的資訊；另一方面也可給客戶一個本企業是在為使用者認真服務的印象。要加強和客戶的溝通，小型企業經理應要求公關人員注意以下幾點：

① 經常主動和客戶聯絡。比如說對大的客戶固定時間進行專訪，聽聽他們對使用本公司產品的看法等。或打電話給客戶，送去一些使用本公司產品的意見單，讓他們對本公司產品的品質和服務提供意見，還有哪些服務要求，哪些方面需要改善等。

② 在重大節日送去賀卡、賀信、掛曆之類的物品給客戶，加強感情聯絡。

③ 本公司新開發的產品，應及時向老客戶介紹，徵求他們的意見。

對於目前的很多小型企業來說，可以說和客戶是缺乏溝通的。很多人是一次買賣，做過這一次也就不能做第二次了。但還是有一些小型企業在這方面做得很出色。

顧客的抱怨往往要麼是產品的品質有問題，要麼售後服務做得不好。顧客不滿意，他們就要抱怨。和顧客的讚美可以為企業博得一個好的形象，吸引來潛在的顧客一樣，顧客的抱怨會在他周圍的同事、朋友中間造成某企業服務不佳的印象，因而也就趕走了潛在的消費者。尤其是在幾個人都同時異口同聲的說某企業不好時，對周圍人的影響更大。

哪一家企業的產品或服務也不可能十全十美，顧客有點抱怨是可以理解的。在過去都是產品賣出去算完事，能用不能用，傷人死人都是顧客自認倒楣，因而企業完全可以對顧客的抱怨置之不理，甚至有的企業人員耍蠻擺爛、死不講理。但目前的情況顯然已今非昔比，各種法律法規的頒布，使不負責任的企業及其經

理要受到法律的嚴厲懲處。而且由於買方市場的逐漸形成，企業已經失去了賣主最大的地位，不再是買主主動找他們買，而是他們得去主動賣。這就更要注意消費者的意見。一般來說，小型企業正確處理顧客的怨言可從以下角度去做：

① 按顧客不滿意的地方，對本企業出售的產品或服務加以完善，使顧客滿意。

② 調換回不合格的產品，並免費做善後工作。

③ 由於雙方誤會引起的怨言，解釋清楚，使顧客消除誤會。

不賣不售，放長線釣大魚

商業成功人士指出，商業銷售時採取欲擒故縱的方法可以達到以遠求利，放長線釣大魚的目的。因此，成功的商人應該從長遠利益出發，避免謀求近利以小失大。

生產廠商都希望產品有個好價錢，再有好的銷路，那麼錢源就滾滾而來了。但如果採用謀略取勝，則可以分二步取利，它所得到的收益要遠勝於一般生產的廠商。

1945 年，美國一家小工廠的廠長威爾遜看準了蓬勃發展的各類資訊事業對新技術的要求，他聘請了一位專家，研製成功了新式影印機。威爾遜以此獲得了專利，並安排他的全錄公司進行生產。不用說威爾遜的目的是利潤。通常的方法是物以稀為貴，訂個好價錢，準能撈一把。然而，威爾遜的出價也太高了，他把成本只有 2,400 美元的新式影印機定價為 29,500 美元。這樣高的出價不是存心不想賣嗎？大家都對此大惑不解。而實際上威爾遜就是不想賣。

他的算盤是：影印機的需求量畢竟是有限的，而列印的業務相比之下，幾乎是無限的。如果以別人能接受的高價出售影印機，無疑可以暫時獲得一大筆利潤。但這樣做，實際上也是把每臺影印機本身包含的潛在價值出讓給了別人，等於讓別人分享了將來的列印市場，這便是斷了自己未來的財路。所以他不想出售影印機，而只想發展影印機服務。果然，由於售價太高，超出了國家法律許可的範圍，影印機被禁止出售。但由此所發展的出租業務卻十分興隆。全錄得到了大

大超過出售影印機所得的利潤，在此基礎上，也獲得了足夠資金，然後又投入生產，第二次賺取利潤，一舉成為影印機生產之王。

　　由此可見，產品的常規銷售並非是發財的唯一途徑。特別是在你掌握了獨家專利技術時，如果採用謀略取利，則可以收到雙倍的效益。

思考不一定致富，要有行動才會成功

有能力、有資本、有謀略，為什麼賺不了錢？快找出生意場上的那隻「鼴鼠」！

作　　者：徐書俊，吳利平，王衛峰

發 行 人：黃振庭

出 版 者：崧燁文化事業有限公司

發 行 者：崧燁文化事業有限公司

E-mail：sonbookservice@gmail.com

粉 絲 頁：https://www.facebook.com/
　　　　　sonbookss/

網　　址：https://sonbook.net/

地　　址：台北市中正區重慶南路一段六十一號八
　　　　　樓 815 室

Rm. 815, 8F., No.61, Sec. 1, Chongqing S. Rd.,
Zhongzheng Dist., Taipei City 100, Taiwan (R.O.C)

電　　話：(02)2370-3310

傳　　真：(02) 2388-1990

印　　刷：京峯彩色印刷有限公司（京峰數位）

國家圖書館出版品預行編目資料

思考不一定致富，要有行動才會成功：有能力、有資本、有謀略，為什麼賺不了錢？快找出生意場上的那隻「鼴鼠」！/ 徐書俊，吳利平，王衛峰著 . -- 第一版 . -- 臺北市：崧燁文化事業有限公司 , 2021.09
　　面；　公分
POD 版
ISBN 978-986-516-782-0(平裝)
1. 商業管理 2. 企業領導 3. 職場成功法
494　　　110011723

定　　價：360 元

發行日期：2021 年 09 月第一版

◎本書以 POD 印製

電子書購買

臉書